综合物探找水技术

刘春华　张联洲　武佳枚　樊　冰
田　野　杜文贞　王松岳　张保祥　编著

黄河水利出版社
·郑州·

内 容 提 要

本书以直流电阻率法找水技术为重点，简要阐述了相关地质、水文地质基本知识，全面、系统地论述了各种物探找水方法的基础理论、基本原理、野外工作方法和资料解释方法，提出了物探找水的工作方法及合理工作程序，给出了应用实例，对物探找水技术的发展历程、优缺点以及今后的发展方向进行了评述，具有较强的系统性、理论性和实践性。全书体现了物探找水技术的最新进展，是从事找水技术人员的专业书籍，也可作为大专院校和科研单位的参考用书。

图书在版编目(CIP)数据

综合物探找水技术/刘春华等编著. —郑州：黄河水利出版社，2016.5

ISBN 978-7-5509-1426-1

Ⅰ.①综… Ⅱ.①刘… Ⅲ.①地球物理勘探-应用-找水 Ⅳ.①P641.75

中国版本图书馆 CIP 数据核字(2016)第 103884 号

组稿编辑：李洪良 电话：0371-66026352 邮箱：hongliang0013@163.com

出 版 社：黄河水利出版社

地址：河南省郑州市顺河路黄委会综合楼 14 层 邮政编码：450003

发行单位：黄河水利出版社

发行部电话：0371-66026940、66020550、66028024、66022620(传真)

E-mail：hhslcbs@126.com

承印单位：河南承创印务有限公司

开本：787 mm×1 092 mm 1/16

印张：11

字数：255 千字 印数：1—2 000

版次：2016 年 5 月第 1 版 印次：2016 年 5 月第 1 次印刷

定价：50.00 元

前 言

随着经济社会的持续发展，面对着人类居住区的广泛分布以及用水需求的复杂多样性，始终存在着不计其数的缺水地区及用水特别困苦的状况，存在着不断要求增加供水、改善供水质量的需求与愿望。因而，寻找地下水的工作必定是一个有趣的、动态的、持久的社会需要。

物探找水选井工作，是一门涉及普通地质学、构造地质学、地层学、水文地质学、地下水动力学、物理学等多学科、综合性较强的应用技术。地质体的复杂性、构造裂隙发育的不均一性和地质体本身一些不可预见因素的客观存在，使得找水工作充满了挑战和风险。因而，找水工作者的责任，是根据自身的专业知识和经验，对打井定位提供不同程度的技术咨询和服务，在说明打井定位理由的同时，恰如其分地阐明可能存在的风险，从而提供一种专业判断，以便能更好地做出工程决断。

地球物理勘探，简称物探，是用物理方法来探查地壳浅层岩石构造与寻找地下水资源的一种手段。电阻率法、激电法和瞬变电磁法等属于电法勘探，它是利用地下各类岩层、构造在富水的情况下所表现出来的电性差异，达到电测找水的目的，其解释基本上是一种间接判断，解释结果在许多情况下具有多解性，解释结果应充分结合地质及水文地质条件分析，才能做出更为正确的判断。核磁共振找水技术开创了地球物理方法直接找水的先河，亦是当今唯一可以用于直接找水的物探方法。该技术方法还很不成熟，装备又较为昂贵笨重，加之探测深度浅，广泛应用于找水工作还不现实。放射性氡气法找水技术主要用于勘查隐伏含水构造，因受地形、覆盖层厚度等因素影响较大，应用范围受到较大限制。电阻率法找水技术具有理论完善、野外工作方法成熟、装备简单、易于资料解释、应用效果好等特点，多年来一直是应用最为普遍的物探找水方法，亦是本书重点论述的找水方法。综合物探找水工作方法及合理程序的确定，是物探找水工作的一个重要方面，应在找水工作中引起高度重视。

本书的作者长期在山东省水利科学研究院从事相关技术工作，具有较深厚的理论研究水平和较丰富的实践经验。本书系统、全面、简洁地论述了物探找水方面的技术与方法，以及找水方面的专业知识和经验积累，是从事找水技术人员的专业书籍，也可作为大专院校和科研单位的参考用书。限于作者水平，书中疏漏之处在所难免，恳请读者批评指正。

作 者

2015 年 10 月

前　言

作　者

2015 年 10 月

目 录

第一章 绪 论

第一节 岩石、地层与岩性

一、矿物与岩石

矿物是指地壳及地球内层的化学元素通过各种地质作用形成的、在一定地质条件和物理化学条件下相对稳定的自然元素单质或化合物。例如,自然金(Au)、汞(Hg)、石墨(C)和金刚石(C)等矿物是由单质元素形成的,石英(SiO_2)、方解石($CaCO_3$)等矿物则是由化合物构成的。绝大多数矿物质是化合物,矿物多为固态,仅少数矿物呈液态和气态,是组成矿石和岩石的最基本单位。

目前已发现的矿物总数有3 000多种,但地壳中最常见的主要矿物不过十多种,其中长石、石英、辉石、方解石等矿物组成了各种岩石,而磁铁矿和其他矿物则可通过一定成矿作用形成各种金属和非金属矿床,详见表1-1。

表1-1 地壳中主要矿物成分含量

矿物	含量(%)	矿物	含量(%)
斜长石	39	橄榄石	3.0
钾长石	12	方解石	1.5
石英	12	白云石	0.9
辉石	11	磁铁矿	1.5
角闪石	5	石膏	
云母	5	其他矿物	4.5
黏土	4.6		

岩石是一种矿物或多种矿物的集合体,共分为三大类:岩浆岩、沉积岩和变质岩。岩浆岩又分为侵入岩和喷出岩两大类,侵入岩主要有花岗岩、闪长岩等;喷出岩主要有安山岩、玄武岩、流纹岩等。沉积岩主要有石灰岩、砾岩、砂岩、页岩等。变质岩主要有片麻岩、大理岩、石英岩和板岩等。这三大类岩石可以通过各种成岩作用相互转化,从而形成了地壳物质的循环。

(1)岩浆岩(火成岩)。就是直接由岩浆形成的岩石,指由地球深处的岩浆侵入地壳内或喷出地表后冷凝而形成的岩石,又可分为侵入岩和喷出岩(火山岩)。

(2)沉积岩。就是由沉积作用形成的岩石,指暴露在地壳表层的岩石在地球发展过程中遭受各种外力的破坏,破坏产物在原地或者经过搬运沉积下来,再经过复杂的成岩作用而形成的岩石。沉积岩的分类比较复杂,一般可按沉积物质分为母岩风化沉积、火山碎屑沉积和生物遗体沉积。

(3)变质岩。就是经过变质作用形成的岩石,指地壳中原有的岩石受构造运动、岩浆活动或地壳内热流变化等内营力影响,其矿物成分、结构构造发生不同程度的变化而形成的岩石。又可分为正变质岩和副变质岩。

二、地层及地质年代

地层是在一定的地史时期中和一定的地质环境下形成的层状岩石。因而,地层具有一定的层位,它可以是沉积岩或是火山岩或是由它们变质而来的变质岩;它是层状岩石,各地层之间以可见的层面为界,也可以岩性、化石及地质年代等划定的界面为界;它与岩石的区别是,它具有时间和空间概念,而岩石没有。例如灰岩,它只是一种岩石的名称,而由灰岩构成的“凤山组”,则是在晚寒武世形成的,分布于华北等地区、有一定厚度的一套岩层,它有明显的生成时间和一定分布空间范围的含义。

(一)地层的划分和对比

地层的划分,是对某一地区的地层剖面,依据其生成顺序、岩性特征、古生物化石特征等内在规律,将其划分为若干个适当的单位(描述单位或分层单位),并建立这个地区的地层系统的过程。地层的对比,是研究和确定不同地区地层剖面的地层特征及其相互的时间关系的过程。地层划分对比的方法主要有如下几种。

1. 地层层序律法

按岩层形成的原始顺序,先形成的在下、后形成的在上的这种自然规律来判别岩层相对新老关系的方法,称为地层层序律法。

2. 生物地层学法

利用古生物化石划分、对比地层的方法称为生物地层学方法,常用的有以下几种。

1)标准化石法

在地层中保存的化石,那些地史分布短、演化迅速、地理分布广、数量多、特征明显、仅出自一定层位的古生物种属化石,叫标准化石。利用标准化石来划分、对比地层的方法称为标准化石法。

2)生物群组合法

在野外常常可以见到多种不同类型的化石出现在同一层或同一个地层系统之中。如果把所有这些生物化石(化石组合)进行综合分析来划分、对比地层,就叫生物群组合法。

3)孢粉分析法

根据地层中所含孢子或花粉的组合特征来划分、对比地层的方法称为孢粉分析法。它对一些不含大型化石的地层的划分、对比具有重要的意义。由于生物的进化、发展具有阶段性、进步性和不可逆性,因此保存在地层中的化石,在不同时代的不同层位上也就不同。任何一个“种”的化石,只能在某一段地层中存在。另外,同一时期生物界总体面貌具有一致性。这些就是生物地层学方法能够准确地划分、对比地层的依据。

3. 岩石地层学法

在不同时间和不同沉积环境下,形成的岩石往往具有不同特征。根据岩石的岩性特征来划分和对比地层的方法称为岩石地层学法,主要可分以下几种。

1)岩性法

岩性法即利用岩层的不同岩性特征如颜色、粒度、成分、硬度,原生结构构造及风化特征等来划分、对比地层的方法。这种方法只能适用于较小范围内。如华北蓟县和昌平两个地区的上元古界青白口系,按其岩性可划分为三个部分:下部以页岩为主,称“下马岭组”;中部以砂岩为主,称“长龙山组”;上部主要为砂岩、泥灰岩,称“景儿峪组”。

2)标志层法

标志层法即利用岩层中的标志层来划分对比地层的方法。地层剖面中,那些厚度不大、岩性稳定、特征突出,易于识别的岩层称为标志层。如华北地区下寒武统馒头组顶部有一层鲜红色易碎页岩,厚度不大而且稳定,自辽宁经山东、河北直到河南均有出露。所以,这一具有特殊颜色的岩层就可作为划分、对比我国北方下寒武统馒头组顶界的一个很好的标志层。

3)沉积旋迴法

利用岩层中的沉积旋迴的材料来划分、对比地层的方法称为沉积旋迴法。所谓沉积旋迴是指地层的岩性粗细在剖面纵向上出现连续的、有规律的更迭,如由砾岩—砂岩—页岩—灰岩,或出现相反的情况。

4. 地层接触关系法

利用地层间的假整合和角度不整合的接触关系来划分、对比地层的方法。假整合和角度不整合面的存在,表明在一定的区域范围内,在一定的地质历史时期中曾有一个明显的沉积间断。新老地层间被一个沉积间断面(剥蚀面)所分开,这是地层中的自然地质界面,因而可利用其来划分、对比地层。

(二)地层单位和地质年代表

1. 地层单位

由于地层划分的依据不同,也就有多种类型的地层单位,目前国际上一般把地层单位分为岩石地层单位、生物地层单位和年代地层单位三类。这里主要介绍岩石地层单位和年代地层单位。

1)岩石地层单位

以地层的岩性、岩相特征作为主要依据而划分的地层单位,叫岩石地层单位。这种地层单位主要用来反映一个地区的沉积过程和环境特征,因而只能适用于一定范围。地方性或区域性地层层序主要是由这类单位构成的。它是一般地质工作的基本实用单位。岩石地层单位分为群、组、段、层等四级。

群:是级别比组高一级的最大岩石地层单位。由两个或两个以上经常伴随在一起而又具有某些统一岩石学特点的组联合构成,如石千峰群,但组不一定归并为群。群也可以是一套厚度巨大没有作过深入研究但很可能划分为几个组的岩系。一大套厚度巨大、组分复杂,又因受构造干扰致使原始顺序无法重建时,也可以看作一个特殊的群。群的命名是用地名加“群”,如泰山群。群与群之间有明显的沉积间断或不整合。

组:是岩石地层单位的基本单位,一个“组”具有岩性、岩相和变质程度的一致性。它可以由一种岩石组成,也可以由两种或更多的岩石互层组成。一个组常用地名加“组”来命名,如凤山组、馒头组。

段:是比“组”低一级的地层单位,是组的再分,代表组内具有明显岩性特征的一段地层。段可用地名加“段”命名,也可以用岩石名称加“段”来命名,如石灰岩段等。

层:最小的岩石地层单位。指组内或段内的一个明显的特殊单位层。通常对能起标志层作用的层才起专名。

2)年代地层单位

年代地层单位主要是以地层形成的地质年代为依据而划分的地层单位。年代地层单位和地质年代表中的年代单位有严格的对应关系。年代地层单位的级别,由大到小依次分为宇、界、系、统、阶、时间带等六个不同等级。其中,宇、界、系、统是全世界可以作为对比的统一标准,称为国际性地层单位;阶和时间带一般只适合使用于某一个大区域内,故又称为大区域性地层单位。

宇——最大的年代地层单位。根据生物是稀少、低级还是丰富、高级,把整个地层划分成三个宇:太古宇、元古宇、显生宇。

界——宇中所划分的次一级地层单位。如显生宇内由老至新划分为古生界、中生界和新生界。界主要是根据生物演化的巨大阶段来划分的。

系——界内所划分的次一级地层单位。如古生界从下到上依次为寒武系、奥陶系、志留系、泥盆系、石炭系和二叠系。

统——系内进一步划分的地层单位。一个系可分为几个统,如二叠系下统和二叠系上统。

阶——统内进一步划分的地层单位。一个统可以分为几个阶,如我国上寒武统自下而上分为固山阶、长山阶和凤山阶。

时间带——在年代地层单位中级别最低的一个正式单位。是根据生物属、种的延限带建立起来的地层带。延限带是指任一生物分类单位在其整个延续范围之内所代表的地层。

2. 地质年代单位和地质年代表

1)地质年代单位

不同等级的年代地层单位所对应的地质年代称为地质年代单位。由于同一岩石地层单位的时限在各地不一致,变动较大,其地质年代单位一般笼统地称为“时”“时代”或“时期”。地层单位和地质年代单位的分类及对应关系见表1-2。

表1-2 地层单位和地质年代单位的分类及对应关系

<table>
<tr><th>地层单位分类</th><th>使用范围</th><th>地层划分单位</th><th>地质年代单位</th></tr>
<tr><td rowspan="2">年代地层单位</td><td>国际性的</td><td rowspan="2">宇
界
系
统
(统)
阶
时间带</td><td rowspan="2">宙
代
纪
世
(世)
期</td></tr>
<tr><td>大区域性的</td></tr>
<tr><td>岩石地层单位</td><td>地方性的</td><td>群
组
段
层</td><td>时(时代,时期)</td></tr>
</table>

2)地质年代表

地质年代表是综合了世界的地层划分、对比和生物发展阶段的研究,结合同位素地质年龄资料编制而成的,见表1-3。

表 1-3 地质年代表

地质时代(地层系统及代号)				同位素年龄值	构造阶段	生物界	
宙(宇)	代(界)	纪(系)	世(统)	(百万年)	(及构造运动)	植物	动物
显生宙(宇PH)	新生代(界Kz)	第四纪(系)Q	全新世(统Q_h)	0.01	新阿尔卑斯构造阶段(喜马拉雅构造阶段)	被子植物繁盛	出现人类
			更新世(统Q_p)	2.5			
		第三纪(系R) 新第三纪(系)N	上新世(统N_2)				哺乳动物与鸟类繁盛
			中新世(统N_1)	23			
		老第三纪(系)E	渐新世(统E_3)				
			始新世(统E_2)				
			古新世(统E_1)	65			
	中生代(界Mz)	白垩纪(系)K	晚白垩世(统K_2)		老阿尔卑斯构造阶段:燕山构造阶段		爬行动物繁盛;无脊椎动物继续演化发展
			早白垩世(统K_1)	135		裸子植物繁盛	
		侏罗纪(系)J	晚侏罗世(统J_3)				
			中侏罗世(统J_2)				
			早侏罗世(统J_1)	205			
		三叠纪(系)T	晚三叠世(统T_3)		印支构造阶段		
			中三叠世(统T_2)				
			早三叠世(统T_1)	250			
	晚古生代(界Pz_2)	二叠纪(系)P	晚二叠世(统P_2)		(海西)华力西构造阶段		两栖动物繁盛
			早二叠世(统P_1)	290		蕨类及原始裸子植物繁盛	
		石炭纪(系)C	晚石炭世(统C_2)				
			早石炭世(统C_1)	355			
		泥盆纪(系)D	晚泥盆世(统D_3)			裸蕨植物繁盛	鱼类繁盛
			中泥盆世(统D_2)				
			早泥盆世(统D_1)	410			
	早古生代(界Pz_1)	志留纪(系)S	晚志留世(统S_3)		加里东构造阶段	裸蕨植物繁盛	海生无脊椎动物繁盛
			中志留世(统S_2)			真核生物进化藻类及菌类植物繁盛	
			早志留世(统S_1)	439			
		奥陶纪(系)O	晚奥陶世(统O_3)				
			中奥陶世(统O_2)				
			早奥陶世(统O_1)	510			
		寒武纪(系)Є	晚寒武世(统$Є_3$)				
			中寒武世(统$Є_2$)				
			早寒武世(统$Є_1$)	570			
元古宙(宇PT)	新元古代(界Pt_3)	震旦纪(系)Z	晚震旦世(统Z_2)	700			裸露无脊椎动物出现
			早震旦世(统Z_1)	800			
		青白口纪(系)Qb		1 000	晋宁运动		
	中元古代(界Pt_2)	蓟县纪(系)Jx				原核生物	
		长城纪(系)Chc		1 800	吕梁运动		
	古元古代(界Pt_1)	滹沱纪(系)Ht					
		未名		2 500	阜平运动		
太古宙(宇AR)	新太古代(界Ar_2)			3 100			
	中太古代(界Ar_1)			3 850			
冥古宙(宇HD)				4 600	地球形成	生命现象开始出现	

前古生代(AnPz)又称前寒武纪(An∈),指的是寒武纪以前的地史时期,也就是指距现在6亿年以前的地史时期。前古生代的生物界与古生代相比,显得十分的原始、低级和贫乏,以水生的菌藻类为主。只是到了这个地史阶段的末期,才出现低级的海生无脊椎动物。前古生代形成的地层叫前古生界(前寒武系)。由于受到多次的地壳运动和岩浆活动的影响,前古生界均受到程度不同的变质作用。震旦纪(Z)是一个特殊的地史阶段,"震旦"是古印度对中国的称呼,是德国地质学家李希霍芬把这个词引进到地层学中的。震旦纪时的一个突出点是出现了冰川活动,说明在震旦纪中期,地球上曾出现了现在已知的地史上第一次大冰期。并且,在大冰期之后,气候转变为干热,从而形成了膏盐沉积。到了震旦纪末期,由于地壳运动的影响,华南许多地区普遍上升,发生海退。

早古生代包括寒武纪、奥陶纪和志留纪,开始于距今6亿年,结束于距今4亿年,历时约2亿年。早古生代海侵广泛,海生生物空前繁盛,海相地层广泛分布。晚古生代包括泥盆纪、石炭纪和二叠纪,开始于距今4亿年,结束于距今约2.5亿年,历时约1.5亿年。晚古生代是地球上陆地面积不断扩大的时期,因此这个地史时期中陆生生物空前的发展和繁盛,陆相沉积大量形成,煤系地层广泛发育。在南半球,冰川活动遍及冈瓦纳古陆。

中生代包括三叠纪、侏罗纪和白垩纪,开始于距今2.5亿年,结束于距今0.65亿年,历时约1.85亿年。中生代是裸子植物、爬行动物及菊石类大发展时期,因而分别被称为"裸子植物的时代""爬行动物的时代"和"菊石的时代"。三叠纪时生物界发生了显著的进化和发展,裸子植物和爬行动物迅速发展和繁盛起来而取代了蕨类植物和两栖类,特别是爬行动物中的恐龙类,在三叠纪中期出现以后,很快遍布世界各地;晚三叠世时,原始哺乳动物出现了。侏罗纪的生物界是由脊椎动物、植物、淡水和海生无脊椎动物等组成的,其最突出的特征是恐龙类、菊石类和裸子植物的极度繁盛,显现出了典型的中生代生物群面貌;晚侏罗世时,鸟类出现了,这是生物进化史上一个很重要的事件。白垩纪时,生物界又经历了一次迅速的演化和发展。裸子植物逐渐衰退,在早白垩世晚期被子植物开始出现,至晚白垩世时取代裸子植物而占据了植物界的主要地位。爬行动物达到极盛,使得白垩纪与侏罗纪一起构成了爬行动物极盛的时代,至白垩纪末,恐龙类绝灭了,只有少数类别的爬行动物延续到新生代。

新生代包括第三纪和第四纪,开始于距今0.65亿年,是现代生物形成和人类出现和进化发展的时代,也是现代地貌逐渐形成的时代。新生代地史的基本特征,是在燕山运动后,我国现代地貌的轮廓已基本形成。我国第三系分布广泛,以陆相沉积为主,海相分布局部,地貌特征基本上和中生代相似,大型隆起(山脉)与大型盆地交替排列,盆地内不但第三系普遍发育,而且含石油、煤等重要矿产。第三纪中后期强烈的喜马拉雅运动,不但使喜马拉雅、台湾省等地区褶皱上升,海水退出,而且伴有基性岩浆喷发活动和岩浆侵入。第四纪的地壳运动以升降作用为主,我国西部地区,山脉与盆地差异升降关系,促使喜马拉雅山、昆仑山、天山高耸入云,青藏高原跃居为世界屋脊,珠穆朗玛峰成为世界第一高峰,盆地长期下降,第四纪大面积覆盖。东部地区,大型拗陷带第四纪时继续下降,因此第四纪广泛分布,并在近海地区有短期海相沉积。

三、第四系地层

（一）第四系地层的分期

第四系地层为新生代第四纪形成的地层，是离我们最近的一个地质年代。第四系地层一般未胶结，呈松散状态，沉积类型多样。在这一阶段，生物界的总貌与现代已很接近，出现了古人猿和现代人类。第四纪分为更新世（Qp）和全新世（Qh）两个时期，相应的地层便称为第四系，以及更新统和全新统，详见表1-4。

表1-4 新生代分期及特征

<table>
<tr><th>代（界）</th><th>纪（系）</th><th colspan="2">世（统）</th><th>距今年龄（百万年）</th><th>生物</th><th>构造阶段</th></tr>
<tr><td rowspan="6">新生代（界）Kz</td><td rowspan="4">第四纪（系）Q</td><td colspan="2">全新世（统）Qh</td><td>0.01 至今</td><td>现代人类</td><td rowspan="6">喜马拉雅运动</td></tr>
<tr><td rowspan="3">更新世（统）Qp</td><td>晚更新世（统）Qp_3</td><td>0.13～0.01</td><td rowspan="4">古猿、现代植物、草原面积扩大</td></tr>
<tr><td>中更新世（统）Qp_2</td><td>0.80～0.13</td></tr>
<tr><td>早更新世（统）Qp_1</td><td>2.60～0.80</td></tr>
<tr><td colspan="3">新近纪（系）N</td><td>23.30～2.60</td></tr>
<tr><td colspan="3">古近纪（系）E</td><td>65.00～23.30</td><td>哺乳动物、被子植物</td></tr>
</table>

（二）第四系地层的分类

从岩性成因来讲，第四系松散地层可认为是未固结的松散岩石，应归于沉积岩类，但其与固结的沉积岩类在岩性上又有着较大不同，常常又被作为特别的对象来加以区分与研究。

第四系地层的岩性较为复杂，根据岩石的成分可分为碎屑沉积物、化学或生物化学沉积物、火山喷出物、人工堆积物等种类。碎屑沉积物是陆地上分布最广、最为常见的沉积物，亦是通常意义上所讲的第四系地层。

按沉积物的粒径，第四系地层一般分为砾、砂、粉砂和黏土4类。通常情况下，地层由砾石、砂、粉砂等不同的成分构成，其命名可依据不同粒径成分的含量来命名，采用二元命名法或三元命名法，如砾质砂、含砾砂、砂土、砂质黏土等。

黄土是广泛分布的第四系松散地层，呈浅黄色或棕黄色，主要由粉砂组成，富含钙质，疏松多孔，不显宏观层理，垂直节理发育，具有很强的湿陷性。

（三）第四系地层的分布

第四系地层是陆地上分布最广、最为常见的岩石，主要有残积物、坡积物、洪积物、冲积物、冰碛物、冰水堆积物和风积物等，其主要种类、成因、分布以及地貌类型等见表1-5。

表1-5　第四系地层沉积物的类型与分布

成因类型	主要地质作用	地层岩性特征	分布位置	地貌形态
残积物	物理、化学风化	角砾与碎岩屑、极细砂、黏土混杂,基本上未经搬运而堆积于原地;从基岩到残积物渐变过渡,一般上细下粗,碎屑具棱角,排列无规则,无层理,厚度因地而异	山脊、平缓山坡、夷平面等处	
坡积物	坡面片流的长期搬运	以细颗粒为主,常混有碎石;分选性和磨圆度极差;岩性取决于坡面上段基岩岩性及残积层的发育程度;具有与坡面大致平行的模糊层理	山坡和山麓	坡积锥、坡积裙
洪积物	间歇性洪水的搬运	呈扇形,扇顶部与沟口相接,碎石粗大,磨圆度差;扇中部堆积卵石、碎石、角砾、圆砾及砂和亚砂土;扇尾部颗粒变细,常由细砂、粉砂、黏土构成;扇的边缘地带有时有淤泥;顺原始地形坡度常见倾斜的斜交层理	山麓沟口及平原支流沟口	冲积锥、洪积扇、洪积裙、山麓平原
冲积物	长期性洪水沿河流的搬运	地层主要由沙砾石组成,磨圆度、分选性好;分为河床相和河漫滩相,前者砾石多呈扁平状,长轴与流水方向一致,后者以细砂、极细砂土、亚砂土为主,层理呈韵律变化,偶夹细砾石透镜体和杂土	河谷地带、古河道	阶地、河漫滩、冲积平原、三角洲
冰碛物	冰川搬运	地层一般为大小悬殊的岩块和黏性土混合物,泥粒、漂砾粒径可达数十至数百米,无层理,无磨圆,排列杂乱,磨光面具擦痕	山间谷地、山麓平原	冰碛垄、冰川平原及鼓丘等
冰水堆积物	冰水搬运	地层多为细砾和粗砂,层理清晰,韵律变化,常与冰碛物相互间杂;受冰川挤压会有复杂的构造变形;在冰水湖泊中,会形成层理明显的韵律层	冰川外缘、谷地、平原、湖泊	冰水堆积扇、冰水阶地等
风积物	风力吹扬、漂移	地层岩性多为砂、细砂、亚砂土、粉砂、黏粒,分选性好,层理不明显,颗粒有明显碎裂、磨蚀痕迹	干旱半干旱区、河谷、山坡等	各类沙漠、黄土地貌

四、岩浆岩地层

岩浆是地壳深部或上地幔产生的高温炽热、黏稠、含有挥发成分的硅酸盐熔融体。由岩浆冷凝固结而成的岩石,称为岩浆岩,或称为火成岩,又分为侵入岩和喷出岩两个大类。

侵入岩为岩浆在地下不同深度冷凝结晶而成的岩石。由于冷凝缓慢,所以岩石中的矿物结晶较好,颗粒较粗,它又分为深成岩和浅成岩两类。

喷出岩包括熔岩和火山碎屑岩(火山碎屑堆积而成的岩石)。由于喷出岩是岩浆在地表冷凝而成的,温度降低很快,所以岩石中的矿物结晶细小,甚至没有结晶,成为玻璃质岩石。

地壳中所有的天然元素都可以在岩浆岩中发现，构成岩浆岩的10种主要元素的氧化物为SiO_2、Al_2O_3、Fe_2O_3、FeO、MgO、CaO、MnO、Na_2O、K_2O、TiO_2等，它们约占岩浆岩总成分的99%。

岩浆岩的矿物成分能够反映它们的化学成分、生成条件以及成因等变化规律。同时，矿物成分也是岩浆岩分类和命名的主要依据。自然界矿物的种类很多，但组成岩浆岩的常见矿物不过20多种，见表1-6。

表1-6　岩浆岩中矿物的平均含量

矿物名称	石英	碱性长石	斜长石	辉石	普通角闪石	黑云母
含量(%)	12.4	31.0	29.2	12.0	1.70	3.80
矿物名称	白云母	橄榄石	霞石	不透明矿物	磷灰石、榍石及其他	总计
含量(%)	1.4	2.6	0.3	4.1	1.5	100.00

岩浆岩的产状是指岩体的形态、大小及其与围岩的关系。岩浆岩的产状，主要受岩浆的成分、性质、岩浆活动的方式及构造运动的影响，并与岩浆侵入深度有关，如图1-1所示。

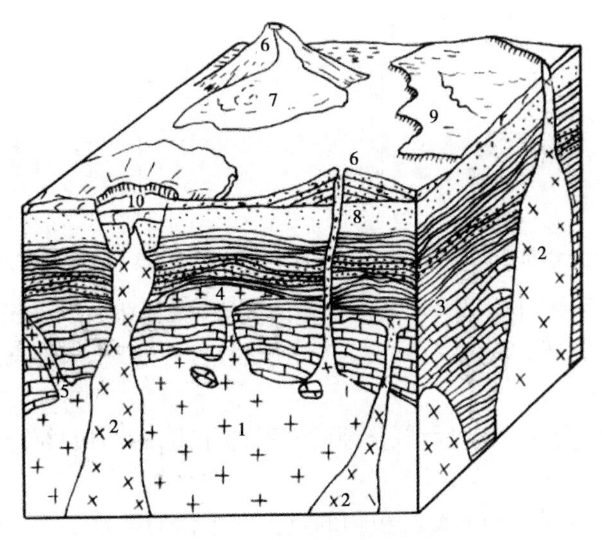

1—岩基；2—岩株；3—岩床；4—岩盘；5—岩脉；6—火山锥
7—熔岩流；8—火山颈；9—熔岩被；10—破火山

图1-1　岩浆岩产状示意图

五、沉积岩地层

沉积岩是在地表或地表以下不太深的地方，在常温常压下，由母岩的风化产物或由生物化学作用和某些火山作用所形成的物质，经过搬运、沉积、成岩等地质作用而形成的层状岩石，如砂岩、页岩、石灰岩等。

由于岩浆岩、沉积岩与变质岩是在不同的条件下形成的，其各自的矿物成分、结构不同，所以风化的快慢及程度大不一样。其中，岩浆岩最易风化，其次是变质岩，沉积岩较稳定，一般难以风化。母岩经受风化作用后形成以下三种产物：

(1)碎屑物质，即矿物碎屑和岩石碎屑，是母岩机械破碎的产物，如长石、石英砂、白云母碎片和各种砾石等。

(2)残余物质，母岩在分解过程中形成的不溶物质，如黏土矿物、褐铁矿及铝土矿等。

(3)溶解物质，母岩在化学风化过程中被溶解的成分，如 Cl^-、SO_4^{2-}、Na^+、K^+、Ca^{2+}、Mg^{2+}、Fe^{2+}、Al^{3+}、Si^{4+} 等，常呈真溶液或胶体溶液状态被流水搬运至远离母岩的湖海中。

风化产物除少部分残积在原地外，大部分物质都要在流水、冰川、风和重力等作用下进行搬运和沉积，其中最为常见的为流水和风力，最为直观的搬运物质是碎屑物在水流中的搬运和沉积作用。

如图 1-2 所示，大小混杂的水中碎屑物在搬运过程中发生分散，粒度大的难以搬运，当流速稍有减缓，就会下沉，而粒度小的易于搬运，出现了沿搬运方向的分选现象，碎屑按颗粒大小以砾石、砂、粉砂、黏土的顺序沉积。在图 1-3 中，则是按相对密度发生分异，相对密度大的先沉积，相对密度小的搬运距离大，出现了沿搬运方向按相对密度大小顺序沉积的现象。

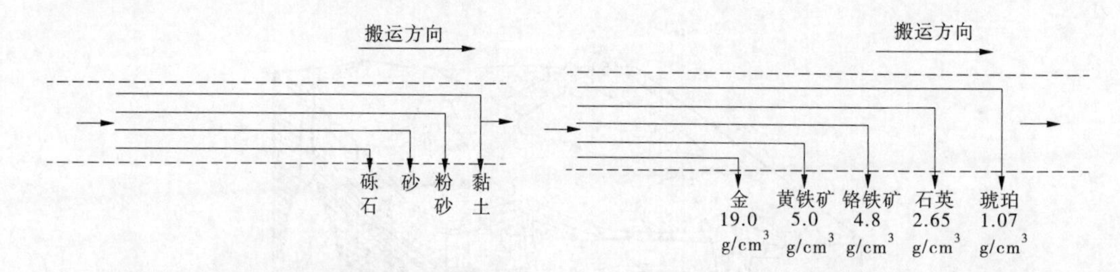

图 1-2　按颗粒大小沉积顺序图　　**图 1-3　按相对密度大小沉积顺序**

沉积物沉积以后，即开始进入形成沉积岩的阶段，而且在形成沉积岩后，在岩石发生风化或变质之前，岩石还会发生一些改造。上述过程可划分为两个阶段，即沉积物的成岩作用和沉积岩的作用。

松散的沉积物转变为致密、固结、坚硬的岩石的作用，称为成岩作用。成岩作用主要包括以下几种：

(1)压固作用。这是一种上覆沉积物的重力和水体的静水压力，使松散沉积物排出水分，孔隙减少，体积缩小，密度加大，进而转变成固结的岩石的作用。

(2)胶结作用。松散的沉积碎屑颗粒，通过粒间孔隙水中的化学沉淀物等胶结物的黏结变为坚硬的岩石，这种作用称为胶结作用。常见的胶结物有碳酸盐质、硅质、铁质、有机质和黏土矿物等，这些大都是由溶解于水中的物质沉淀而成的。

(3)重结晶作用。胶体和化学沉积物质等非晶质，逐渐转变为结晶质或细小晶体；或由于溶解、局部溶解或扩散作用，原始晶体继续生长、加大的现象等，称为重结晶作用，如蛋白石变为玉髓和石英。

沉积岩的后生作用，是指沉积物固结成岩以后至岩石遭受风化或变质作用以前所发生的一系列变化。发生的原因有温度升高,上覆岩层的压力增大以及深部地下水沿岩石裂隙上升,造成岩石进一步被压固、晶粒变粗和形成后生矿物、结核和缝合线等。常见的后生矿物有石英、自生长石、沸石、绿泥石、绢云母、黄铁矿、白铁矿,以及碳酸盐类等矿物。

六、变质岩地层

由地球内力作用引起的使原岩发生转化再造的地质作用,称为变质作用,所形成的岩石称为变质岩。由岩浆岩经变质作用形成的称正变质岩;由沉积岩经变质作用形成的称副变质岩。变质岩在我国分布很广,从前寒武纪至新生代都有变质岩形成,但多数分布在古老的结晶地块和构造带中,我国的山东、河北、山西、内蒙古等地均有大面积出露。

变质作用的因素,主要包括温度、压力以及具化学活动性的流体。温度是引起岩石变质的主要因素。压力作用可分为静压力和定向压力(应力)两种,静压力是由上覆岩石重量引起的,随着深度增加而增大,岩石结构变得致密坚硬;定向压力是由构造运动或岩浆活动引起的侧向挤压力,岩石在定向压力的作用下产生节理、裂隙或形成片理、线理、流劈理构造,发生破碎、形变等。具化学活动性的流体以 H_2O、CO_2 为主要成分,并包含多种金属和非金属等物质的水溶液,是一种活泼的化学物质。当这些溶液在岩石孔隙中,由于压力差或溶液中活动组分的浓度差而引起流动时,便对周围岩石发生交代作用,产生组分的迁移,形成与原岩性质迥然不同的变质岩石。

七、地层的含水条件

一般来讲,石灰岩、砂岩以及多数岩浆岩、变质岩等较为坚硬、脆性的岩石都具有一定的含水条件,而富水程度则主要取决于基岩裂隙的发育程度。黏土层、黏土岩、泥岩和页岩等地层则因透水性差、质地软、易风化,常常构成相对隔水地层。

第四系地层的含水层主要为各类砂层、卵砾石层,透水性主要取决于颗粒大小、分选性以及充填程度,颗粒越大、分选性越好、充填物越少,则富水性越强。

石灰岩地层在我国分布广泛,一般岩溶裂隙发育,富水性强,是重要的含水地层,也是形成较大型水源地的主要地层。奥陶系石灰岩质地较纯,岩溶较发育,尤其在断层、褶曲附近或地下水排泄区岩溶更为发育,存在着大量的溶隙、溶孔、溶洞,是富水性很强的含水层。寒武系石灰岩地层分布广泛,是山丘地区重要的供水含水层,具有岩溶裂隙分布不均一、出水量差别大等特点,往往多数干眼出自该地层,为缺水地区找水打井的重要研究对象。

早第三系、白垩系、侏罗系砂岩分布广泛,具有单层厚度小、层位多、富水性差等特点,单井出水量一般低于 20 m^3/h。二叠系砂岩构造裂隙较为发育,出水量较大。

太古界、燕山期花岗岩、安山岩分布广泛,是砂石山区重要的饮用水含水层,具有成井困难、出水量小、水质优等特点,优质矿泉水大多出自该类地层,所以成井后的经济价值也较高。

太古界片麻岩、片岩均为区域变质岩,分布广泛,具有构造分布复杂、沟通性差、出水量差别大、水质好等特点,亦是生产优质矿泉水的重要地层,除能满足人畜饮水需求外,出水量大时也可满足部分灌溉需求。

第二节　地下水赋存空间与特点

水是生命之源、生产之要、生态之基，是支撑社会经济系统和生态系统不可替代的重要资源，是可持续发展的重要保障。中国人口众多，随着社会经济的快速发展和城市化进程的加快，水资源供需矛盾更为突出，如何解决好经济社会可持续发展与水生态环境良性发育之间的矛盾，实现人口、资源、环境与社会的协调发展，是21世纪水资源配置的一个突出问题。

众所周知，中国的水资源总量并不少，多年平均水资源年拥有量为27 742亿m^3。但是，按人口统计，人均水资源量不及世界人均水资源量的1/4，在世界人均水量的名次为第109位。中国目前有16个省(区、市)人均水资源量(不包括过境水)低于国际公认的维持经济社会可持续发展所必需的人均1 000 m^3的下限值，有6个省(区)(宁夏、河北、山东、河南、山西、江苏)人均水资源量低于500 m^3，属严重缺水地区。近年来，由于气候变化和人类活动的共同影响，我国的水资源数量一直在不断地减少，但水资源的需求量却随着社会经济的发展而不断地增加，这更加剧了水资源的供需矛盾，因而寻找新的水源是解决水资源供需矛盾的重要途径之一。

自然界的水分分布于大气层、地球表面和地面以下的岩石中，分别称为大气水、地表水和地下水，共同组成了地球水循环的水圈。

所谓水资源，是指地球上可供人类利用的地表水和地下水的总称，有广义和狭义之分。广义上的水资源是指能够直接或间接使用的各种水和水中物质，对人类活动具有使用价值和经济价值的水均可称为水资源；狭义上的水资源是指在一定经济技术条件下，人类可以直接利用的淡水，这也是一般意义上所指的水资源范畴，即与人类生活和生产活动以及社会进步息息相关的天然淡水资源。与其他自然资源不同，水资源是可再生资源，能够重复使用，具有年内和年际的变化，储存形式和运动过程均受自然地理因素及人类活动的影响。

水资源又分为地表水资源和地下水资源。地表水资源是指由降水形成的河流、冰川、湖泊(水库)、沼泽等各类地表水体中可以逐年更新的水量；地下水资源是指与降水和地表水体有着直接水力联系的地下含水层中，具有利用价值的地下水水量。

地下水是水资源的重要组成部分，对人类社会经济发展具有重要意义。据估算，在全球有限的淡水总量中，地下水占95%；中国天然地下水资源约为8 288亿m^3/年，占我国水资源总量的30%左右，能够直接利用的地下水资源为2 900亿m^3/年。在目前情况下，随着中国经济的高速发展、城镇化率的大幅提高，地下水的需求量逐步增大，寻找地下水的难度亦越来越大，需要探索地下水资源勘查新技术、新方法，来更加充分合理地利用地下水资源。

地下水资源的特点，是具有可流动性、可再生性和可恢复性，是一种可调蓄的资源，是与环境和人类活动关系最为密切的一种资源。在许多方面，地下水和地表水具有共性，两种资源都主要由大气降水转化而来，相互之间联系密切，相互转化，资源量存在很大的重复部分。但两种水资源在以下方面又有很大差异，即地表水的分布主要受控于地形，水体集中分布在相对地形低洼处,并构成当地的侵蚀基准面;汇水范围受地形分水岭控制;水流在重力作用下由高处向低处运动。而地下水的埋藏、分布和汇水范围,以及水量、水质的形成条件,则更主要受到地层、岩性和地质构造条件控制;水体的分布范围较地表水更为广泛;汇水范围不一定和地表流域一致;水流运动受到重力和静水压力的双重作用,局部运动方向可与地形走势相反。

根据不同的方法,地下水可以有不同的分类。根据地下水的水力特征和埋藏条件,可分为上层滞水、潜水和承压水三种;根据地下水的储存介质与出露状况,又可分为孔隙水、裂隙水和岩溶水三类(见表1-7)。

表1-7 地下水分类表

埋藏条件	含水介质类型		
	孔隙水	裂隙水	岩溶水
上层滞水	局部黏性土隔水层上季节性存在	浅部岩层裂隙季节性存在	裸露岩层岩溶上部岩溶通道中季节性存在
潜水	各类松散沉积物浅部的水	各类裸露岩层裂隙中的水	裸露于地表的岩层岩溶中的水
承压水	山间盆地及平原松散沉积层深部的水	盆地、向斜或单斜断块中被掩覆的各类岩层裂隙中的水	盆地、向斜或单斜断块中被掩覆的岩层岩溶中的水

上层滞水是指储存在包气带(含有空气的岩层)中,以各种形式存在的水体。潜水是埋藏在地表以下、第一隔水层以上,它是具有自由表面的重力水,直接接受大气降水的补给,水位、水温和水质受当地气象因素控制。承压水是指埋藏在地表以下两个隔水层之间具有压力的地下水;当人们凿井打穿不透水层,揭露含水层顶板时,承压水便会在水头的作用下上升,直到到达某一高度后稳定下来;承压水具有稳定的隔水顶板,只能间接接受大气降水和地表水的补给,因此承压水受当地气象影响不很显著,存在滞后现象。

(1)上层滞水。当上部包气带岩层中存在局部隔水层时,在局部隔水层上积聚具有自由水面的重力水,这便是上层滞水。上层滞水分布最接近地表,接受大气降水的补给,以蒸发形式或向隔水底板边缘排泄。雨季获得补充,积存一定水量,旱季水量逐渐耗失。当分布范围小且补给不能接续时,不能终年保持有水。由于其一般水量不大,动态变化显著,只能在缺水地区才能成为有意义的小型水源或暂时性供水水源。利用上层滞水作为饮用水源时,应特别注意其污染情况,因为从地表补给上层滞水的途径很短,极易受到污染。

(2)潜水。地下水埋藏在地表以下第一个不透水层(隔水层)以上的重力水,称为潜水。其上通常没有隔水的顶板,通过上面的松散堆积物或透水岩层与地表直接相联系。

由于潜水充满了岩层所有空隙,因而有统一的自由水面,称为潜水面。在山区由于河流切割,潜水埋藏深度往往可达数十米甚至数百米,如柴达木盆地山前地下水藏度深达40 m以上;在平原地区埋藏较浅,通常只有数米、数十厘米,季节变化也十分明显。含水层从外部获得水量补充的过程,称为地下水补给,大气降水是潜水的最主要补给来源,补给数量多少，与降水强度及历时、地面坡度、岩层透水性、地面覆盖状况等条件相关。例如，暴雨时水量大，在山区因地面坡度大很快形成径流而流失，在平原因地面平坦而利于下渗，补给量就较多。同样是暴雨，有森林覆盖的山地要比没有森林覆盖的山地补给量要多得多。在黄河中下游，由于河床高于两岸地面，河流侧渗大量补给两岸浅层地下水。

(3)承压水。地下水充满于上、下两个稳定隔水层之间的含水层，称为承压水。在隔水顶板未受破坏或未被打穿时，地下水被限制在两个隔水层之间，并承受上游来水一定的压力。当隔水顶板受到破坏或被打穿时，地下水便从此处上涌，直到它所承受的上游来水压力高度。在一定条件下，地下水可喷出地表，所以又叫自流水或喷泉。承压水具有一定的压力水头，在通常情况下，它只能从隔水顶板以外的含水层出露地区获得补给和排泄。因此，它的分布(承压区)、补给区和泄水区往往是不一致的。只要有适宜的地质构造，例如盆地、向斜、拗陷、单斜等构造，孔隙水、裂隙水和岩溶水均有可能形成承压水。

我国四川盆地、山东的淄博和肥城盆地等，均是承压水盆地。济南以泉城著称，位于泰山背斜北翼的单斜构造区，岩体倾向总体向北，出露岩性自北向南为：太古界泰山群花岗片麻岩、寒武系石灰岩、奥陶系石灰岩、局部分布的石炭—二叠系砂页岩，以及济南北部的岩浆岩体，向北倾斜的单斜构造与南高北低的地势一致性，为济南泉水的形成奠定了地质地貌基础。由于南部连绵起伏的山区接受大气降水补给，在济南附近奥陶系石灰岩没入地下，这些石灰岩岩溶发育，当受到不透水的侵入岩(辉长岩)岩体的阻挡与覆盖时，便形成了承压水构造，在中心城区则以上升泉形式涌出地表向外排泄，故济南有“家家泉水，户户垂杨”之说。济南的泉水之多，闻名全国，素有七十二名泉之说，在中心城区 2.6 km^2的范围内，分布着趵突泉、黑虎泉、珍珠泉、五龙潭四大泉群，这四大泉群的总流量，正常年份为 30 万 ~40 万 m^3/d，自有观测记录以来的最大流量出现在 1962 年，日达 50.2 万 m^3。

第三节　地下水的物理与化学性质

一、地下水的物理性质

地下水的物理性质包括温度、颜色、透明度、嗅、味、比重、电导性及放射性等。

(一)温度

埋藏深度不同的地下水，具有不同的温度变化，埋深 3 ~5 m，属日变温带以内的地下水，具昼夜变化规律；埋深 5 ~30 m 的地下水，属年变温带以内的地下水，具年变化规律。常温带以下，地下水温度随深度增加而增高，其变化规律取决于地热增温率(地热增温级)。地热增温率是指在温度每升高 1 ℃所需增加的深度，单位为 m/℃。整个地壳的地热增温率的平均值为 30 ~33 m/℃。

(二)颜色

地下水一般是无色的，但有时由于某种离子含量较多，或者富集悬浮物和胶体物质，则显出各种各样的颜色(见表 1-8)。

表 1-8　地下水颜色与所含物质的关系

水中物质	地下水颜色	水中物质	地下水颜色
含硫化氢	翠绿色	含锰的化合物	暗红色
含低铁	浅绿灰色	含黏土	无荧光的淡黄色
含高铁	黄褐色或锈色	含腐植酸	暗或黑黄灰色(带荧光)
含硫细菌	红色	含悬浮物质	取决于悬浮物颜色

(三)透明度

地下水的透明度取决于其中的固体与悬浮物的含量,按透明度将地下水分为四级(见表 1-9)。

表 1-9　地下水透明度的分级

分级	鉴定特征
透明的	无悬浮物及胶体,60 cm 水深,可见 3 mm 粗线
微浊的	少量悬浮物,大于 30 cm 水深,可见 3 mm 粗线
浑浊的	有较多悬浮物,半透明状,小于 30 cm 水深,可见 3 mm 粗线
极浊的	有大量悬浮物及胶体,似乳状,水很浅也不能清楚看见 3 mm 粗线

(四)嗅

当地下水中含有某些离子或某种气体时,会散发出特殊的臭味。例如,含亚铁盐很多时,水有铁腥气味(墨水气味),含硫化氢气体时有臭鸡蛋味。一般将水加热到 40 ℃时气味更显著。

(五)味

纯水无味,当溶有一些盐类或气体时可有一定的味感。例如,含较多的二氧化碳时清凉爽口;含大量有机物时,有明显的甜味,不宜饮用;含硫酸镁和硫酸钠时,有苦涩味;含氯化钠时有咸味。当水中溶有的盐类多于 10 g/L 时,则有很咸的味感,浓度越大味感越强。

味的明显程度与温度有关,低温时不明显,温度在 20 ~ 30 ℃时味显著。所以,地下水味的强弱,取决于水中某种离子成分的浓度、水温,同时也与人的味觉神经敏感性有关。

(六)比重

地下水的比重取决于水中所溶盐分的含量。地下淡水的比重通常认为与化学纯水比重相同,其数值为 1。水中溶解的盐分愈多,比重愈大,有的比重可达 1. 2 ~ 1. 3。

(七)电导性

地下水的电导性取决于水中所含电解质的数量和质量,即各种离子的含量与其离子价。离子含量愈多,离子价愈高,则水的导电性愈强。此外,水温对电导性也有影响。

(八)放射性

地下水的放射性取决于水中所含放射性元素的数量。地下水或强或弱都具有放射性,但一般极为微弱。储存和运动于放射性矿床及酸性火成岩分布区的地下水,放射性一般相应增强。

二、地下水的化学成分

(一)概述

地下水的化学成分比较复杂,溶有各种离子、分子、化合物、气体及生物成因的物质。到目前为止,在地下水中已发现62种化学元素,有的大量溶于水中,有的含量甚微。一般地壳中分布最广的元素,例如氧、钙、钠、镁等,在地下水中也是最常见的物质。有些元素例如硅、铁,地壳中分布虽广,但在地下水中却不多。还有一些元素如氯则相反,地壳中分布很少,但地下水中含量却很多,原因在于溶解度的不同。

1.地下水中的主要气体成分

(1)氧、氮。地下水中的氧气和氮气主要来源于大气。它们随同大气降水和地表水的补给而进入地下水中。含溶解氧多的水,处于氧化环境;少氧或无氧的水,处于还原环境。氧的化学性质远较氮活泼,故在封闭的环境中,氧耗尽而存有氮。因此,地下水中氮的单独存在,通常可表明地下水起源于大气并处于还原环境。

(2)硫化氢。地下水中出现硫化氢,表明处于缺氧的还原环境。在封闭的环境中,当有机质存在时,由于微生物的作用,SO_4^{2-} 还原生成 H_2S。因此,H_2S 一般出现在深层地下水中。

(3)二氧化碳。地下水中的二氧化碳有两种来源。一种是生物化学作用,如生物呼吸及有机质的发酵,这种发生于大气、土壤及地表水中的二氧化碳,随同下渗的水,进入地下水中,浅部地下水中的二氧化碳主要是这种成因;另一种是深部变质作用形成,即碳酸盐类岩石在高温作用下,分解成二氧化碳。

地下水中含二氧化碳愈多,其溶解碳酸盐类的能力以及对结晶岩类进行风化作用的能力愈强。由于近代钢铁、冶金及化学工业的发展,大气中的二氧化碳量显著增加,特别在工业集中区,降水入渗的二氧化碳含量往往特别高。

2.地下水中主要离子成分

地下水中分布最广,含量最多的离子共有7种:氯离子(Cl^-)、硫酸根离子(SO_4^{2-})、重碳酸根离子(HCO_3^-)、钠离子(Na^+)、钾离子(K^+)、钙离子(Ca^{2+})、镁离子(Mg^{2+}),它们来源于相关的各种原岩的风化溶解。通常将 K^+、Na^+ 二者合并为一,统称为六大离子。

一般情况下,随着地下水中含盐量的变化,占主导地位的离子成分也会发生变化。含盐量低的地下水中常以 HCO_3^-、Ca^{2+} 或 HCO_3^-、Mg^{2+} 为主;中等含盐量的常以 SO_4^{2-}、Ca^{2+} 或 SO_4^{2-}、Mg^{2+} 为主;含盐量高的地下水中则以 Cl^-、Na^+ 为主。

地下水中含盐量与离子成分之间的这种对应关系,源于各种盐类溶解度的差异。氯盐的溶解度最大,硫酸盐次之,碳酸盐较小,钙、镁的碳酸盐最小。随着水中含盐量的增加,钙、镁的碳酸盐首先达到饱和而析出,继续增加时钙的硫酸盐随之饱和析出。因此,含盐量高的水中便以易溶的氯盐为主了。

3.地下水中的胶体成分

地下水中胶体成分为有机和无机两类。有机胶体在地球表面分布很广,尤其在热带、沼泽地带的地下水中含量很高。无机胶体有的不稳定,易生成次生矿物而沉淀。如氢氧化铝胶体易形成矾土、叶蜡石沉淀。有的溶解度很低,如二氧化硅(SiO_2),故在水中含量较低。

4. 地下水中的有机成分和细菌成分

有机成分主要有生物遗体的分解,多富集于沼泽水中,有特殊臭味。细菌成分可分为病原菌和非病原菌两种。地下水按菌度(含有一条大肠杆菌水的毫升数)分类见表 1-10。

表 1-10 地下水按菌度分类 (单位:mL/条)

名称	菌度	名称	菌度
卫生水	>300	不卫生水	1.0~10
相当卫生水	100~300		
不可靠水	10~100	很不卫生水	0.1~1.0

(二)地下水的主要化学性质

1. 地下水的酸碱性

地下水的酸碱性主要取决于水中氢离子的浓度,常用 pH 表示。根据地下水中 pH 的大小,将水分成以下几级:强酸水(<5)、弱酸水(5~7)、中性水(7)、弱碱水(7~9)、强碱水(>9)。

2. 地下水的总矿化度

地下水中所含各种离子、分子和化合物的总量称为总矿化度,简称矿化度,以每升水中所含克数(g/L)表示。为了便于比较,习惯上以 105~110 ℃时将水灼干所得的干涸残余物总量表示总矿化度。地下水按总矿化度的大小分类见表 1-11。

表 1-11 地下水按矿化度的分类 (单位:g/L)

类别	总矿化度	类别	总矿化度
淡水	<1	盐水(高矿化水)	10~50
微碱水(弱矿化水)	1~3		
碱水(中等矿化水)	3~10	卤水	>50

3. 地下水硬度

水的硬度取决于水中 Ca^{2+}、Mg^{2+} 的含量。硬度分为总硬度、暂时硬度、永久硬度、碳酸盐硬度四种。

(1)总硬度。相当于水中所含 Ca^{2+}、Mg^{2+} 的总量。

(2)暂时硬度。水煮沸后,水中一部分 Ca^{2+}、Mg^{2+} 与 HCO_3^- 作用生成碳酸钙($CaCO_3$)、碳酸镁($MgCO_3$)沉淀。呈碳酸盐沉淀的这部分 Ca^{2+}、Mg^{2+} 的总量即为暂时硬度。

(3)永久硬度。总硬度与暂时硬度之差。

(4)碳酸盐硬度。地下水中与 HCO_3^- 含量相当的 Ca^{2+}、Mg^{2+} 的总量。

硬度表示方法较多,我国目前采用德国度表示,1 德国度相当于 1 L 水中含有 10 mg

的氧化钙(CaO)。根据地下水硬度将水分为五级见表1-12。

表 1-12　地下水按硬度分类

分类	$Ca^{2+}+Mg^{2+}$(毫克当量/L)	德国度	CaO 摩尔浓度(mol/L)
极软水	<1.5	<4.2	<0.000 75
软水	1.5~3.0	4.2~8.4	0.000 75~0.001 0
微硬水	3.0~6.0	8.4~16.8	0.001 0~0.003 0
硬水	6.0~9.0	16.8~25.2	0.003 0~0.004 5
极硬水	>9.0	>25.2	>0.004 5

三、地下水的化学分析

采取水样进行化学分析,简称水分析,是研究地下水化学成分的基本手段。在一般性水文地质调查中,主要有简分析、全分析两种类型。有时为了某种特殊的需要,可进行专门性分析。

(一)简分析

为了了解区域地下水化学成分的一般特征和变化规律,或一般性了解,常采用简分析。简分析项目包括定量分析和定性分析两类。采用定量分析的有 HCO_3^-、SO_4^{2-}、Cl^-、Ca^{2+}、Mg^{2+}、pH 及干涸残余物($K^+ + Na^+$计算求得)。采用定性分析的有铵(NH_4^+)、亚硝酸根(NO_2^-)、三价铁(Fe^{3+})、二价铁(Fe^{2+})、H_2S、游离 CO_2。

(二)全分析

采用全分析的一般有如下项目:HCO_3^-、SO_4^{2-}、Cl^-、CO_3^{2-}、NO_2^-、NO_3^-、Ca^{2+}、Mg^{2+}、K^+、Na^+、NH_4^+、Fe^{2+}、Fe^{3+}、SiO_2、H_2S、游离 CO_2、侵蚀 CO_2、溶解 CO_2、pH、总硬度、永久硬度、耗氧量、干涸残余物等定量分析。需要指出,水分析项目不是固定不变的,可根据工作目的和需要作相应的增减。

(三)专门性分析

专门性分析项目随具体任务要求而定。例如,在进行饮用水水源调查时,需对有毒成分如砷、铅、氟及大肠杆菌等项目进行分析,同时需达到较高的精度要求。

第四节　岩石的物理性质

岩石的物理性质指岩石的颜色、电性、磁性、放射性、孔隙率、硬度、解理、断口、脆性、弹性、相对密度,以及其他性质。岩石的密度、弹性波传播速度、磁化率、电阻率、热导率、放射性等,是形成各种地球物理勘探场的基础。岩石是一种或多种矿物颗粒的集合体,其物理性质本应是其组成矿物物理性质的简单组合。但是,实际上常常并非如此,根据矿物的性质预测岩石的性质之所以困难,是由于所有的岩石事实上都含有一种非矿物物质——水。水对岩石的电导率和介电常数的影响很强,因此即使存在极少量的水,也会对岩石的电导率和介电常数产生决定性影响。

纯水相对地说是非良导体，但具有较高的相对介电常数。水是一种溶剂，常以电解液的形态存在，含有数量可观的离子，故其电导率一般较高。充填于岩石孔隙空间的水，即所谓的地下水，通常是一种溶有多种盐类的电解液，故地下水的离子成分反映了它的来源和演变过程。最常见的一种是原生水，或称封存水，它是在沉积岩形成过程中残留下来的，这类地下水的含盐度与沉积盆地的化学环境有关，通常富含氯化钠。另一种常见的地下水是重碳酸盐水，它与大陆侵蚀作用有关，碳酸盐类和钙的含量很高，但浓度一般比封存水低。还有一种酸性地下水，一般多见于金属矿区，因为硫化矿物和氧化矿物在风化过程中为酸化提供了物质来源。

大多数造岩矿物如长石、石英、辉石等具有离子型或共价型结晶键，密度一般为2.2～3.5 g/cm^3，极少数达4.5 g/cm^3。结晶键为离子－金属型或共价－金属型的矿物，如铬铁矿、黄铁矿、磁铁矿等密度较大，为35～7.5 g/cm^3。岩石的密度取决于它的矿物组成、结构构造、孔隙度和它所处的外部条件。影响岩浆岩的因素对于侵入岩和喷出岩来说是不同的。侵入岩的孔隙度很小，其密度主要由化学成分决定。从酸性到超基性，随着二氧化硅含量的减少和铁镁氧化物含量的增加，侵入岩的密度逐渐增大。在金属矿区，岩石中金属矿物的含量增高，岩石的密度就增大。矿区花岗岩的密度有的就高达2.7 g/cm^{3}以上。随着从酸性到超基性的过渡，硅铝含量减小，铁镁含量增大，喷出岩的密度也逐渐增大。但喷出岩的孔隙度比侵入岩大，其密度也就比相应的侵入岩的密度小。沉积岩的密度是由组成沉积岩的矿物密度、孔隙度和填充孔隙气体和液体的密度决定的。沉积岩的孔隙度变化较大，一般为2%～35%，也有高达50%以上的。石灰岩、白云岩、石膏等的孔隙度较小。沉积岩在压力作用下孔隙度变小，其密度常随埋深和成岩作用的加深而增大。变质岩的密度主要取决于其矿物组成，其孔隙度很小，一般为0.1%～3%，很少有达5%及以上的情况。在区域变质性质中，绿片岩相岩石的密度一般比原岩小，其他深变质相岩石的密度比原岩大。在动力变质中，如构造应力较小，则变质岩的密度小于原岩；如果应力较大因而引起再结晶，则变质岩的密度等于或大于原岩。孔隙度较大的岩石即使矿物成分相同，由于其孔隙中所含物质的成分不同，密度可以相差较大。潜水面下水饱和的岩石密度就比干燥的岩石密度大。岩石风化后密度变小。岩石的密度一般是随压力的增大而增大。侵入岩在压力作用下密度变化最大的是花岗岩，超基性岩最小。

地球物理勘探中常用的岩石电性参数有电阻率ρ，电容率ε和极化率η。在外电场恒定时，岩石和矿物的电阻率ρ一般为常数；外电场为交变场时，电导率为频率的函数。在高频时，由于位移电流比较明显，在低频和超低频时，由于某些岩石和矿石的激发极化电流比较明显，场与电流之间出现相位差，此时的电导率用复数表示，而电阻率不再为电导率的倒数。大多数岩石的电阻率在欧姆定律关系式中是一常系数，这类岩石亦称为欧姆导体。在一些各向异性的晶体和等离子体中，外电场和电流的方向不一致，此时物体的导电特性不能用欧姆定律来描述，这类物体称为非欧姆导体，它们的电阻率为一张量。电法勘探中所用的电阻率，一般是指定场或低频时不包含激发极化作用而测定的标量值。

按导电特性不同，岩石矿物可分为导体、半导体和介电体。一些金属（如自然金、自然铜等）和石墨等属于导体（$\rho \approx 10^{-6} \sim 10^{-5}\ \Omega \cdot m$）。多数金属硫化物和金属氧化物属于半导体($\rho \approx 10^{-5} \sim 10^{6}\ \Omega \cdot m$)。绝大多数造岩矿物(石英、长石、云母等)属于介电体($\rho > 10^{6}\ \Omega \cdot m$)。不同岩石和矿石的矿物组成、结构构造、孔隙液含量和液体的性质都不相同,因此它们的电阻率值常相差很大,有时可以相差20个数量级。同类岩石的电阻率值也常因孔隙水含量和含盐浓度的增加或减小而明显降低或升高。这种变动能达2~4个数量级。岩石和矿石的电阻率值随温度和压力的变化规律与矿物组成和结构构造有关。电阻率一般随温度升高而下降,随压力的变化趋势常因岩石种类而异。拉长形矿物呈定向排列的岩石、矿石和层状岩层,其电阻率值常显现各向异性。电流平行于矿物的拉长方向或岩层的层面时所测定的电阻率值ρ_t,常小于电流垂直于矿物的拉长方向或岩层层面时所测定的电阻率值ρ_n。

岩石和矿物的电容率ε即为介电常数。在实用中为了方便,常采用无量纲参数。极化率是激发极化法常用的一个电性参数。当电流流过岩石或矿体中的两相(孔隙水和导体)界面或通过岩石中含有水的孔隙时,将产生电极极化或薄膜极化等电化学作用,使两相界面附近,随着充电时间增长逐渐积累新的电荷,产生超电压并渐趋饱和,这样形成的电场分布,称为激发极化场。该场在外电源断掉后,逐渐衰减为零,这个现象称为岩石或矿体的激发极化效应。

岩石的热学参数是热导率,以金属矿物为最高。岩石的热导率取决于组成岩石的矿物和固体颗粒间的介质如空气、水、石油等的绝热性质。27 ℃时空气的热导率为0.03 W/(m·℃),0 ℃时水的热导率为0.56 W/(m·℃),冰的热导率为2.23 W/(m·℃),石油的热导率为0.14 W/(m·℃)。孔隙度增高时热导率下降。当温度和压力升高时,空气的热导率显著增大。岩浆岩和变质岩的热导率相对于沉积岩来说变化范围不大,数值较高。侵入岩中,超基性岩的热导率较高,花岗岩次之,中间成分的侵入岩又次之。喷出岩的热导率比相应的侵入岩小,火山熔岩的热导率最小。变质岩的热导率一般在2.0 W/(m·℃)以上,石英岩高达7.6 W/(m·℃)。沉积岩的热导率变化范围大是热导率较低的孔隙充填物造成的。沉积岩中热导率最低的是疏松饱水深海沉积。致密或结晶的碳酸盐岩类和石英质岩类的热导率较高。砾石-砾岩-粉砂岩-泥岩系列中,组成岩石的颗粒越小,热导率越低。

岩石和矿物的热导率与温度、压力有关系。一般说来,温度升高,热导率降低,特别是温度升至473~700 K时,热导率降低很快。在室温下,压力升高,沉积岩的热导率增大,最大的增值可达0.44 W/(m·℃)。当压力从0升至100个大气压时,热导率变化最大。压力再升高,则热导率变化不大,或趋于一常数。

矿物按其磁性的不同可分为三类。一是反磁性矿物,如石英、磷灰石、闪锌矿、方铅矿等,磁化率为恒量,负值,且较小;二是顺磁性矿物,大多数纯净矿物都属于此类,磁化率为恒量,正值,也比较小;三是铁磁性矿物,如磁铁矿等含铁、钴、镍元素的矿物,磁化率不是恒量,为正值,且相当大,也可认为这是顺磁性矿物中的一种特殊类型。

岩石的磁性主要取决于组成岩石的矿物的磁性,并受成岩后地质作用过程的影响。一般来说,橄榄石、辉长石、玄武岩等基性、超基性岩浆岩的磁性最强,变质岩次之,沉积岩最弱。

岩石中的弹性波速度取决于其矿物成分和孔隙充填物的弹性。岩浆岩和变质岩的弹性波速度与岩石密度的关系接近于线性关系,密度越大,速度越高。当岩浆岩和变质岩的含水饱和度增大时,波速变大。片麻岩等片理发育的岩石,沿片理面测量的波速大于垂直片理面测量的波速,有时相差1倍以上。沉积岩中的弹性波速度受孔隙度的影响很大,变化范围很宽。地面疏松土壤和黄土的波速最小,砂岩、页岩次之,碳酸盐类岩石的波速最大。孔隙为油、水所饱和的岩石的波速比干燥岩石的波速大。同一类沉积岩,年龄较老或埋深较大的,其波速也较大。压力增大时,岩石中的波速增大。

氡(^{222}Rn)是天然放射性铀(^{238}U)核素经几代核衰变后生成的放射性镭(^{226}Ra)核素的直接衰变子体。它是一种具有特征放射性的、半衰期为3.825 c的惰性气体,在水中的溶解度很大。在地下含水构造裂隙部位,往往容易形成氡源,它能从水中解析形成气体,通过岩石的孔隙、裂隙、破碎带或构造裂隙运移到地表土壤中,并形成一定的放射性异常反映。

核素^{218}Po (RaA)是氡(^{222}Rn)的第一代衰变子体,它的半衰期只有3.05 min。依据氡衰变子体^{218}Po中大约有10%是带正电荷的电原子,可以采用带静电负压吸附收集。用检测^{218}Po核素的核探测仪器,测量具有特征放射性的^{218}Po时,由于不存在^{216}Po核素的干扰,因此它的测量结果直接反映的是土壤中的氡分布情况,很容易发现氡的聚集部位,从而确定含水构造裂隙所在位置。在非含水构造裂隙部位,也会形成氡聚集,出现异常反应。因此,采用放射性测量方法勘查地下水,其实质是寻找隐覆构造裂隙部位,是一种间接的方法技术。

第五节 综合物探找水技术发展综述

自1950年由中国科学院院士、地球物理学家顾功叙主持,在北京石景山地区开展直流电阻率法找水以来,至今已有60余年的历史,我国的物探找水技术有了长足发展,而使用直流电阻率法在山丘和平原地区进行电测找水工作,目前仍是物探找水的主要运用手段,取得了不计其数的成功找水实例与经验。20世纪70年代,在中国的山东、山西、河北等省,群众性电测找水工作已相当普及,甚至每个县级水利部门都配有专业的找水队伍、人员和找水仪器,使用的方法主要是直流电阻率法。在此期间,山东、山西、河北等省份亦风行过使用声频大地电场法、甚低频法寻找基岩裂隙水,皆因测量数据重复性差、数据处理手段落后等原因,而遭逐步弃用。

在20个世纪后期,由中国地质学会勘探地球物理专业委员会、中国地球物理学会勘探地球物理委员会联合,不定期地召开过三次全国水文物探会议。第一届全国水文物探会议于1988年在山东昌乐召开,第二届全国水文物探会议于1991年在山西平遥召开,第三届全国水文物探会议于1998年又在山东泰安召开,这也充分说明了山东、山西两省在找水工作方面的重要地位。山东省水利科学研究院自1966年开始基岩找水技术研究工作,取得了较丰硕的研究成果,找水技术研究工作一直位居国内前列。

利用物探手段找寻地下水的方法有很多,主要包括电阻率法、激电法、瞬变电磁法、α放射性法、甚低频电磁法、地震法、磁法、重力法等。在物探找水工作中,直流电法仍是最为重要的运用方法,也是目前普遍采用的物探找水方法。

20世纪70年代，开始研发时间域激发极化找水方法，山西省平遥卜宜仪器厂研发了具有代表性的JJ－2型激发极化法找水仪，山东省水利科学研究院、山东工学院与山东电讯十一厂合作，研制了SDJ－1型积分式激电仪。80年代末90年代初期，山东省水利科学研究院又率先开展了瞬变电磁法找水工作。90年代双频激电法找水得到初步运用，山东省水利科学研究院于2010年利用该技术开展了专项找水应用研究，目前仪器水平还有待进一步改进。2008年，吉林大学成功研发了核磁共振找水技术仪器，取得了一定成效。在20世纪70年代，中国开始应用放射性方法探测基岩裂隙水，南京大学首先应用径迹法找水，取得了一定成效。从找水工作规模、工作历程和效益来看，中国的物探找水工作一直处于一个不断发展壮大的历程，无论从技术方法还是从普遍性来讲，均处于国际领先水平，只是仪器工艺方面稍显落后。

电测深法是研究垂向地质构造的地球物理方法，该方法主要用于探测地层、岩性在垂直方向的电性变化，解决与深度有关的地质问题，可寻找位移稳定的含水层，确定其顶底板埋深。其中，五极纵轴测深方法在热水资源勘探中具有广阔的应用前景。地热矿泉水水温高，水质纯，富含对人体有益的多种矿物质。因水的热量来自增温地层，所以热水层埋藏较深。在使用对称四极测深法确定热水井位时，具有野外施工受场地限制影响小，异常明显，分层细等优点。

激电法是利用激电二次场的大小与衰减快慢的不同推断岩体的含水情况，其最大的优点是受地形影响小，对岩溶裂隙水的水位埋深和相对富水带反映都比较直观。目前成功应用的激电参数较多，如表征岩石激发极化的极化率和充电率参数，表征岩石激发极化放电快慢的半衰时和衰减度参数，还有激发比和相对衰减时等综合参数，这些参数的选取与不同地质体和不同的仪器有关，实验表明，极化率（η）、半衰时（TH）、衰减度（D）对岩溶地下水勘查具有较好的效果。

瞬变电磁法（TEM）是利用不接地回线或接地电极向地下发送脉冲式一次电磁场，用线圈或接地电极观测由该脉冲电磁场感应的地下涡流而产生的二次电磁场的空间和时间分布，从而解决有关地质问题的时间域电磁法。利用TEM法在山区查找地下岩溶构造，进而达到查找地下浅层岩溶水，该方法测试工作简单，工作效率较高，能够快速、方便地解决问题，不失为一种找水的好方法。另外，电磁法也可以应用于平台，包括飞机和直升飞机。实际应用中，电磁法在揭示有关含水层结构及位置的同时，也能测量磁场以便绘出地下水位置及显著的断层和岩脉。新式的宽频带数字航空设备及处理系统能够对大于200 m深的含水层进行迅速而廉价的探测。计算机解释技术能够作出深度和含水层的电导率图。这种资料能够直接帮助水文地质学家识别并开发地下水。

放射性α法是利用地质体的放射性特征，通过收集氡的辐射体，并根据收集量值的大小，推断地下构造及岩体的富水情况。在我国20世纪70年代开始应用放射性方法探测基岩裂隙水，以后相继出现了放射性γ测量、$^{210}Po\alpha$卡等方法在找水中的应用。在1984年，快速且成本低的静电α卡法的出现，是应用放射性方法调查基岩裂隙水的一个重要进展。

现行的物探找水方法都是通过勘查含水构造和层位来间接找水，不具备解决何处有水、有多少水等一些与地下水紧密相关的基本问题的能力。利用核磁共振（NMR）技术探测地下水,是NMR技术应用的新领域,是目前唯一的直接找水的新方法,近20年来在国内外得到了一定发展。它是利用特定的方法使地下水中氢核形成宏观的磁矩,这一宏观磁矩在地磁场中产生旋进运动,其进动频率为氢核所特有。用线圈(框)拾取宏观磁矩进动产生的电磁信号,即可探测地下水的存在。因为NMR信号的幅值与所研究空间内的水含量成正比(结合水和吸附水除外),因此构成一种直接找水技术,形成了一种新的找水方法。该方法的缺点是设备较为笨重,探测深度一般较浅,从而影响了该方法的普及。

直流高密度电阻率法实际上是一种阵列电阻率勘探方法,在野外测量时只需将全部电极(几十根至上百根)置于测点上,然后利用程控电极转换开关和微机工程电测仪便可实现数据的快速和自动采集。将测量结果送入微机后,还可对数据进行处理并给出关于地电断面分布的各种物理解释的结果。显然,高密度电阻率勘探技术的运用与发展使电法勘探的智能化程度大大向前迈进了一步,可有效地提高找水工作效率,降低工作强度,可将其逐步引入到找水工作之中,主要具有以下特点:

(1)电极布设一次完成,不仅减少了因电极设置而引起的故障和干扰,而且为野外数据的快速和自动测量奠定了基础。

(2)能有效地进行多种电极排列方式的扫描测量,因而可以获得较丰富的关于地电断面结构特征的地质信息。

(3)野外数据采集实现了自动化或半自动化,不仅采集速度快(每一测点需2~5 s),而且避免了手工操作所出现的错误。

(4)可以对资料进行预处理并显示剖面曲线形态,脱机处理后还可以自动绘制和打印各种成果图件。

(5)与传统的电阻率法相比,成本低、效率高、信息丰富、解释方便、勘探能力显著提高。

目前,在物探找水工作中,正反演解释软件的应用非常不够,有待进一步提高资料分析解释手段。随着找水技术方法的更加完善、仪器装备的大幅进步、资料解释手段的不断提高,以往出现过的群众性找水模式将会发生根本性变化,将向着更加专业化、规模化、快速化的趋势发展。

在可以预见的将来,随着空间定位技术应用的发展,小微型无人飞机技术的引用,资料解释手段及勘探设备水平的进步,磁法、重力法、航空瞬变电磁法将会在水文物探领域占据更加重要的地位,从而带动野外探测技术和工作方法产生变革性的进步。

长期实践证明,应用物探方法寻找地下水是行之有效的,充分发挥各种物探手段本身的优势,可以产生更好的效果,相信随着物探技术及其他方法的不断发展,物探找水一定会有更加广阔的发展前景。以综合物探技术为手段的找水技术,克服了地质、物探单一方法找水的片面性,通过各种方法综合运用对照分析,参数优选对比,提高了成井率,推动了找水技术的发展。综合物探找水理论的应用,也为新的物探找水方法提供了新的依据,不断完善地质与物探相结合的成果解释方法,推动了多学科、多领域找水技术方法的综合应用。

第二章 电法找水基础知识

第一节 电法勘探概述

电法勘探根据地层中各类岩石或矿体的电磁学性质(如导电性、导磁性、介电性)和电化学特性的差异,通过对人工或天然电场、电磁场或电化学场的空间分布规律和时间特性的观测和研究,寻找不同类型的地下水、矿床和查明地质构造及解决地质问题的地球物理勘探方法,主要用于寻找金属、非金属矿床,勘查地下水资源和能源,解决某些工程地质及深部地质问题。

地壳表层由不同的岩石、矿体和各种地质构造组成,它们具有不同的导电性、导磁性、介电性和电化学性质。根据这些性质及其空间分布规律和时间特性,人们可以推断地层或地质构造的赋存状态和物性参数等,从而达到勘探的目的。电法勘探具有利用物性参数多,场源、装置形式多,观测内容或测量要素多及应用范围广等特点。电法勘探利用岩石、地下水、矿石的物理参数,主要有电阻率(ρ)、导磁率(μ)、极化特性(人工体极化率 η 和面极化系数 λ、自然极化的电位跃变 $\Delta\varepsilon$)和介电常数(ε)。

电法勘探从19世纪初开始进行实验研究。1835年R. W. 福克斯用自然电场法找到了第一个硫化矿床。19世纪末期提出了利用人工场源的电阻率法,20世纪初确立了四极等间距的温纳氏法和中间梯度法两个分支方法。此后,随着生产实践的需要,又逐渐形成了多种分支方法。例如,对称四极法、联合剖面法、偶极剖面法和电测深法等。1920年发现了激发极化效应的电化学过程,随后经各国学者的深入研究,逐步形成了目前广泛应用的激发极化法。电磁感应法于1917年提出,并于1925年首次获得找矿效果。大地电磁测深法于20世纪50年代初提出,1957年苏联首先研制出第一台用于大地电磁测深法的地磁仪,这种仪器现在已被世界各国普遍应用。中国的电法勘探工作始于20世纪30年代,1949年后得到迅速发展,并广泛应用于地质问题的研究中。

电法勘探的方法,按场源性质可分为人工场法(主动源法)、天然场法(被动源法),按观测空间可分为航空电法、地面电法、地下电法,按电磁场的时间特性可分为直流电法(时间域电法)、交流电法(频率域电法)、过渡过程法(脉冲瞬变场法),按产生异常电磁场的原因可分为传导类电法、感应类电法,按观测内容可分为纯异常场法、总合场法等。中国常用的电法勘探方法有电阻率法、充电法、激发极化法、自然电场法、大地电磁测深法和电磁感应法等,如图2-1、图2-2所示。

电阻率法利用地壳中岩石、矿石间电阻率(ρ)差异,观测和研究地面人工电流场(稳定的或准稳定的)分布规律的方法。此法一般用于寻找石油、煤田、地下水和金属矿床等,以及研究与之有关的地质构造问题。电阻率法按电极排列和工作方法的不同,又可分为以下几种分支方法。

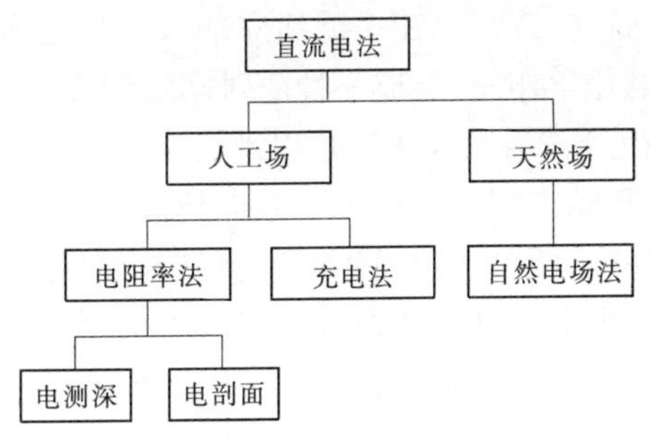

图 2-1　直流电法分类示意图

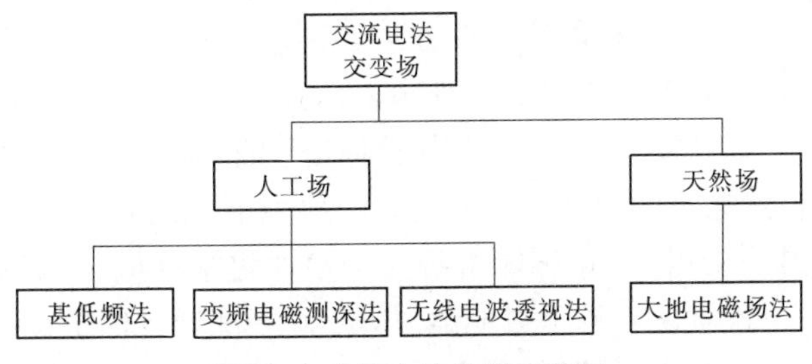

图 2-2　交流电法分类示意图

(1)电测剖面法。根据电极排列方式不同,又可分为对称四极剖面法、联合剖面法和偶极剖面法等。该类方法中的 4 个电极均按特定方式排列。在野外观测过程中,各个电极间距保持不变,沿测线逐点进行测量 ρ_s 值。测量结果可绘成剖面曲线图或剖面平面图。

(2)中间梯度法。该方法供电电极距 AB 很大,一般为数百米至数千米,其中部 $AB/3$ 范围,电场近似均匀,有利寻找对象异常的显示。在一条测线上供电,可同时在 1～3 条测线上进行观测,适于面积性测量工作。观测过程中 A、B 不动,测量电极 M、N 在 AB 中间 $AB/3 \sim AB/2$ 范围内逐点移动,测量每个点的 ρ_s 值。测量结果绘成剖面曲线图和剖面平面图。当 A、B 中间埋藏着高电阻率矿体时,ρ_s 值高于背景值;当 A、B 中间埋藏着有低电阻率矿体时,ρ_s 值低于背景值。中间梯度法在寻找陡立高阻矿体和平缓低阻矿体以及地质填图时效果较好。

(3)电测深法。该方法主要用来研究测点下和测区下不同导电性地质体沿垂直方向的分布情况。它也包含有几种分支方法,常用的有对称四极测深法(A、B、M、N 对称于 MN 中点)。在某一测点上进行测深时,测量电极 M、N 不动,A、B 向 M、N 极外侧由小到大逐次移动,依次观测 ΔV 和 I,算出对应于各种 AB 值的对应 ρ_s 值。测量结果可绘成 ρ_s 随 $AB/2$ 变化的电测深曲线图和其他类型图件。地下电场分布范围随 AB 的增大而增大。当 AB 很小时,ρ_s 主要反映地表层的电阻率;当 AB 逐次增大时,ρ_s 逐渐反映深部地层的电性特征。依此,可探测地下不同深度的地质构造情况。该方法主要用于探查地下的地质构造,借以寻找石油、天然气、煤田以及解决水文、工程地质问题。勘探深度最大可达几千米。

充电法是金属矿床详查、勘探阶段和解决水文、工程地质问题中常用的一种电法勘探方法。当野外发现良导性矿体(低阻矿体)的天然或人工露头时,充电法可以确定该矿体的走向、范围和空间产状等。

激发极化法向地下输入电流,利用岩石或矿石受到激发极化作用后产生的电流场,进行找矿和解决其他地质问题的方法。在地下建立的人工稳定电流场的激发作用下,使矿体和孔隙溶液之间产生电化学作用,形成一种随时间缓慢变化的附加电场,此现象称为激发极化效应(简称激电效应)。激发极化法是以地壳中不同矿石、岩石间极化特性差异为前提,观测和研究激电异常场空间分布规律和激电场随时间变化特性。人们通过观测和研究激电场的空间分布特征,便可实现找矿或解决其他地质问题的目的。野外工作中可采用电阻率法中的任何一种电极排列和相应的工作方法,仅观测内容和观测方法有所差别。激发极化法按供电和测量内容的不同,可分为直流(时间域)激发极化法和交流(频率域)激发极化法。

自然电场法指利用大地中的自然电场作为场源,进行找矿和解决其他地质问题的方法。该法是人们应用最早的一种电法勘探方法。它无须用人工方法向地下供电。至于自然电场产生的原因,目前尚有不同见解。地下潜水面(见潜水)切割电子导电矿体,潜水面上部发生氧化作用,下部发生还原作用,使矿体上、下两端表面产生不均匀的双电层,进而在矿体内外形成自然电流。通常在矿体上方的地表可观测到负的自然电位异常,依此可实现找矿目的。另一观点认为,矿体本身并不参加化学反应,只起传递电子作用。此外,还有人提出电极电位学说和波差电池学说等。对于离子导体情况,地下水在岩石孔隙中流动时,水溶液中常含有大量的正、负离子,且岩石颗粒有吸引负离子的作用,致使地下水带走大量的正离子,形成自然电场。野外工作时,将电极 N 置于很远处(∞处),测量电极 M(M、N 极皆为不极化电极)沿测线逐点测量自然电位 V。测量结果可绘成 V 的剖面曲线图和平面等值线图。自然电场法不用人工供电,故仪器设备较轻便,生产效率高。该法主要用于寻找电子导电的金属矿床与非金属矿床、进行地质填图和确定地下水流速、流向等水文地质问题。

大地电磁测深法是利用大地的天然电磁场作为场源,以研究地壳和上地幔构造的方法。高空电离层和磁层的电流体系由于太阳辐射发生的变化以及大气层中的雷电效应,均将引起地球磁场的波动,其频率范围十分宽阔。这种磁场的波动在导电的地球内感应出交变的电磁场。在地球内部,这种电磁场分布取决于岩石的电性结构。由于电磁场的集肤效应作用,不同频率电磁波具有不同的穿透深度,从而带来不同深度岩石电性的信息。在地面上,单点观测多种频率天然交变电磁场互相垂直的 4 个水平分量(E_X、E_Y、H_X、H_Y),分析研究地面波阻抗随频率的变化,便可探测地球内部岩石电性随深度的分布。该方法的特点是以天然交变电磁场为场源,探测深度大(数十千米至 100 km 以上)。

电磁感应法以电磁感应原理为基础,以地壳中岩石、矿石导电性和导磁性的差异为前提,用人工方法在空间建立交变电磁场,使良导矿体内产生感应电流,观测和研究感应电流在空间形成的异常电磁场的空间分布规律和时间特性,从而寻找地下良导矿体或解决其他地质问题的方法,简称电磁法。该类方法又可分为两个分支:频率域电磁法(场源为多种频率的谐变电磁场)和时间域电磁法(场源为不同形式的周期性脉冲电磁场)。它们的方法原理、基础理论和野外工作方法基本相同,但地质效果各有特点。电磁感应法分支方法多,分类原则不同,方法名称各异。例如,按场源形式划分,有长导线法、不接地回线法、电磁偶极法等;按观测内容划分,有振幅 - 相位法、振幅法、虚实分量法、倾角法、振幅比 - 相位差法等;按观测场所划分,有地面电磁法、航空电磁法等。该类方法装置类型多,装置轻便,工作方法灵活,效率高,不受野外接地条件限制,可在冻土带、冰川、沙漠或空中进行工作。这类方法主要用于寻找良导电性的金属矿床与非金属矿床、查明地下地质构造和解决其他有关地质问题。

目前,在实际找水工作中得到较多应用的主要有直流电阻率法、直流激发极化法、瞬变电磁法以及双频激电法等。实践证明,只要正确掌握直流电法勘探的理论和方法,因地制宜地加以运用,就能收到一定的找水效果,并能解决以下问题:

(1)在平原地区松散地层能查明古河道的分布,寻找沙砾石含水层,圈定咸、淡水的范围,推断咸、淡水的界面,分析地下水的矿化度。

(2)在山丘地区确定地质构造、岩溶、裂隙带的位置、走向、倾向和范围,以及基岩深部裂隙发育状况。

(3)电测井可在钻孔或人工井中确定含水层的部位、厚度,更准确地划分咸、淡水界面和地下水矿化度。

第二节　电阻率与各种因素的关系

岩层导电性的差异是电法勘探工作的物理前提。电阻率法就是借研究岩层电阻率值的差异,来解决有关地质问题,达到找矿、找水的目的。因此,研究岩层在自然条件下的电阻率及其影响因素,是一个首要问题。在电法勘探中,通常用ρ来代表地层电阻率,其关系式为

$$R = \rho \frac{L}{S} \tag{2-1}$$

式中:R为岩石的电阻;S为岩石的截面面积;L为岩石的长度。

当R以Ω为单位,L以m为单位,S以m^2为单位时,ρ就表示电流通过长度为1 m、截面积为1 m^2的岩层时所受的阻力,单位为$\Omega \cdot m$。影响岩层电阻率大小的原因有很多,主要因素包含以下几个方面。

一、电阻率与矿物成分及组成结构的关系

构成岩层的主要矿物的电阻率如表2-1所示。从表中可以看出,除少数金属硫化矿物和某些金属氧化物以及石墨、黏土等属于低电阻率外,几乎全部最重要的造岩矿物如石英、长石、云母、方解石等的电阻率都很高。这是因为结晶体的电离作用很小,没有足够数量的自由电子。

当岩石含有导电矿物时,电阻率不仅与导电矿物的含量有关,而且受结构的影响。当导电矿物呈团状、浸染状或被不导电的颗粒包围时,即使在岩石中所含的百分比很大,但岩石电阻率仍很少受其影响;当导电矿物颗粒在岩石中互相连接构成细脉时,即使在岩石中含量不多,也能使电阻率大大降低。在电测找水中常遇到的沉积岩和部分火成岩、变质岩都是由高电阻率的造岩矿物所组成的,故多数岩层的电阻率与矿物成分关系不大,而主要取决于岩层的孔隙度和其中充填强导电性的水分的多少。只有在岩层中含有很多石墨及碳化程度很高的煤时,才会影响到岩层的电阻率。

表 2-1　岩层主要矿物的电阻率　　（单位：Ω · m）

矿物名称	电阻率	矿物名称	电阻率
云母	$10^{14} \sim 10^{15}$	黄铁矿	$10^{-4} \sim 10^{-3}$
石英	$10^{12} \sim 10^{14}$	黄铜矿	$10^{-3} \sim 10^{-1}$
长石	$10^{11} \sim 10^{12}$	磁铁矿	$10^{-4} \sim 10^{-2}$
白云母	$10^{10} \sim 10^{12}$	软锰矿	1 ~ 10
方解石	$10^{7} \sim 10^{12}$	煤	$10^{2} \sim 10^{5}$
硬石膏	$10^{7} \sim 10^{10}$	无烟煤	$10^{-4} \sim 10^{-2}$
褐铁矿	$10^{6} \sim 10^{8}$	方铅矿	$10^{-5} \sim 10^{-2}$
赤铁矿	$10^{4} \sim 10^{6}$	石墨	$10^{-6} \sim 10^{-4}$
菱铁矿	$10^{1} \sim 10^{3}$	黏土	1 ~ 20

二、岩层电阻率与湿度和地下水矿化度的关系

绝大多数的岩层，都是由电阻率高达 10^6 Ω · m 以上的造岩矿物所组成的。因此，当岩层处于干燥状况时，电阻率都很高。但岩层一般都具有一定的孔隙或裂隙，并含有或多或少的水分，因而其电阻率明显降低。在地下水位以上，岩层的孔隙或裂隙中含有不同程度的饱气带水；在地下水位以下，岩层的孔隙或裂隙中几乎充满了饱和水。地下水都溶有一定的盐分，其电阻率也都比较低，如表 2-2 所示。由于盐类离子的导电作用，岩层电阻率变得更低。因此，岩层含水量的多少便成为影响岩层电阻率大小的主导因素，常见的几种水的电阻率如表 2-2 所示。

表 2-2　几种水的电阻率

名称	雨水	河水	地下淡水	地下咸水	海水	矿井水
电阻率（Ω · m）	>100	20 ~ 100	<100	0.1 ~ 1	0.1 ~ 10	1 ~ 10

单位体积的水中所含盐类的总量，叫作水的矿化度，以 g/L 为单位。水的矿化度越大，含水地层的电阻率越小。在平原地区，水质对电阻率的影响比岩层种类对电阻率的影响要大得多。例如，含淡水的中砂、细砂、粉砂的电阻率一般为 15 ~ 60 Ω · m，含咸水的中砂、细砂、粉砂的电阻率一般为 3 ~ 15 Ω · m。如果水质相同，粉砂的电阻率仅比细砂的电阻率小 30% 左右。由此可见，水质对电阻率的影响是第一位的。

岩层的含水状况，与其孔隙度、裂隙率、可溶性岩石的岩溶发育程度有关。如岩溶裂隙在地下水面以下，则岩层电阻率降低，出现相对低阻反映；如岩溶裂隙在地下水面以上，其电阻率呈相对高阻反映。根据上述情况，可以用电阻率法来研究岩溶、裂隙发育状况，推断岩层中的裂隙带或断裂带的位置，达到寻找基岩裂隙水的目的。一般说来，孔隙度或裂隙率小的岩石电阻率较高，例如火成岩、深变质岩、化学沉积岩及致密砂岩等，电阻率一般达数百欧姆 · 米或更高。孔隙度或裂隙率大而透水性小的岩石电阻率较低，例如黏性土及泥质岩石的电阻率一般为几欧姆 · 米至几十欧姆 · 米。含淡水的第四系黏土，电阻

率一般为 8 ~ 20 Ω · m;第三系黏土及泥岩,电阻率一般为 5 ~ 15 Ω · m;中生代和上古代以页岩为主的岩石,电阻率一般为 30 ~ 50 Ω · m;以砂岩为主或夹灰岩薄层时,电阻率达 50 ~ 300 Ω · m。孔隙度或裂隙率大而透水性也大的岩石,电阻率变化较大,受水质的影响较为显著。常见的几种岩石在不同饱和水条件下的电阻率,如表 2-3 所示。

表 2-3　常见的几种岩石的电阻率　（单位:Ω · m）

<table>
<tr><th colspan="2">名称</th><th>电阻率</th><th colspan="2">名称</th><th>电阻率</th></tr>
<tr><td rowspan="4">饱和咸水的</td><td>沙砾石</td><td>9 ~ 60</td><td rowspan="4">饱和淡水的</td><td>沙砾石</td><td>45 ~ 150</td></tr>
<tr><td>中粗砂</td><td>4 ~ 15</td><td>中粗砂</td><td>20 ~ 75</td></tr>
<tr><td>粉细砂</td><td>3 ~ 8</td><td>粉细砂</td><td>15 ~ 40</td></tr>
<tr><td>黏土</td><td>2.5 ~ 5</td><td>黏土</td><td>10 ~ 20</td></tr>
</table>

三、岩层电阻率与温度的关系

温度升高,岩层水分离子活动加强,将导致岩层的电阻率下降。根据实验,温度增加 1 ℃,能使电阻率降低百分之几。深度在一二百米以内的地层,温度变化较小;深度越大温度越高。根据一般规律,深度每增加 100 m,地温增加 1 ~ 5 ℃。一般电测找水勘探深度较浅,可不必考虑温度对电阻率的影响。但在地下热水勘查时,正是利用这一低阻特性进行地下热水的寻找工作。

四、岩层电阻率与层理的关系

大多数沉积岩具有明显的层状构造,这种层状构造的岩石具有明显的各向异性,即电流沿层理方向流动时电阻率 ρ_t 小于沿垂直层理方向流动时的电阻率 ρ_n。层状构造岩石的各向异性,一般用各向异性系数 λ 表示。

$$\lambda = \sqrt{\frac{\rho_n}{\rho_t}} \tag{2-2}$$

几种沉积岩的 λ 经验系数值如表 2-4 所示,在电测找水工作中,野外测量布置以及资料分析时,都要考虑到 λ 值的变化。

表 2-4　几种沉积岩的 λ 经验系数值

岩石名称	λ	ρ_n/ρ_t
层理不明显的黏土	1.02 ~ 1.05	1.04 ~ 1.10
具有砂夹层的黏土	1.05 ~ 1.15	1.10 ~ 1.32
成层砂岩	1.10 ~ 1.29	1.20 ~ 1.65
泥板岩	1.10 ~ 1.58	1.20 ~ 2.50
泥质砂岩	1.41 ~ 2.24	2.00 ~ 5.00
烟煤	1.73 ~ 2.55	5.00 ~ 6.50
无烟煤	2.00 ~ 2.55	4.00 ~ 6.50
石墨页岩及碳质页岩	2.00 ~ 2.74	4.00 ~ 7.50

实际分析岩层的电阻率时，要有机地联系起来，纵观各个因素，抓住不同条件下的主要因素进行分析。自然界中的岩层、岩石及其成分、结构、构造十分复杂，所处环境又有很大不同，因而不可能肯定某种岩层、岩石的电阻率值是多大，但是某种岩石的电阻率值大体有个变化范围，如表 2-5 所示。

表 2-5　几种常见岩石电阻率值变化范围　（单位：Ω · m）

名称	电阻率	名称	电阻率
片麻岩	$2\times10^2 \sim 3.4\times10^4$	泥灰岩	$0.5 \sim >10$
花岗岩	$3\times10^2 \sim >10^4$	泥岩	$4\times10^{-4} \sim 6\times10^2$
石英岩	$10 \sim 2\times10^5$	碳岩	$2.5\times10 \sim 1.15\times10^4$
大理岩	$10 \sim 10^5$	砂岩	$1 \sim 5\times10^7$
石灰岩	$6\times10 \sim 5\times10^5$	板岩	$10 \sim 10^3$

综上所述，岩石的电阻率值有以下几点规律可循：

第一，岩层的电阻率值主要取决于含水状况和地下水矿化度的大小，干燥时电阻率值高，反之则低；矿化度高，电阻率值低，矿化度低，则电阻率值高。

第二，火成岩电阻率值一般高于沉积岩，而沉积岩中水化学沉积岩石，如岩盐、石膏等的电阻率值最大；致密完整岩层的电阻率值高于松散或破碎且含水的岩层的。

第三，平原地区黏土的电阻率值低于砂、砾石层的电阻率值；一般说来在第四系沉积层中，砂、砾石颗粒越粗，孔隙度越大，电阻率值就越高。

由于自然界的复杂性，在分析具体地区岩层的电阻率值时，一定要结合本地的水文地质条件，综合分析，才能得到比较符合实际的地层电阻率值。

第三节　视电阻率的概念

实际地面以下的地层不止一层，而是由不同岩性的各种地层组成的。所以，我们勘探的对象很少是均匀的，不仅垂直方向各种地层的电阻率值具有很大差异，而且在水平方向上也有着很大的变化。所以，研究非均匀介质中的电阻率测定，在电测找水工作中才更有实际意义。此外，在自然条件下进行测量时，测量电极也不可能布置在同一地层介质之上，或虽在同一地层介质之上，但供电电流经过的范围已会涉及不同的地层介质，如仍然按理想的均匀地层导出的公式进行计算，所得出的电阻率值亦不是某一层的 ρ 值，而是作用范围内各种地层综合作用的结果。

如图 2-3 所示，在测量所涉及范围内，覆盖层以下还有两种不同电阻率的岩层，因而测出的 ρ 值，便是 ρ_1、ρ_2 和 ρ_3 综合作用的结果，这个电阻率便称为“视电阻率”。为了与每一岩层的真电阻率相区别，则以 ρ_s 表示。视电阻率与地层真电阻率在概念上有着本质的不同，主要与以下方面的因素有关。

第一，地层的分布状况（各层的厚薄、产状和埋藏的相对位置）；

第二，各地层的真电阻率；

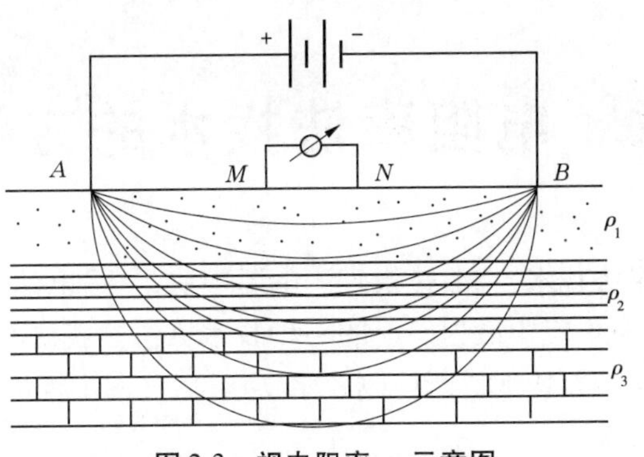

图 2-3　视电阻率 ρ_s 示意图

第三,供电电极与测量电极的相互位置;

第四,工作装置相对于地质体的位置。

实际测得的视电阻率 ρ_s,不仅与客观因素(地层的电阻率及其分布情况)有关,而且还与主观因素,如电极排列形式、位置、大小等因素有关。所以,在不同的情况下视电阻率有时接近这一层岩石的电阻率,有时又接近那一层岩石的电阻率。因此,应根据测区中各个测点上观测到的视电阻率变化规律,来加以解释地下各种地质体的分布状况,从而达到电测找水的目的。

第三章　电阻率法找水的方法原理

通常所谓的电阻率法找水，一般是指直流电阻率法，它是电法找水应用历史较长、理论研究较为完善、迄今为止应用最为广泛的一种找水方法。我国在 20 世纪 60 年代初期开始大量运用此方法在平原地区进行电测找水工作，后又逐步推广到山丘地区，取得了众多成功的找水经验与实例。

第一节　电阻率法找水的基本原理

一、均匀地层电阻率的测定

电阻率法野外观测时一般是由正、负两个电极向地下送入电流，地下的电流场受不同电阻率岩层的影响而产生不同的分布规律。因此，通过观测仪器在地表观测这种电位，就能推知地下电阻率的分布情况，进而推断分析地质情况，从而达到电测找水的目的。

如图 3-1 所示，在假设地层为均匀半无限介质的情况下，电流 I 由在地面的两个点电极 A、B 送入地下，并在另外两个点电极 M、N 处测量电位差。假定地下空间全部为同一电阻率 ρ 的均匀介质，则根据电学的高斯定理，A 极在 M 点引起的电位为

$$V_M^A = \int_{r_{AM}}^{\infty} E_M \mathrm{d}r = \frac{\rho I}{2\pi r_{AM}} \tag{3-1}$$

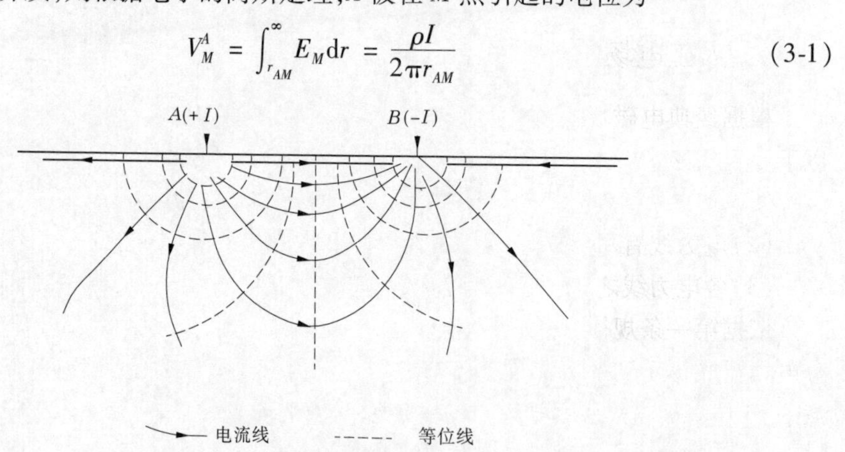

图 3-1　均匀大地正负两电极的电流场示意图

同理 B 极在 M 点引起的电位为

$$V_M^B = \frac{\rho I}{2\pi r_{BM}} \tag{3-2}$$

式中，r_{AM}、r_{BM}分别为 M 点至 A、B 电极的距离；I 为电流强度。

则 M 点电位为

$$V_M = V_M^A + V_M^B = \frac{\rho I}{2\pi}\left(\frac{1}{r_{AM}} - \frac{1}{r_{BM}}\right) \tag{3-3}$$

同样，在 N 点有

$$V_N = V_N^A + V_N^B = \frac{\rho I}{2\pi}\left(\frac{1}{r_{AN}} - \frac{1}{r_{BN}}\right) \tag{3-4}$$

因此，M、N 两点的电位差为

$$\Delta V = V_M - V_N = \frac{\rho I}{2\pi}\left(\frac{1}{r_{AM}} - \frac{1}{r_{BM}} - \frac{1}{r_{AN}} + \frac{1}{r_{BN}}\right) \tag{3-5}$$

故这种均匀大地的电阻率 ρ 为

$$\rho = 2\pi\left(\frac{\Delta V}{I}\right)\frac{1}{\frac{1}{r_{\mathrm{AM}}} - \frac{1}{r_{BM}} - \frac{1}{r_{AN}} + \frac{1}{r_{BN}}} = K\frac{\Delta V}{I} \tag{3-6}$$

如引入装置系数 K，取 K 值为

$$K = \frac{2\pi}{\frac{1}{r_{AM}} - \frac{1}{r_{BM}} - \frac{1}{r_{AN}} + \frac{1}{r_{BN}}} \tag{3-7}$$

在电测找水中，常使用四极对称装置，此时的 $r_{AM} = r_{BN}$，$r_{AN} = r_{BM}$，装置系数 K 值简化为

$$K = \pi\frac{r_{AM} \cdot r_{AN}}{r_{MN}} \tag{3-8}$$

根据式(3-6)及式(3-8)，就可计算出四极对称装置测定地下半空间均匀地层的电阻率 ρ。

二、人工电场的分布

根据经典电磁场理论，通过 A、B 电极向地下供电形成的人工电流场，其地下分布有以下几条规律：

(1)从电源正极流出的电流，最后全部回到负极，电力线总数保持不变。

(2)电力线有尽可能使经过的路程为最短的特性。

(3)各电力线之间存在着相互排斥的作用。

依据第一条规律，电力线将大部分靠近地层表面，但由于第三条的存在，又将有一部分电力线被排斥到地下深处。假定地层表面的电流密度为 J_0，供电电极 A、B 中垂线上任意一点的埋藏深度为 h，则该点的电流密度为 J_h 与 h 的关系

$$\frac{J_h}{J_0} = \frac{1}{(1 + h^2/L^2)^{3/2}} \tag{3-9}$$

式中，$L = AB/2$，关系曲线见图 3-2。由图中可见，要勘探埋藏较深的地质体，须采用增大供电电极的办法，使电场的分布范围更深、更广，地质体处的电流密度足够大。从理论上研究只有当地质体的埋深小于 0.71AB 时，才有可能引起仪器观测到的电位变化。在野外实际工作中，当条件比较好时，最大勘探深度一般只能达到 $AB/2$。上面谈的是均匀地层中电力线的分布规律，在非均匀地层中，电力线还有尽可能通过良导电层的特性，利用这些规律，便可以在地面上观测地下不同深度的各种地层的电阻率，达到找水的目的。

三、体积探测与旁侧影响

在这种电阻率法勘探中，每一测点上所测得的结果，不仅仅表示某一点上某一深度的地电情况，而是测点周围环境某一体积范围内的地电情况的综合反映，这一体积会随着供电极距的扩大而增加。

由图 3-1 可知，当 *MN* 电极离供电电极 *AB* 越远时，*M*、*N* 点所在等电位面的垂直方向上所涉及的深度就越大。因此，要探测深部地层情况，就需要将测量电极 *MN* 离供电电极 *AB* 尽量远一些。由此以来，又会产生另一个问题，即当等位面向深部延深时，水平方向也涉及更远了，在这更为广阔的地层之中，对 *MN* 间的电位差又会产生更大的影响，这就是电阻率法中的“体积探测”效应。而当旁侧有不均匀地层存在时，又会产生其他的测量干扰，则称之为“旁侧影响”。

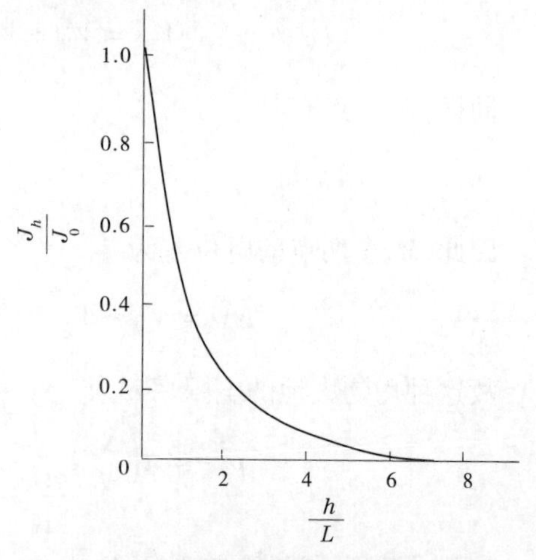

图 3-2　电流密度与深度的关系曲线

电阻率法勘探实质上是一种体积勘探，在测量方法选择、野外工作布置、资料解释以及探测对象的确定上，应充分考虑到“体积探测”和“旁侧影响”的存在，才能取得更为满意的电测结果。

第二节　电测深法的方法原理

一、电测深法的基本原理

电测深法是用中心位置不变而逐渐加大供电电极距的方法，测出一系列 ρ_s 值，从而了解某一点位置上从浅到深沿垂直方向的地质情况，进而推断地层的富水条件。

在图 3-3 中，当供电电极 *A*、*B* 位于 A_1、B_1 位置时，供电极距较小，电力线大部分集中于 $A_1C_1B_1$ 的半球内，因而测出的 ρ_s 主要受该半球内岩层电阻率的影响。当 *A*、*B* 逐步增大，改变到 A_2、B_2 位置时，半球体变为 $A_2C_2B_2$，测出的 ρ_s 不仅受到 $A_2C_2B_2$ 半球内岩层电阻率的影响，而且受到 C_1-C_2 深度内的岩层电阻率的影响。当 *A*、*B* 距离继续增大时，电力线的深度也就进一步增大，ρ 值也就受到深度更大的岩层电阻率的影响。如果以 *AB*/2 为横坐标，以算出的 ρ_s 值为纵坐标，将测量结果点绘到双对数纸（模数为 6.25 cm）上，就可以得出电测深曲线图。在单一介质、半无限均匀大地的条件下，由此测出的电测深曲线，在双对数纸上的形态将是一条平直线。

在电测深曲线中，上升的曲线段反映了地下高阻岩层的存在，下降的曲线段则反映了地下低阻岩层的存在，如图 3-4 所示。在图 3-4(a)中，假设地层由两层具有不同电阻率的地层组成，上层的电阻率为 ρ_1，厚度为 h_1；下层的电阻率为 ρ_2，厚度为 h_2；且 $\rho_1<\rho_2$，则当 $AB/2<h_1$ 时，由于电流绝大部分只流经第一个地层，所以测出的视电阻率 ρ_s 值接近于第一层的电阻率 ρ_1 值；当 $AB/2>h_1$ 时，由于第二层高阻层的存在，电流不易从第二层经过而

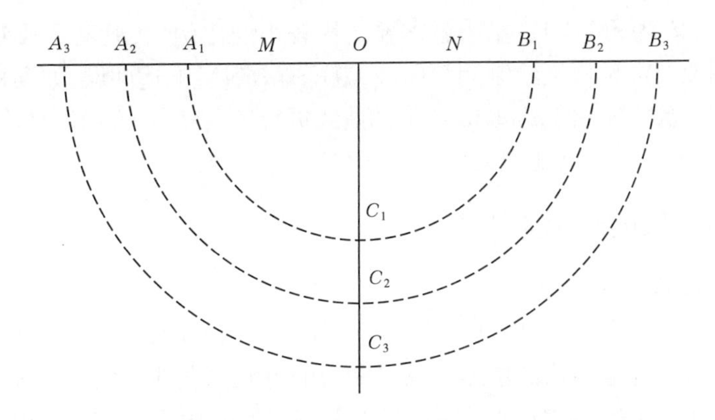

图 3-3 测量深度随 A、B 电极变化示意图

被排斥到第一层内,所以此时地表的电流密度将会比均匀大地时的电流密度有所增大,结果造成 MN 之间的测量电位差 ΔV 增大,使计算出的 ρ_s 值就比 ρ_1 值增大,所以曲线就开始逐渐上升;但当 $AB/2$ 比 h_1 大很多时,第二层的影响就越来越大,第一层的影响就越来越小,ρ_s 值就越来越接近 ρ_2 值,曲线就越来越变缓出现渐近线。同理,在图 3-4(b)中,则表明了 $\rho_1>\rho_2$ 的情况之下,第二层为低阻层时曲线下降的变化情形。G 型和 D 型曲线是电测深曲线中最基本的两种曲线形态,其他曲线形态往往都可从这两种曲线形态经过演变而成。电测深曲线绘在双对数坐标纸上,主要有以下两个原因。

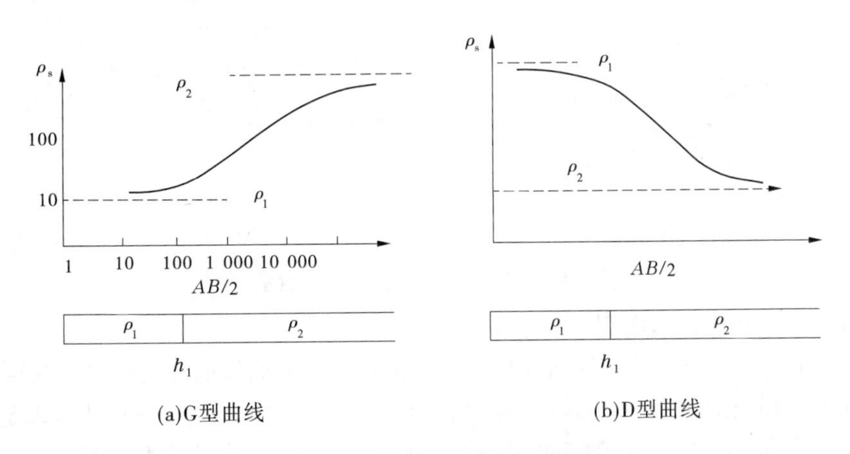

图 3-4 电测深 ρ_s 曲线示意图

一是可以大大缩减电测深曲线类型,从而使曲线解释过程更加简便。例如,在算术坐标纸上,若岩层的电阻率比值 ρ_2/ρ_1 相同,但 ρ_1 不同,则两条曲线的形态就会有很大差别;如采用双对数坐标表示,则具有同一比值的曲线形态彼此相同,只沿纵坐标轴产生位移。同理,当岩层厚度比值 h_2/h_1 相同,但 h_1 不同时,曲线则仅沿横坐标轴产生位移。

二是为了绘图方便,使曲线更加直观。在实际电测工作中,ρ_s 值的变化范围非常大,从几欧姆·米到数千欧姆·米不等,$AB/2$ 从几米到数百米,甚至到上千米不等,若采用普通算术坐标纸绘制,为使 ρ_s 和 $AB/2$ 值较小时的曲线表现清楚,就须选用大比例尺,但大的 ρ_s 和 $AB/2$ 值就有可能画不下了,或把图幅弄得很大。反之,为使 ρ_s 和 $AB/2$ 值较大时的情况表现清楚，又要图幅不致过大，就需要选用较小的比例尺，但又会致使浅层的情况看不清楚。采用双对数坐标纸绘制测深曲线，就可有效避免上述问题，如同把曲线从小的 ρ_s 和 $AB/2$ 值开始，逐步把大的 ρ_s 和 $AB/2$ 值的曲线进行了压缩，一方面能把小的 ρ_s 和 $AB/2$ 值表现得很清楚，另一方面又能把大的 ρ_s 和 $AB/2$ 值画出来。

二、三层与多层电测深曲线类型

（一）三层电测深曲线类型

在实际工作中，地层往往是由许许多多电性层断面构成的，除二层地电断面外，更经常遇到三层或更多层地电结构的情形。三层断面的电测深曲线虽与二层不同，但 ρ_s 曲线形态和特征以及各层电阻率之间的关系，基本上与二层断面类似，它们之间共有 4 种关系，可形成 H 型（$\rho_1>\rho_2<\rho_3$）、K 型（$\rho_1<\rho_2>\rho_3$）、Q 型（$\rho_1>\rho_2>\rho_3$）和 A 型（$\rho_1<\rho_2<\rho_3$）4 种曲线类型，如图 3-5 所示。

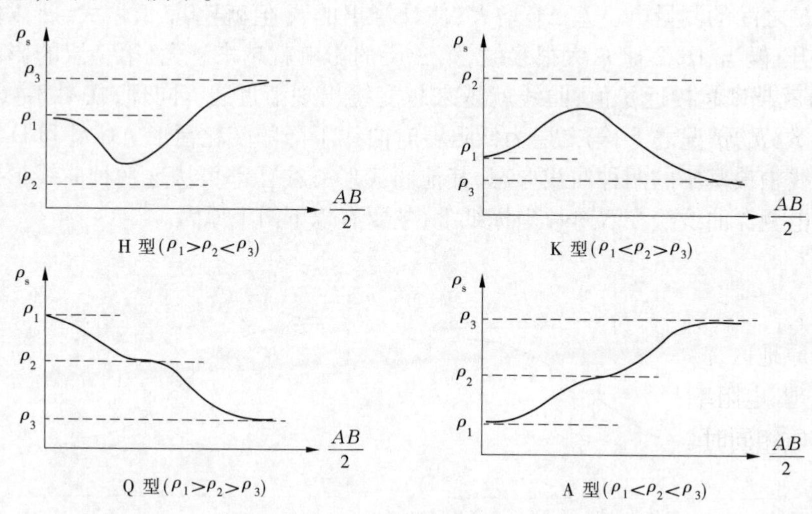

图 3-5　三层电测深曲线类型示意图

（二）多层电测深曲线类型

反映四个电性层以上的测深曲线称为多层曲线。多层曲线的分类是将前三层作为一个三层曲线，确定出曲线类型的第一个字母，再将二、三、四层作为一个三层曲线确定出第二个字母，以此类推，最终确定出整条曲线的类型来。四层电测深曲线类型如图 3-6 所示。

在实际工作之中，多数遇到的是一些变化复杂的多层曲线，一般并不需要对整条曲线分类定名，只要能分辨出含水砂层，仅把包括含水砂层及其上、下相邻的电性层在内的这一曲线段的类型确定出来即可，以能满足工作需求为目的。

三、等值原理与岩石的各向异性

（一）等值原理

在电测深工作之中，同一条测深曲线不只代表一种地电断面，这就是电测深曲线的多解性。反过来讲，在一定的条件下，不同的地电断面也可以有相同的电测深曲线，这就是等值原理。

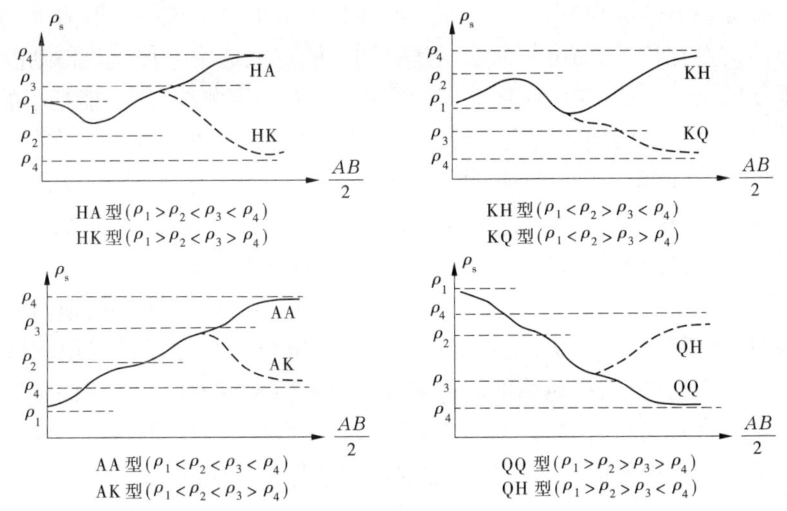

图3-6　四层电测深曲线类型示意图

等值原理的条件与三层曲线的类型有关。对于A型、H型曲线，除保持第一层和第三层的参数(h_1,ρ_1,ρ_3)相同外，只要保持h_2/ρ_2为一常数，这些地电断面就是等值的，亦即具有同样的曲线类型与特征。对于K型、Q型曲线，除保持第一层和第三层的参数相同外，只要保持$h_2 \cdot \rho_2$为一常数，地电断面就是等值的。等值原理有一定的作用范围，h_2/h_1比值越大，等值原理作用范围越小，反之就越大。由于等值原理的存在，解释三层曲线时必须预先知道ρ_2值，才能求得h_2的单解值，否则只能求出$h_2 \cdot \rho_2$或h_2/ρ_2的值。

在平原地区，测深曲线中的含水砂层大多数属于K型或Q型，砂层厚度主要由砂层的数量决定，电阻率主要由水质决定。如果两条曲线中的砂层厚度和电阻率相同，当两个地点的水质相同时，砂层也基本相同；当两个地点的水质不同时，水质越好，砂层越少，厚度也就越薄。所以，当两个地点的水质不同时，就不能从电测深曲线上比较砂层的多少。在基岩地区，由于主要寻找基岩裂隙水，测深曲线相对单一，受等值原理的影响相对较小。

(二)岩石的各向异性

解释电测深曲线时都是假定各电性层的电性是均匀的，沿各个方向的导电性具有一致性。而实际上，大部分的岩层沿不同方向具有不同的导电性，这个性质叫作各向异性，可用异性系数λ表示。对于各向均匀的介质，$\lambda=1$；对于各向异性介质，$\lambda>1$。对于沉积岩，当各层的电阻率相差不大时，λ为1.1~1.5；当各层的电阻率相差较大时，λ可高达2.0~2.7。由此可见，布极方向、岩层产状以及构造形态等都会对电测深曲线产生不同程度的影响，应在工作中加以考虑。

第三节　电剖面法的方法原理

一、电剖面法的分类

电剖面法是电阻率法中的一种测量方法，基本原理与电测深法一样。二者之间的区别在于，电测深法是在同一测点上用一系列不同长度的电极距进行ρ_s值测量，用以了解地层沿垂直方向的变化情况，而电剖面法则是在同一测点上选用一种或几种电极距，并保持极距装置不变的条件下，即探测深度一定的情况下，沿一定测线方向进行ρ_s值测量，所得曲线反映的是沿水平方向地层的变化情况。在电法找水中，电剖面法常常与电测深法结合进行，用来追踪和圈定古河道或冲积扇含水层，寻找基岩裂隙含水带或岩溶水分布带，查明断层位置，确定咸淡水分界线等。电剖面法的特点是工作效率较高，取得成果资料快，缺点是不能进行定量解释，所以通常需要与电测深法配合运用。

电剖面法按供电电极和测量电极之间的排列关系，可分为四极对称剖面、联合剖面、梯度剖面、偶极剖面等多种形式，虽然有各种不同的电极排列方式，但其基本原理是一致的。在各种电剖面法中，四极对称剖面和联合剖面是两种较为常用的剖面方法，而就电场的分布特点和找水效果而言，联合剖面法更能满足山区电测找水的特点。因而，下面仅对四极对称剖面法和联合剖面法这两种方法的原理进行重点介绍。

二、四极对称剖面法

四极对称剖面法的布极装置如图 3-7 所示，供电电极为 A 和 B，测量电极为 M 和 N，分别对称分布于测点 O 的两边。当我们沿一条测线的不同测点进行观测后，便可得到一系列的ρ_s值。以测点间的距离为横坐标，以ρ_s值为纵坐标，绘制出的曲线称为该测线的ρ_s值剖面图，它基本上反映了该测线上与供电极距 $AB/2$ 相对应的勘探深度内，地层沿水平方向上的变化情况。

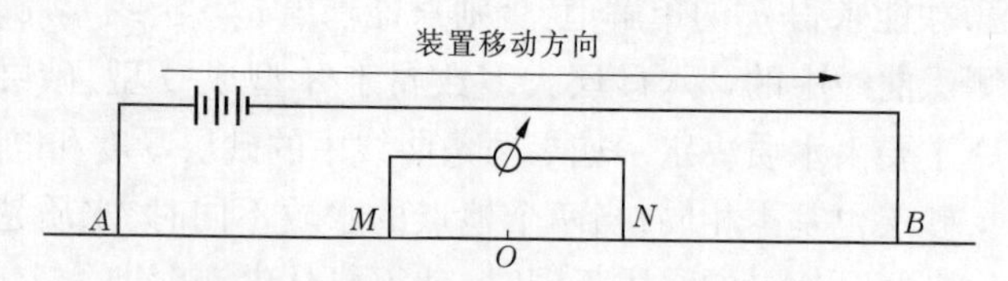

图 3-7　四极对称剖面法装置示意图

在实际工作中，为便于分析对比，经常采用对称于 MN 布置的两组供电极距 AB 和 $A'B'$，用较大的 AB 了解深层地质情况，用较小的 $A'B'$ 了解浅层地质情况。这样，在野外观测中对应于两组供电电极距，便能得到 ρ_s 和 ρ_s' 两条曲线，把这种剖面叫作复合四极对称剖面，装置形式则如图 3-8 所示。

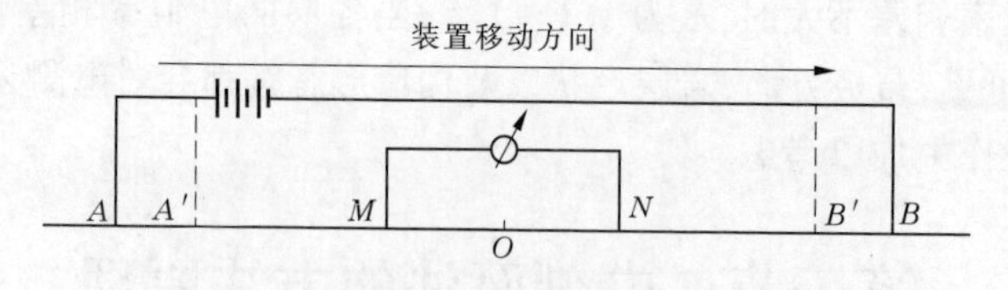

图 3-8　复合四极对称剖面法装置示意图

三、联合剖面法

电剖面法按供电电极和测量电极之间的排列关系，可分为联合剖面、梯度剖面、四极对称剖面、偶极剖面等多种形式，虽然有各种不同的电极排列方式，但其基本原理是一致的。在各种电剖面法中，就其电场的分布特点和找水效果而言，联合剖面法更能满足山区电测找水的特点。因而，下面仅就联合剖面法的原理进行介绍。

联合剖面是四极电阻率剖面测量的一种变种，从其物理实质及电场分布特点分析，该方法受体积勘探效应影响较小，可以提高电阻率剖面测量对直立电阻率接触面或含水构造等所引起视电阻率异常的分辨率。这也是我们在山区找水中将该方法列为主要电测找水方法依据的原因。

它的电极装置是由两个三极装置 AMN 和 MNB 所组成的，三个电极之间的距离固定，另有在测线垂直方向的 AB 中点很远的一个电极 C，用以接通电流，如图 3-9 所示。

由于 C 极放置在较远处，可假定 C 极对产生 M、N 点之间的电位差不起作用。移动整个装置逐点测量，当接通 A、C 两电极时，则测得视电阻率 ρ_s^A，再接通 B、C 两电极时，则测得视电阻率 ρ_s^B，而根据互换原理，ρ_s^A、ρ_s^B 这两者的平均值应等于以四极对称装置测得的视电阻率 ρ_s 值。这也从另一个方面说明，利用联合剖面法进行野外测量，已包含了四极剖面法的测量成果。

联合剖面法的实质，是把四极对称电阻率剖面法分裂为了两支，如图 3-10 所示。两支曲线在接触面或构造破碎带处的 ρ_s^A、ρ_s^B 值变化，应比其平均值更为明显，至少是其中一支变化更为明显。此外，两支曲线常常会出现交叉点，从交点性质及两曲线不对称情况可以更充分地了解地下地质体是低阻还是高阻及其产状等情况，或者可以了解接触面两边电阻率的变化，这是联合剖面法的明显优点所在，也是它不同于其他电剖面测量的地方。因而，可把联合剖面法作为山丘区找水的一种基本方法。

另外，地下富水构造可视为一良导电体，而在联合剖面法的测量曲线上，地下良导体倾斜一侧一般为极大值出现的方向，因而采用此法测量还可确定构造的倾斜方向。如果在同一条剖面上，通过不同极距的联合剖面测量，还可断定构造的倾角，故此方法在找水中可给多种成果参数，测量成效较高。

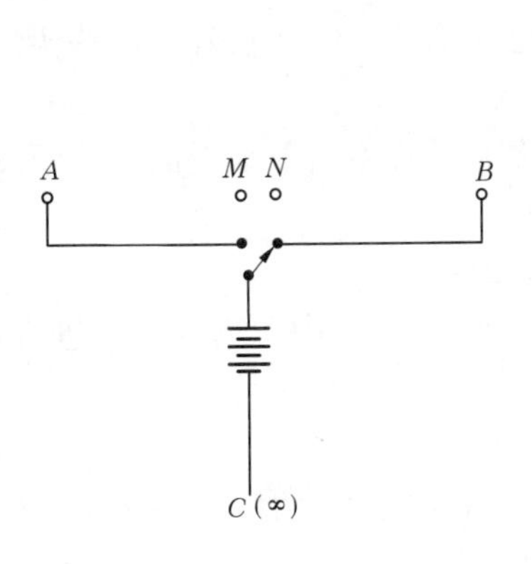

图 3-9　联合剖面测量的电极排列

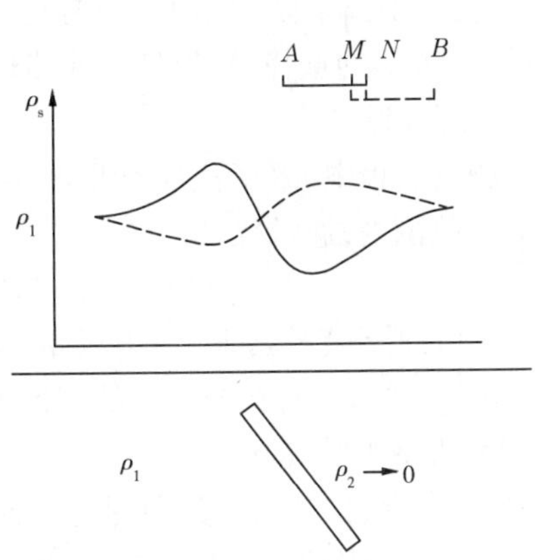

图 3-10　联合剖面视电阻率曲线 ρ_s^A、ρ_s^B

第四章 电阻率法找水的技术方法

第一节 电测深法的技术方法

一、电测深法的分类与适用范围

在电测深法中，根据供电电极 AB 和测量电极 MN 的排列形式的不同，分为四极对称电测深、三极电测深、偶极电测深等。在电法找水中，常用的为四极对称电测深和三极电测深，在平原地区又以四极对称电测深法应用最为广泛，它主要用来解决以下任务。

(1)确定含水层的分布情况、埋藏深度、厚度，圈定咸淡水的分布范围及其分界面。

(2)查明裂隙含水地层的存在情况，寻找适合贮存地下水的断裂构造、岩溶发育带以及古河床等。

(3)在区域水文地质调查中，用来探明地质构造情况，如查明拗陷、隆起、断层等地质构造等。

二、野外工作方法

(一)四极对称电测深法

1. 供电极距 AB 的选择

在野外测量中，AB 距离的选择应满足以下三点要求：

(1)最小 $AB/2$ 可按稍小于第一含水层的埋藏深度或区域地下水位的深度来确定，如有要求，还应能反映第四系覆盖层的厚度。

(2)最大 $AB/2$ 的选择，应保证在曲线尾段渐近线上有 2～3 个电极距，或按预计打井深度的 1～2 倍来确定。

(3)在测量过程中 AB 距离应逐步加大，两个相邻极距在双对数纸上的水平距离应在 0.5～2 cm 的范围内，通常取

$$(AB/2)_{i+1}/(AB/2)_i = 1.2 \sim 1.5 \tag{4-1}$$

根据长期的野外工作经验，供电极距 $AB/2$ 值建议按表 4-1 中所列的极距进行选取，亦可参照式(4-1)的原则，根据自己的测量习惯选取。

2. 测量极距 MN 的选择

MN 的选择一般分等比装置和固定装置两种方式，MN 与 AB 的极距的比例应满足下列关系：$\frac{AB}{30} \leqslant MN \leqslant \frac{AB}{3}$，在信号较弱时选取的比例可大些，信号较强时选取的比例可小些，应根据地电条件灵活运用。

1)等比装置

AB 改变一次，MN 也随着改变一次，但 MN 与 AB 距离的比例始终保持不变。MN 一

般可在$\frac{AB}{3}\sim\frac{AB}{10}$区间选取，常用的等比装置有$\frac{AB}{3}$、$\frac{AB}{5}$、$\frac{AB}{8}$等。

在低阻地区或咸水区，一般选用较大的等比装置，如 AB/3 或 AB/5，以能获取较大的电位测量信号。在高阻地区或淡水区，常选用 AB/8 或更小的等比装置，这样能一定程度上减小体积探测或旁侧影响。

表 4-1　八分之一等比装置电测深极距

序号	1	2	3	4	5	6	7	8	9	10	11
AB/2(m)	2.5	4	6	9	12	16	20	25	32	40	50
MN/2(m)	0.31	0.5	0.75	1.13	1.5	2	2.5	3.13	4	5	6.25
序号	12	13	14	15	16	17	18	19	20	21	22
AB/2(m)	60	74	90	110	135	170	210	260	320	400	500
MN/2(m)	7.5	9.25	11.25	13.75	16.89	21.25	26.25	32.5	40	50	62.3

2）固定装置

MN 相对固定，AB 改变几次才改变一次 MN；在测深跨度不是很大时，亦可不改变 MN 完成测量。MN 与 AB 的比例不固定，但一般不应超出 1/30 ~ 1/3 的范围。需要指出的是，为了减小改变 MN 时对曲线连接的影响，必须在改变 MN 时用两个不同的供电极距进行观测，以求曲线能够连续、光滑。

随着测试仪器智能化的发展，测量精度的提高，固定装置亦得到普遍运用。该装置所用人力少，极化电位稳定，受地表不均匀体的影响小，测量效果也较好。

3. 布线方向的选择

电极排列的方向即为布极线方向，在同一测点，布极线方向不同测出的曲线不一定完全相同。为了方便比较，同一测区的布线方向最好一致。

在山丘地区，布线应选择地形较为平坦且与可能的构造走向垂直的方向布极，应避免穿越较深的沟谷和陡崖，造成地形影响误差。

在平原地区，当地层在水平方向较为稳定时，布线方向一般可任意选择。为便于放线，可沿地垄或道路布极。当地层在水平方向起伏较大时，布线方向应尽可能与古河道走向或延伸方向一致。

4. 放线与跑极

为避免导线漏电，应尽可能把铺设的导线浸入水中。放线长度要准确无误，误差一般不能超过相应极距的 1%。遇有障碍物时，电极应垂直于电极排列方向挪动，挪动的距离不应大于相应距离的 1/20。

为了使极化电位稳定，MN 测量电极材料应一样，一般采用紫铜电极，并使 MN 电极打入地下有一个极化电位稳定时间。为此，可两对测量电极交替使用，在测量前一个极距时，预先打入下一个极距测量位置处。

冬季测量时，必须先用钢钎打穿冻土层后，再照原孔打入测量电极。当土壤过于干燥时，应在各电极周围浇水，以减小接地电阻对测量的影响。导线与测量电极的连接线应避免触地或接触植物叶子等。

电测深曲线应在测量过程中边测边绘，如发现曲线上有畸变点，应立即进行重复观测，彻底查明原因。

（二）三极电测深法与十字电测深法

在实际找水工作之中，如果某一边的供电电极遇有障碍物，不能正常按四极对称电测深装置进行测量，或为了使测点尽可能的靠近障碍物，可以采用三极电测深法开展工作。

三极电测深法中 *AMN* 仍在一条直线之上，*B* 极位于 *MN* 的中垂线之上的较远处。*B* 极至测点 *O* 的距离一般应不小于最大 *AO* 的 5 倍，在变更 *AO* 时 *B* 极保持不动，直至测量工作全部完成。

三极电测深法的野外工作方法以及资料解释分析方法与四极对称电测深法基本相同。此外，如对于同一个测点，在两个相互垂直的方向上进行四极对称电测深，称为十字测深法，依此可以了解地层在水平方向上的稳定性，推断测点附近是否有直立或倾斜的岩层分界面，进而了解地层的各向异性情况。

三、电测深资料初步整理与定性分析

（一）电测深资料的初步整理

野外观测的原始资料包括电测深数据记录本、电测深曲线草图、野外测量记录等，均须存档保存，并在定量解释分析之前进行初步资料整理。

在采用固定装置进行测量时，所得的电测深曲线会有脱节现象，须进行技术处理（消差），才能得到一条连续、光滑的电测深曲线，常用的消差方法主要有以下两种。

1. 转动消差法

在对实测曲线处理时，以每一段曲线的尾端为中心，使每一段曲线略微转动，以达到各段曲线的平滑连接。

2. 平移消差法

考虑到地表电阻率不均匀性的影响，可以选取位于中间 *MN* 段的曲线为准，首尾段曲线作适度平移。在平原地区电测找水中，一般要照顾到反映含水层曲线段，应以该段为准，平移其他线段。

（二）电测深资料的定性分析

在较大区域找水工作中，为能通观全局，便于定性分析和认识测区内的地层、地质构造变化概况及规律性，一般需根据电测深数据来绘制以下各种定性分析图件。

1. 实测电测深曲线类型图

不同的类型、形状、特征的电测深曲线是地下地层的客观反映，实测曲线类型的变化，通常反映了测区地层结构的变化。

测区实测电测深曲线类型图比较简单，可将各电测深点按相应测线、测点位置标在一个平面图上，在它的旁边以小比例尺绘出对应的电测深曲线，即为测区实测的电测深曲线类型图。

2. 等视电阻率断面图（等 ρ_s 断面图）

在电测深测量中，不同大小的供电极距 *AB*/2 所测得视电阻率的变化，反映了不同深度地层的变化情况。如果各地层的电阻率在一定范围内比较稳定,那么可选定一条测线,按不同的供电极距,绘制出等视电阻率变化的断面图,可助于定性判明地下含水层的厚度和埋藏深度变化情况。

等视电阻率断面图可在普通算术坐标纸上绘制,首先选取适当的比例尺,横坐标为某一条测线的测点位置,纵坐标为供电极距,将各点实测的视电阻率值绘制在图件之上,把各测深点的等视电阻率值的点连成等值线,即可得出等视电阻率断面图。

3. 等 $AB/2$ 视电阻率剖面图(等 ρ_s 剖面图)

一定的供电极距 $AB/2$ 具有一定的勘测深度,所以等 $AB/2$ 的视电阻率剖面图能反映某一勘测深度上,地层沿水平方向的变化情况。绘制等 $AB/2$ 的视电阻率剖面图时,目的性一定要明确,选取的 $AB/2$ 应能较好地反映某一目的层。一般来说,一个剖面选取 2～3 个不同深度 $AB/2$ 的 ρ_s 值来绘制视电阻率剖面图,即能满足找水工作需求。

等 $AB/2$ 视电阻率剖面图应在普通算术坐标纸上绘制,首先选取适当的比例尺,横坐标为各测深点位置,纵坐标为选定的某一 $AB/2$ 的 ρ_s 值,然后将各测点相同 $AB/2$ 的视电阻率值连接起来,即可得出等 $AB/2$ 视电阻率剖面图。

4. 等 $AB/2$ 视电阻率平面图(等 ρ_s 平面图)

如前所述,一定的供电极距 $AB/2$ 具有一定的勘测深度,反映某一勘测深度上地层的变化情况。由此,可在一个测区依据目的层选取 1～2 个供电极距对应的 ρ_s 值,绘制相应的等 $AB/2$ 的视电阻率平面图,即可反映出整个测区某一深度上地层的变化情况。在平原地区找水工作中,可利用等 ρ_s 平面图来了解含水层的整体分布状况。

等 $AB/2$ 视电阻率剖面图应在普通算术坐标纸上绘制,首先选好一定的比例尺,将各测线画在平面图上,将各测点标在测线上,取各测点某一相同供电极距的 ρ_s 值,写在相应测点处,再像勾绘地形图一样,用内插法勾绘出等 ρ_s 平面图来。

以上简要介绍了绘制各种等视电阻率 ρ_s 值的方法,可依据实际找水工作需求具体选择绘制哪种图件。当前使用计算机已经相当普及,各类绘图工具、软件更是比比皆是,因而绘制这类图件与电测找水初期手绘的情形早已不可同日而语,在绘制此类图件时更加简单方便。

四、电测深曲线定量解释方法

电测深曲线定量解释的主要任务,是通过对各电性层曲线的分析计算,依据岩性及测量结果,辨认含水层,解释界面深度,推断地下含水层的性质、部位、厚度等情况,指导我们选定井位。它是电测深工作中极其关键性的一项工作,必须仔细认真地进行。

电测深曲线定量解释方法有多种,诸如理论曲线对比法(量板法)、辅助量板法、图解法、经验系数法以及井旁曲线对比法等,图解法又分为切线法、简易拐点切线法、渐近线法等,均以能满足实际电测找水为目的。根据我们长期生产经验,通过研究分析与总结,认为简易拐点切线法和经验系数法较为切实可行,具有快速、准确和易于掌握的特点,可基本满足电测找水工作的需求。

(一)简易拐点切线法

以往用拐点切线法分析电测深曲线,是从曲线的第一层开始,逐层往下分析。工作实践证明，在多层曲线中，可以只选取某一层（目的层）曲线进行解释，称为简易拐点切线法，其解释步骤如下：

第一步，作出与目的层曲线段重合最长的拐点切线 P_1 及其上部相邻电性层的拐点切线 P_2。P_1、P_2 两切线的交点为 O_1 点，O_1 点的纵坐标为 ρ_0，横坐标为上界面深度（上部浅层为第四系覆盖时，为基岩埋深）；对于深层含水层顶界面，应为 P_1 及 P_3 的交点 O_2 的横坐标乘以深度校正系数，如图 4-1 所示。

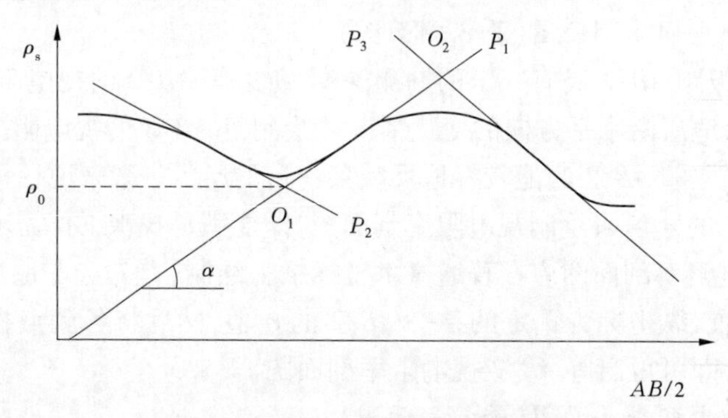

图 4-1 简易拐点切线法计算示意图

第二步，用量角器量出切线 P_1 与横坐标的夹角（为锐角），该角为 α 角。如果曲线段为上升段，则为正角；如果曲线段为下降段，则为负角。根据 α 值，可从 $\alpha \sim \mu$ 关系相关表（见表 4-2）中查出 μ 值，则目的层的电阻率 $\rho = \mu / \rho_0$。由此计算出的电阻率 ρ 值，便是该电性层的解释电阻率值。

（二）经验系数法

应用拐点切线法确定的岩层界面深度，还需进行校正，方能得出实际地层界面埋藏深度，此时应与经验系数法结合起来进行定量解释。

岩层分界面的实际深度与曲线转折点的横坐标（即电性层起始点的 $AB/2$ 值）有一定的关系。一般规律是岩层界面深度小于或等于曲线转折点的横坐标。实际深度与曲线转折点的 $AB/2$ 值的比值，叫作深度修正系数。深度修正系数越小，实际深度比曲线转折点的 $AB/2$ 值提前越多。

在平原地区松散类地层孔隙水中，高阻地层顶界面的提前量一般较小，深度系数大都在 0.9 ~ 1.0。对于深层高阻地层的顶界面，可将深层淡水电性层起点（即转折点）的横坐标 $AB/2$ 值乘以经验系数 0.9 ~ 0.95，作为咸、淡水界面的解释深度。经与测井资料对比，一般误差在 10% 以内，少数达 10% ~ 15%。

对于浅层高阻地层的底界面，提前量与曲线类型关系较大。平顶式、斜底式、逐降式曲线提前量较小，深度系数一般为 0.9 ~ 1.0。阶梯式曲线深度系数一般为 0.8 ~ 1.0，单层砂提前较多，多层砂提前较少。尖顶式曲线的上升段，下界面的提前量变化较大，当上升段较短（例如不大于 3 个极距）时，提前量较小，深度系数一般为 0.8 ~ 1.0；当上升段较长时，该层与上覆层的电阻率差异越大，提前量越大，深度系数多为 0.7 ~ 0.9。

在山丘基岩地区裂隙水中，深度修正系数如表 4-3 所示，它是在基岩地区找水中不断改进和总结的研究成果，利用它解释的埋藏深度，一般可满足找水定井的要求。

表 4-2　$\alpha \sim \mu$ 关系相关表

α	μ	α	μ	α	μ	α	μ
0.0	1.00	17.0	1.84	29.0	3.50	41.0	16.30
4.0	1.10	17.5	1.88	29.5	3.63	41.5	18.55
6.0	1.20	18.0	1.91	30.0	3.75	42.0	20.80
6.5	1.23	18.5	1.96	30.5	3.88	42.5	24.15
7.0	1.25	19.0	2.00	31.0	4.00	43.0	27.50
7.5	1.28	19.5	2.05	31.5	4.20	43.5	32.75
8.0	1.30	20.0	2.10	32.0	4.40	-5.0	0.83
8.5	1.33	20.5	2.15	32.5	4.60	-10.0	0.71
9.0	1.35	21.0	2.20	33.0	4.80	-15.0	0.61
9.5	1.38	21.5	2.25	33.5	5.04	-20.0	0.52
10.0	1.40	22.0	2.30	34.0	5.27	-25.0	0.45
10.5	1.43	22.5	2.36	34.5	4.54	-30.0	0.38
11.0	1.45	23.0	2.40	35.0	5.80	-35.0	0.33
11.5	1.48	23.5	2.48	35.5	6.25	-40.0	0.28
12.0	1.51	24.0	2.55	36.0	6.70	-45.0	0.23
12.5	1.54	24.5	2.63	36.5	7.15	-50.0	0.18
13.0	1.57	25.0	2.70	37.0	7.60	-55.0	0.14
13.5	1.61	25.5	2.79	37.5	8.30	-60.0	0.10
14.0	1.64	26.0	2.88	38.0	9.00	-65.0	0.07
14.5	1.67	26.5	2.97	38.5	9.90	-70.0	0.04
15.0	1.70	27.0	3.05	39.0	10.80	-75.0	0.02
15.5	1.74	27.5	3.18	39.5	11.90		
16.0	1.77	28.0	3.30	40.0	13.00		
16.5	1.81	28.5	3.40	40.5	14.65		

注：α 为“切线与横坐标的夹角(锐角)”，以度表示；上升段 α 为正角，下降段 α 为负角。

表 4-3　基岩地区深度修正系数

AB/2 (m)	修正系数		备注
	转点前曲线上升角 <25°	转点前曲线上升角 >25°	
<50	1	0.95 ~ 1	曲线下降有最低点时,该点的修正系数为 1
50 ~ 150	0.85 ~ 0.95	0.75 ~ 0.85	
150 ~ 500	0.65 ~ 0.75	0.50 ~ 0.65	

第二节　联合剖面法的技术方法

一、野外工作方法

联合剖面法的测量装置如图 3-9 所示,*AB* 和 *MN* 的中点 *O* 为测点,*C* 极打在测线 *AMNB* 的中垂线上,它与对称四极剖面法的区别在于多了一个供电的无穷远极 *C*。在同一个测点上,*AC* 连接供电,*MN* 极测量电位差,得到一个视电阻率,以 ρ_s^A 表示;然后 *BC* 连接供电,*MN* 极测量电位差,又得到一个视电阻率,以 ρ_s^B 表示。这样,将同一个测点之上测得的两个 ρ_s 值绘制在同一个坐标系中,就得到了联合剖面曲线图。

(一)供电极距 AB 的选择

供电极距 *AB* 相对于测点中心 *O* 对称布置,即 *AO* = *BO*,*AO* 的大小应根据覆盖层的厚度或地下水的埋深(*H*)来确定,一般应大于(3 ~ 5)*H*。如果 *AO* 选择得过小,测量结果受覆盖层或地下水位以上岩层影响太大,无法真实反映地下含水层的情况。

无穷远极 *OC* 的距离应选择大于 *AO* 的 5 倍,使 *C* 极所形成的电场与 *A*、*B* 极所形成的电场相比而言可忽略不计。

(二)测量极距 MN 的选择

山区找水实质上是寻找构造破碎带,一般断层破碎带的宽度不很大,如果 *MN* 过大,则断层反映不明显,过小则信号较弱且易受地形条件的干扰。*MN*/2 通常取(1/10 ~ 1/20)*AO*,在满足测量精度的前提下,*MN*/2 距离越小越好。

根据我们的实践,山区工作时 *AB*/2 的距离一般在 100 m 左右,*MN*/2 的距离一般取 10 m,测点距离取其与 *MN*/2 的距离相等,工作起来既方便效果也较好。

在实际工作中,为提高测量效率,在两支曲线的变化较小时,测点距离可视情况适当加大,省略一些中间测点,到两支曲线出现相交时再恢复到正常的测点距离,这样既能提高工作效率又不致影响测量精度。

(三)测线方向的选择

测线方向即为布极方向,其方向的选取应尽量垂直或斜交于预计的断层破碎带的走向。当地形不利时,测线可以沿沟谷的走向布置,但不能与预计的断层破碎带走向平行布置。

联剖测量的 *A*、*B* 两个电极中,在测线前进方向前方的一个为 *B* 极,另一个在后方的

则为 A 极。为了减少工作量,尽快找到断层位置,当第一个测点测毕后,可看一下哪一边的 ρ_s 值小,将 ρ_s 值小的作为 ρ_s^B,即作为前进方向,另一个作为 ρ_s^A。在改变测点时,仪器可以随 A、M、N、B 逐点移动,也可以仪器不动只移动 A、M、N、B。在测线长度不是很大时,无穷远极 C 一般固定不动。

二、曲线的解释分析方法

(一)确定断层破碎带的位置

在方格坐标纸上,以横坐标代表某一测线上的测点距离,以纵坐标代表 ρ_s 值,将 ρ_s^A、ρ_s^B 点绘在同一图上,将各点的 ρ_s^A、ρ_s^B 分别连接起来,即得到 ρ_s^A、ρ_s^B 曲线图,如图 4-2 所示。ρ_s^A、ρ_s^B 两支曲线的交点有的为矿交点,有的为非矿交点。矿交点又叫低阻交点,非矿交点又称作高阻交点。

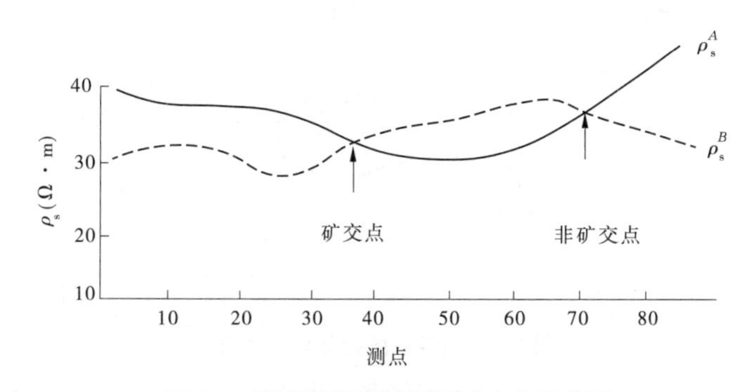

图 4-2　联合剖面曲线不同矿交点示意图

矿交点的位置即为断层破碎带的位置。其在曲线上的特征是,在交点的左侧 $\rho_s^A>\rho_s^B$,在交点的右侧 $\rho_s^A<\rho_s^B$。

非矿交点依据岩性类别,在低阻岩层中有的是高阻含水岩脉,有的则可能是局部岩体较为完整,在找水中一般依据围岩性质进行具体分析来确定是否采用。若围岩为低阻岩层则可采用,反之不宜采用。在石灰岩地区,低阻交点的位置往往所反映的是岩溶裂隙发育带。但也经常遇到一条 $\rho_s^A>\rho_s^B$ 的曲线,未形成矿交点,但同步下降呈低阻凹斗异常,如图 4-3 所示。电测找水实践证明,此类明显的凹斗异常,多是基岩裂隙发育富水的反映,找水定井成井率较高,大多可以采用。

(二)确定断层带的走向

如果在同一测区布置了两条以上的测线,将同一测区平行的各测线的测试曲线按一定的比例尺绘在同一平面图上,找出各条测线的矿交点,这些矿交点的连线就代表了断层破碎带的走向,如图 4-4 所示。

(三)确定断层面的倾向

在实际工作中,可以用两个不同极距的联合剖面装置,在同一条测线上进行测量。大极距可以确定断层在深部的位置,小极距则反映断层在浅部的位置。如果大极距与小极距在曲线上矿交点的位置一致,则说明断层倾角较大,近于直立,不一致则说明断层是倾斜的。根据两个矿交点的位置,就可以确定出断层面的倾向来,如图 4-5 所示。

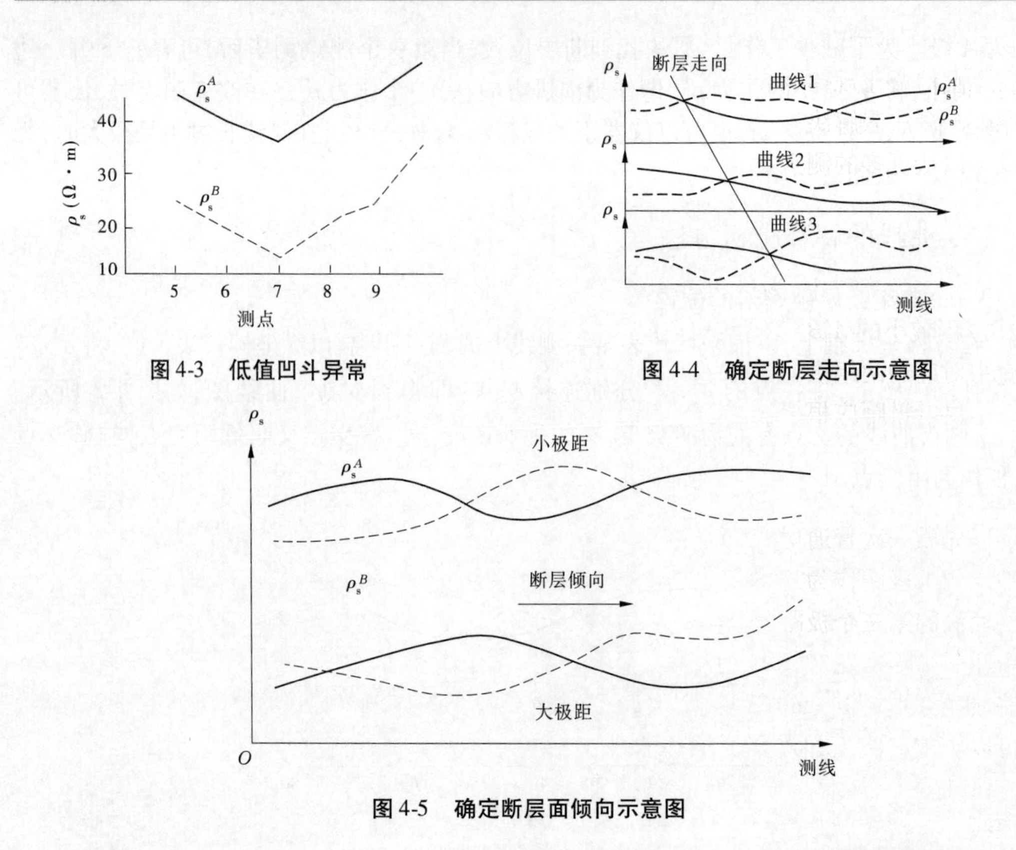

图4-3　低值凹斗异常

图4-4　确定断层走向示意图

图4-5　确定断层面倾向示意图

三、方法适用性分析

应用联合剖面法寻找基岩裂隙水,当地电条件较相适应时,找水效果就相当显著。根据我们的找水实践与体会,其适用条件大致包括以下几个方面:

第一,地形平缓、地域开阔,测区内不存在较大的沟谷和陡坡,电极接地条件较好时,则易于该方法的开展,测试结果才能更加充分可靠。

第二,该方法适宜于在高阻岩层地区,如石灰岩、大理岩、花岗岩等进行找水定井工作,此类地层构造裂隙富水带与围岩电性差异明显,从物理上讲也可以较充分地满足联合剖面法找水的方法原理和物理实质。

第三,第四系覆盖层的厚度不宜过大。当其厚度超过 30 ~ 50 m 时,由于土层的电阻率较小,导电性强,从而导致断层破碎带的异常减弱或淹没。此外,覆盖层厚度的变化如较大,也会产生一些假象,干扰资料的解释与判断,影响其找水效果。

第三节　对称四极剖面法的技术方法

对称四极剖面法是供电电极 *AB* 和测量电极 *MN* 对称地布置在一条直线上,即按 *AMNB* 顺序排列,测点(或记录点)*O* 位于中心,$AO = BO$,$MO = NO$,如图 3-7 所示。

在野外工作时,整个装置同时向前移动,电极之间的距离保持不变,沿着剖面进行视电阻率测量,绘出一条随测点位置而变化的视电阻率曲线。

对称四极剖面法在平原地区主要用来寻找砂层和浅层淡水，在山丘地区可以了解土层厚度的变化规律和查明基岩破碎带和不同岩石接触面的位置。当然，这些问题也可以用电测深法来解决。由于对称四极剖面法速度快，测点可以增多，工作可以做得更细，也就可以从更多的测点中选出最好的井位来。

一、野外工作方法

在实际工作中，为了便于分析对比，经常采用对称于 MN 布置两组供电电极 $A'B'$ 和 AB。用较小的 $A'B'$ 了解浅层地质情况；用较大的 AB 了解深层地质情况。这样，在野外观测中对应于两组供电电极测得 ρ_s' 和 ρ_s 两条曲线，这种剖面叫作“复合对称剖面法”。

供电极距应根据目的层顶板的平均埋藏深度 H 来选择，一般要求 $AB/2=(3\sim5)H$，$A'B'/2=(1\sim2)H$，在山丘地区勘测基岩及平原地区勘测深层淡水，按此标准选择极距较好。勘测浅层淡水的砂层时，电极距最好根据井旁电测深曲线来确定。如果没有已成井，可以先做一次普通电测深，划分出主要的含砂层，以含砂层的起始极距作为 $A'B'/2$，以含砂层的末极距作为 $AB/2$；如果有两个含砂层，则以第二个含砂层的末极距作为复合对称剖面法的第三个极距。复合对称剖面法的极距间隔，应比电测深法的极距间隔稀一些，两个相邻极距在双对数纸上的水平距离，可以选用 1.5 ~ 2 cm。这样不仅控制的深度大一些，也不致过多地增加工作量，且 ρ_s 值的变化较为明显，反映出的砂层较可靠。测量极距可以用固定装置，K 值的计算方法及 ρ_s 值的计算方法，与电测深法相同。

MN 的中间位置即是测点，测点的布置可沿一定的方向，构成勘探线，也可以不按勘探线，结合在勘测过程中掌握的地质条件的变化规律灵活布置，以满足测量需求为目的。

二、曲线的解释分析方法

结合电测找水工作的特点，复合对称剖面法的测量结果，可以绘制成以下几种图件进行定性分析。

（一）简易电测深曲线图

和绘制电测深曲线一样，在双对数坐标纸上，以 $AB/2$ 为横坐标，以 ρ_s 值为纵坐标，每个测点都绘制一条简单的曲线。

如前所述，在平原地区电性层的电阻率越大说明水质越好。在水质基本一致的前提下，电阻率越大则砂层越好。电性层电阻率的大小可从两个方面显示出来：第一，ρ_s 值的大小；第二，曲线下降的快慢。某一段末极距的 ρ_s 值越大，曲线下降越慢（或上升快），说明该段电阻率越大，即水质或砂层越好。

（二）ρ_s 值变换曲线图

为了使砂层在图上表现得更为明显，在方格坐标纸上，以横坐标表示某一测线上各测点，以一定比例尺表示各测点的间距，以纵坐标表示各测点的 ρ_s 变换值，即 $2\rho_s^2-\rho_s^1$。ρ_s^2 为第二个极距的 ρ_s 值，ρ_s^1 为第一个极距的 ρ_s 值。将各测点的 ρ_s 变换值（$2\rho_s^2-\rho_s^1$）都点在图上，连成曲线。如果每个测点有 3 个极距，则以 $2\rho_s^3-\rho_s^2$ 为纵坐标连成另一条曲线。ρ_s 变换值的大小，能间接地反映出含砂层真电阻率的大小。ρ_s 变换值越大，水质越好。在水质基本一致的前提下，ρ_s 变换值越大砂层越好。

(三)ρ_s 剖面图

在方格坐标纸上,以横坐标表示各测线上的测点,以纵坐标表示 ρ_s 值,将各测点的 ρ_s 值点在图上,极距相同者连成曲线。小极距的曲线主要反映目的层以上岩层电性的变化,大极距的曲线既受目的层的影响,又受上覆岩层电性的影响。对于大极距曲线上的异常,应首先根据小极距曲线考虑该异常是否由上覆岩层电性的变化引起,排除这个因素之后才能得出目的层有所变化的结论。例如,为了查明某地基岩的起伏情况,采用复合对称剖面法,初步了解该地基岩大致的埋藏深度为 20 ~ 40 m。选取 $A'B'/2 = 20$ m,$AB/2 = 90$ m。在小极距曲线上只有一个高阻地段,显然它是由覆盖层岩性的变化引起的,不说明基岩的起伏。在大极距曲线上有 3 个高阻地段,中间一个与小极距曲线上的异常相对应,仍为上层的影响,其他两个高阻地段则主要反映了基岩表面的隆起。

(四)等 ρ_s 平面图

在平面图上,标出各测点的位置,在测点旁边标注某一个极距的 ρ_s 值,然后像绘制地形等高线一样,用内插法画出 ρ_s 相等数值的连线,就得出了等 ρ_s 平面图。这种图可以作为解释的辅助图,对了解大面积的地质构造有一定帮助,小范围内找水可在低阻区选择测深点,即用电剖面法初选井位,再用电测深法进行复测,最后按照电测深法分析确定井位。

三、对称四极剖面法与联合剖面法的比较

对称四极剖面法是两个点电源,而联合剖面法是一个点电源,从电场的分布规律来分析,二者具有一定内在联系。

对于同一个良导体来说,这两种方法引起的异常有所不同。因为良导体引起异常大小的特点是:依靠沿着良导脉的延展方向导走电流而产生异常,即靠"纵向电导,那么电场的方向与良导脉走向有很大关系。当良导脉与电流线垂直时引起异常最小,而斜交时引起异常较大,在平行时引起异常最大。由此说明,直立良导体用联合剖面法效果较好,而对称四极剖面法较差,水平成层良导体用对称四极剖面效果好。这点是对称四极剖面法与联合剖面法的本质区别,也是效果不同的原因。所以,在选择工作方法时,应注意这个问题。

第四节　常用技术方法的视电阻率计算公式

电阻率法的工作方法较多,计算公式各有不同,现将不同方法的视电阻率计算公式汇总如下,以便于工作时方便选用。

四极对称电测深法:

$$\rho_s = K\frac{\Delta V}{I}$$

$$K = \pi\frac{r_{AM}\cdot r_{AN}}{r_{MN}}$$

三极电测深法:

$$\rho_s = K\frac{\Delta V}{I}$$

$$K = 2\pi \frac{r_{AM} \cdot r_{AN}}{r_{MN}}$$

四极对称剖面法：

$$\rho_s = K \frac{\Delta V}{I}$$

$$K = \pi \frac{r_{AM} \cdot r_{AN}}{r_{MN}}$$

三极剖面法：

$$\rho_s = K \frac{\Delta V}{I}$$

$$K = 2\pi \frac{r_{AM} \cdot r_{AN}}{r_{MN}}$$

联合剖面法：

$$\rho_s = K \frac{\Delta V}{I}$$

$$K = 2\pi \frac{r_{AM} \cdot r_{AN}}{r_{MN}}$$

一般计算公式：

$$\rho_s = K \frac{\Delta V}{I}$$

$$K = \frac{2\pi}{\frac{1}{r_{AM}} - \frac{1}{r_{BM}} - \frac{1}{r_{AN}} + \frac{1}{r_{BN}}}$$

从以上各式可以看出，三极的各种方法，包括联合剖面法，其视电阻率的装置系数和计算公式是相同的，四极的各种方法亦是此规律。此外，三极的装置系数 K 值，是四极的装置系数的 2 倍。

第五章　电阻率法山丘区基岩找水的应用

第一节　山丘区基岩找水的工作程序

在山丘地区电测找水，基岩裂隙含水带既复杂又不规则，没有一个固定的模式可循，其富水带完全受各种裂隙发育程度以及构造控制，电阻率法的使用只是寻找与基岩裂隙水有关的断裂破碎带、岩溶裂隙发育带、接触带等富水构造或地质体，因而属于一种间接的物探找水方法。同时，在一定的地质、水文地质条件下，能否有效地利用物探手段来寻找地下水源，并非单受地电条件的限制，还取决于是否正确地运用这种方法。因而，应用电阻率法找水，依据基岩裂隙水的地质－地球物理特征和实际地电条件，选取适当的物探工作方法，确定一种合理的工作程序，对于提高其勘测基岩裂隙水的地质经济效果，是非常必要的。经过长期的找水实践和技术研究，合理的工作程序应主要包括以下几个方面。

首先，在测试工作部署前应充分地进行水文地质踏勘工作。通过地质踏勘，对测区地质地貌、地层岩性、构造和补给条件等要有一个全面了解；通过对已知井、泉水出露情况等的调查，合理推断出区域地下水位埋深来。由此，初步确定拟采用的供水含水层和布井范围，为部署下一步的电测工作打好基础，做到心中有数。

其次，选取适宜的物探方法和工作部署。电阻率法的技术方法种类较多，在山区找水中应合理地选取和综合运用，这种合理性的要求是既能取得地质效果，又要符合经济原则。根据找水实践及探测效果来看，电测深和联合剖面这两种方法对于寻找基岩裂隙水最为有效，可以将这两种方法确定为山区找水基本的电测手段。在具体的工作部署中，它们两者又可分为下面几种不同的运用方式：

(1)在地层岩性富水性好、岩溶裂隙发育的地区，如中奥陶灰岩地层，一般单纯选用电测深法即可完全确定井位。

(2)在基岩埋深较浅、露头多，构造分布明显的地区，在初步确定拟采用的断层带后，亦可直接选用电测深法布井。

(3)在浅覆盖层地区，岩性富水条件尚好，如上寒武系地层，水位埋深又不太大时，用联合剖面法也可直接定井。

(4)在覆盖层地区，地质条件又较为复杂时，应两种方法综合采用。首先采用联合剖面法圈定出构造裂隙发育带的具体位置、走向及范围。然后采用电测深法了解地层不同深度的裂隙发育富水状况，两种方法相互验证，从而提高布井成功率。

最后，应对电测资料进行解释分析和计算，确定出地层岩石富水异常反映。与此同时，还应结合踏勘情况分析是否受到不良地电条件的影响和干扰，评价异常的可靠程度。最终，依据取得的物探成果，结合当地含水层和区域水位埋深，确定定井位置和打井深度，提出具体的布井建议。

另外，在联合剖面和电测深两种方法的综合运用中，会出现曲线反映不相一致的情况，如常会遇到联剖曲线上呈现富水构造反映，而电测深曲线则并不存在异常反映。在这种情况下，一般应以联剖结果作为主要定井依据。出现此种情况的原因是电阻率法虽然是一种体积勘探，但在寻找隐伏构造破碎带方面，从两种方法的测试原理和工作机制上分析，联剖曲线受体积效应的影响要比测深曲线小得多。这样，在破碎带规模较小时，测深曲线就可能反映不出来地质体的实际状况。

第二节　富水曲线类型及解释电阻率范围

一、富水曲线的分析与辨认

在高阻岩层地区，包括石灰岩、大理岩、脆性砂岩、花岗岩等，凡是相对富水的构造破碎带、岩溶裂隙发育带，在测深曲线上通常呈相对低阻反映。根据多年的测深定井实践，可主要总结归纳为缓（缓升）、平（水平）、降（下降）三种变异特征，九种曲线表现形态，作为辨认含水层进行定性解释的依据。

（1）缓升变异：测深曲线上由于缓升变异段的埋深不同，分为三种表现形态。

第一，急剧上升段后的缓升段，可视为含水层。在石灰岩、大理岩、脆性砂岩地区，当含水层埋藏较深，而且较薄，厚度达不到前一层的许多倍时，上升曲线出现渐近线比较困难，往往在急剧上升段后出现缓升段。如图 5-1 所示，为山东泰安某地农业供水井的测深曲线，25 m 以上为土层（底部有沙砾石），下伏石灰岩和白云质灰岩，前段以 40 多度上升，显示了灰岩完整的特征，90 m 后开始变缓，110 m 后成一缓升电性层。经钻探验证，98. 2 m 以后白云质灰岩破碎，岩溶裂隙发育，终止井深为 140 m 后进行抽水，降深为 30 m 时每小时涌水量达 56 m^3。

第二，夹在两个急剧上升段之间的缓升段，一般是较好的含水层。图 5-2 是济南市历城某供水井的电测深曲线，13 m 以上为黏土，下伏中奥陶石灰岩。曲线在 24 m 以前、135 m 以后分别以 40°、45°上升，是完整灰岩的反映，中间段只有 32°，是相对富水反映。实打情况是 60 ~ 121 m 岩芯破碎，终止井深为 159 m 后进行抽水，降深 3. 5 m 时涌水量每小时 62 m^3。

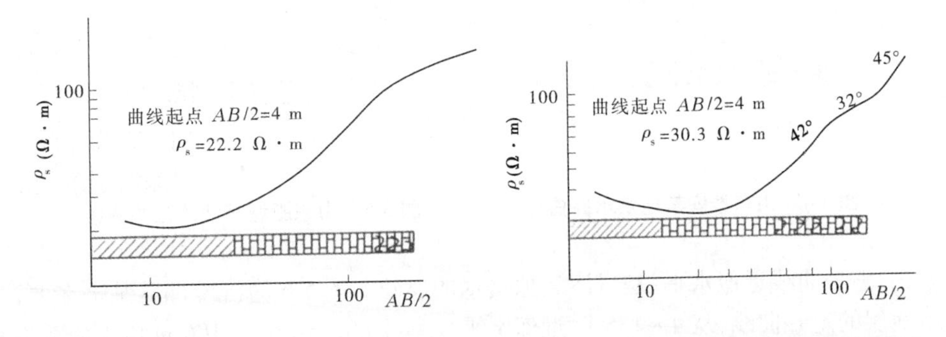

图 5-1　山东泰安某地农业供水井的测深曲线　　图 5-2　济南市历城某供水井电测深曲线

第三,急剧上升段前边的缓升是比较可靠的含水层。这类曲线反映基岩上部岩溶裂隙发育。如图 5-3 所示曲线,15 m 以上为黏土,下伏白云质灰岩,曲线前端呈 31°缓升,尾支则转为 42°。该地区地下水位仅 24 m,经实打验证,水位以下岩芯破碎,终止井深为 64 m 后进行抽水,每小时涌水量为 80 m^3。

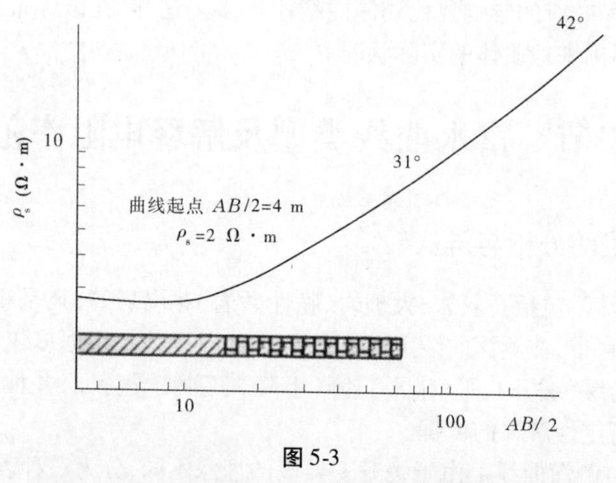

图 5-3

(2)水平变异:根据水平段在测深曲线上出现的部位不同,也有三种表现形态。

第一,尾支变平的水平段是含水层的反映。根据岩性分析,在没有低阻岩层的干扰且不是前段的渐近线时,是岩溶裂隙发育深度大、范围宽的表现。图 5-4 是山东泰安某地供水井的曲线,4 m 以下见寒武系馒头组石灰岩,曲线自 135 m 以后变平,经钻井证实,自 110 m 后岩芯破碎,裂隙发育,终止井深为 148.18 m 后进行抽水,降深 25 m 时每小时出水量 56 m^3。

第二,两个上升段之间水平段可视为含水层。这类曲线前支反映上部基岩完整,拐曲的水平段是岩溶裂隙破碎带的反映,尾支上升则为基岩相对完整。图 5-5 是山东肥城某地的钻井,26 m 以上为土层,底部含有砾石,下伏中奥陶石灰岩。实打验证,39 ~ 72 m 岩芯破碎,终止井深为 150 m 后进行抽水,每小时出水量 50 m^3。

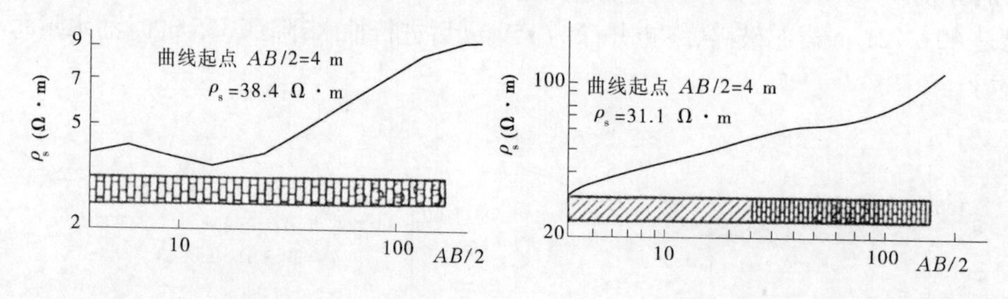

图 5-4　山东泰安某地供水井曲线　　图 5-5　山东肥城某地的钻井曲线

第三,整个曲线近似水平,是岩溶裂隙富水的反映。图 5-6 为济南部队某部在寒武系馒头组地层的定井曲线,从 4 ~ 135 m 近似水平。钻孔 60 ~ 80 m 和 106 m 以下岩溶发育,孔深 113 m,每小时涌水量 56 m^3。

(3)下降变异:下降段在测深曲线上因出现的部位不同,也存在着三种形态。

第一,尾支下降段可视为含水层,它一般是深部岩溶裂隙发育且规模较大的反映。如图 5-7 是济南市历城某地供水井,7 m 以上为土层,下伏中奥陶石灰岩。曲线接触基岩以后以 45°上升,表明基岩完整,170 m 开始变缓逐渐下降。经钻井实打后证实 165 m 以后岩芯开始破碎,194 m 为终止井深(实际刚刚进入含水层),每小时出水量为 40 m^3。

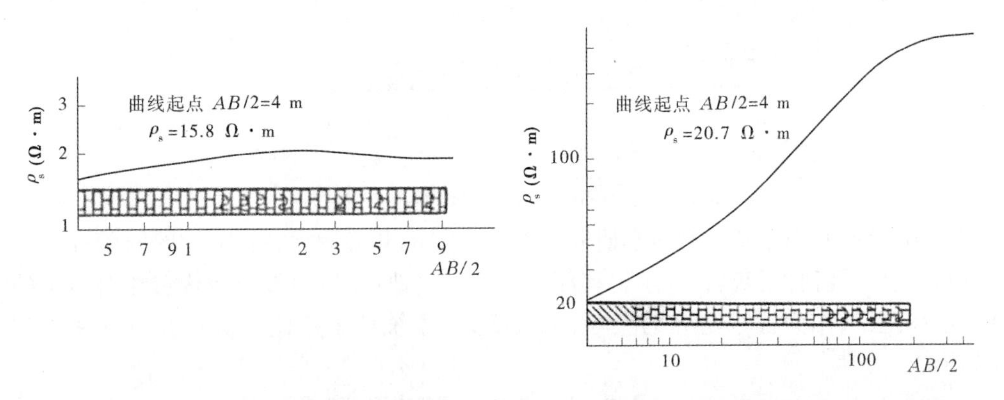

图 5-6　济南部队某部在寒武系馒头组地层定井曲线

图 5-7　济南市历城某地供水井曲线

第二,两个急剧上升段之间的下降段可视为含水层。如图 5-8 所示,为济南市历城某地钻井,11. 6 m 以前为黏土,下伏中奥陶灰岩,曲线前后两支大角度上升是岩性完整的反映,中间下降段为岩溶裂隙的反映。实打验证,63 m 岩芯开始破碎,116 m 泥灰岩破碎严重,井深 167 m,每小时出水量达 56 m^3。

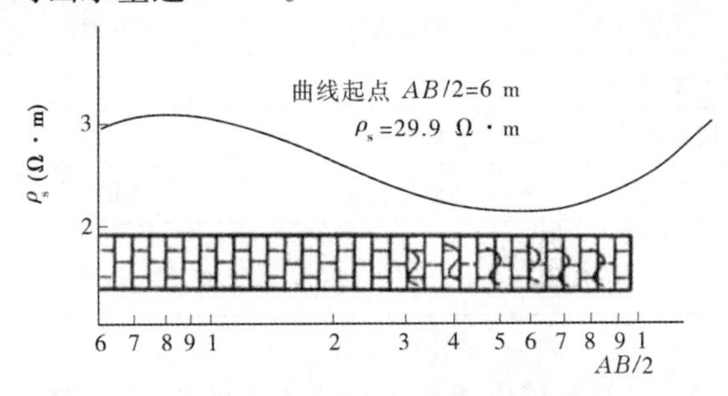

图 5-8　济南市历城某地钻井曲线

第三,只有尾支急剧上升,前段下降的曲线,下降段是中、上部岩溶裂隙发育相对富水的反映。如图 5-9 是济南市长清某地供水井定井曲线,开口岩性为中奥陶底部石灰岩,以下为泥灰岩和下奥陶白云质石灰岩。井深 100 m,自 20 ~ 96 m 岩溶发育,每小时出水量 56 m^3。

二、富水含水层的解释电阻率值

在分析辨认含水层的基础上,运用由简易拐点切线法计算得出的解释电阻率的大小,可进一步推断含水层的富水状况,作为找水定井的指标。

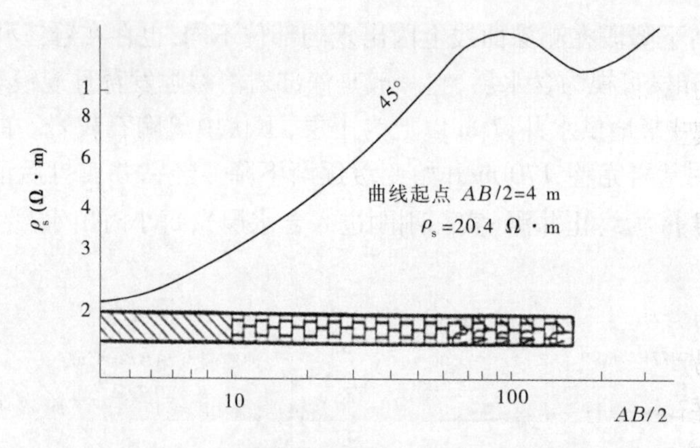

图 5-9 济南市长清某地供水井定井曲线

在长期实践中,山东省水利科学研究院通过大量的井旁测深,特别是 96 眼验证井的实打资料,统计了各种石灰岩、大理岩和部分脆性砂岩地层、岩溶裂隙或构造相对富水的解释电阻率范围,作为找水定井的参考,见表 5-1。据统计采用此方法定井成井率达到 90% 以上。

表 5-1 主要岩层破碎富水的解释电阻率范围

地质年代		石灰岩、大理石、脆性砂岩岩溶裂隙破碎带(充水)解释电阻率(Ω · m)		备注
		一般值	最大值	石灰岩
中石炭统	草埠沟、徐家庄组	100 ~ 250	300	
中奥陶统	马家沟组	300 ~ 400 ~ 500	600	
下奥陶统	冶里—亮甲山组	200 ~ 300	400	
上寒武统	凤山、长山组	<300	300	
中寒武统	张夏组	200 ~ 300	400	
下寒武统	馒头组	200 ~ 300	400	
白垩系、侏罗系、二叠系、石炭系		<200	300	脆性砂岩为主

有关白垩系、侏罗系、二叠系等以柔性砂页岩为主的地层,已知孔较少,还统计不出确切的范围,今后需进一步加以研究。

第三节 影响电测效果的地电条件分析

根据我们的找水实践,影响电测找水效果的地电条件主要表现在以下若干方面,需在电测找水工作中加以注意。

第一,电测深法是一种体积勘探,因而要求被测目的层要有一定规模。目的层埋藏越深,要求其厚度越大,当含水层厚度较薄或构造破碎带规模较小时,在电测深曲线上一般较难反映出来。在平原地区,当浅层淡水中的砂层厚度不小于其埋藏深度的 5% 时,一般较为容易从测深曲线上反映出来。在深度相同的条件下,目的层与其他地层的电阻率差异越小,要求厚度越大。

第二,当地层的电阻率差异越大时,应用电测深法的效果越好。当地层的电阻率相差较小时,如黏土与壤土、细砂与粉细砂、卵砾石与风化岩石等,在电测深曲线上就较难以进行区分。

第三,当目的层上方分布有一定规模的高阻层或低阻层,亦即屏蔽层时,将对电测效果产生不利影响。如在干涸的河床附近测量,上部浅表层的电阻率较高,造成测深曲线下降很快,浅部砂层的分析就较难以进行。而当浅层电阻率较低时,即使砂层很少曲线也会急剧上升,往往容易产生错误的分析结果。

第四,测区中存在较大的沟谷和陡坡时,将对电测深曲线产生不利影响,需在曲线的解释分析中考虑这方面因素的影响。但一般缓坡地形对电测曲线的影响较小,尤其在极距较大时影响更小,一般可不予以考虑。

第五,电测深法对接地条件的要求并不是非常严格,一般情况下的接地条件均可进行测量。但当接地条件极为不良时,如地表层为干砂层或冻土层,则将对测试结果产生较大不利影响,需要采取一定措施加以克服。

第四节　电测找水应用实例

(1)肥城市仪阳乡某村庄长期缺水,连人畜用水亦是从邻近村庄调入,极大地制约着该村群众生活的改善和经济的发展。我们应用电测深法,在该村东部打深井一眼,解决了该村的用水问题。该处土层仅数米,下伏下奥陶石灰岩的厚度约 60 m,以下是寒武系的凤山、长山、崮山和张夏组灰岩,区域地下水位埋深约 70 m。图 5-10 是该孔的电测深曲线,曲线前端呈 42°角上升,表明基岩较完整,中部曲线的平缓段,经分析认为是前端的渐近线,曲线后端呈 -40°下降。经分析计算认为,上部岩层的电阻率约为 500 Ω · m,表明基岩较完整,240 m 以后的岩层的解释电阻率仅约 140 Ω · m,应为岩溶裂隙发育的反映,且规模较大,为一可靠的供水含水层组。实打的情况是,中上部岩石较完整,钻进过程中不漏水。260 m 以后岩芯开始破碎,岩溶裂隙发育。钻孔 290 m 深终孔后,经抽水试验,水量大于 50 m^3/h,与电测分析结果吻合的较好。

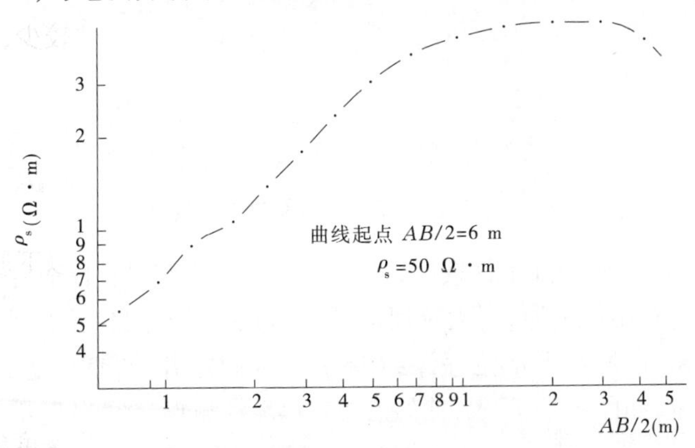

图 5-10　肥城市仪阳乡某村庄钻井电测深曲线

(2)济南军区某部地处山前平原过渡带,地层为中奥陶石灰岩,区域地下水位20余m。图5-11是该钻孔的电测深定井曲线,曲线前端呈缓升;中段呈现下降变异,且负角达30余度;曲线后部又呈上升曲线。经分析计算,认为地层35~130 m区段其解释电阻率仅150 Ω·m左右,应是岩溶裂隙发育的反映,为一可靠的含水层,成井条件较好。实打结果,该孔裂隙发育,其中25~40 m裂隙发育强烈,85~90 m岩石破碎、岩溶裂隙极为发育,为强富水层段;100 m以后岩石开始完整,117.7 m钻孔终孔。经抽水试验,降深为1.90 m时,出水量为60 m^3/h,取得了令人满意的定井效果。

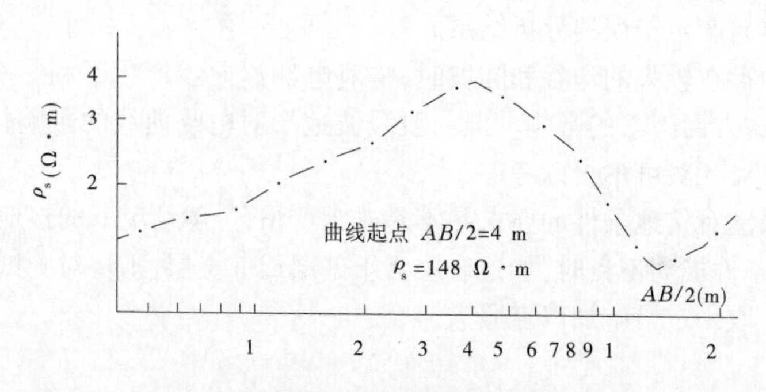

图5-11　济南军区某部钻电测深定井曲线

(3)青岛崂山地区欲开发当地的矿泉水资源,前期虽投入资金数百万元勘探打井,未获成功。后与山东省水利科学研究院合作,找水打井6眼,满足了日需水500 t的要求。图5-12是其中2号井的电测深定井曲线,上部土层约2 m厚,下伏燕山期的崂山花岗岩。从电测深曲线分析,上部岩石风化层较厚,自31 m以上风化裂隙较发育。此外,在60~74 m区间出现一缓升变异,分析认为可能是构造破碎带的反映。该孔实打的情况是,2~7 m为强风化层,7~33 m岩石裂隙发育,33~60 m岩石局部破碎,80~103 m岩芯完整。经抽水试验,该孔水量大于4 m^3/h,在崂山花岗岩地层属水量甚丰的优质矿泉水井。

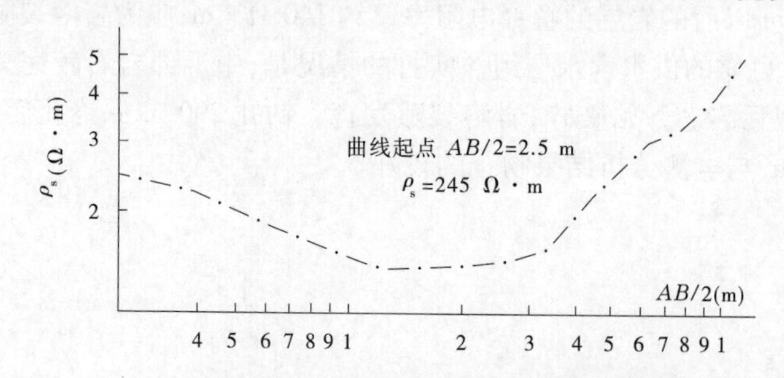

图5-12　青岛崂山地区2号井电测深定井曲线

(4)汶上县军屯乡某村经济条件较好,这些年来共打井12眼,仅成井2眼,造成了很大经济损失。该村地处山前平原,属大汶河流域,为隐伏灰岩地区,土层厚6~10 m,隐伏基岩为寒武系凤山组,区域地下水位埋深约15 m。为确定井位,首先进行了$AB/2=100$ m的联合剖面法测量,如图5-13所示,曲线在54~55号测点之间出现矿交点,从而初步确定了断层破碎带的位置。然后,又改变$AB/2=130$ m,在该点附近进行了测量,矿交点出现在57~58号，从而进一步推断该断层面南倾，断层角度较缓。为慎重起见，在该点处又选择多处进行了电测深法测量，但曲线类型均雷同，如图5-14所示，曲线呈现大角度上升，未见任何富水反映，经分析后认为，可能是断层规模较小，受体积效应影响，电测深法分辨率较低所致，遂决定以联合剖面的测量结果为主要依据定井。该孔实打深度150 m，降深7 m时，出水量为80 m^3/h，取得了良好的地质效果。

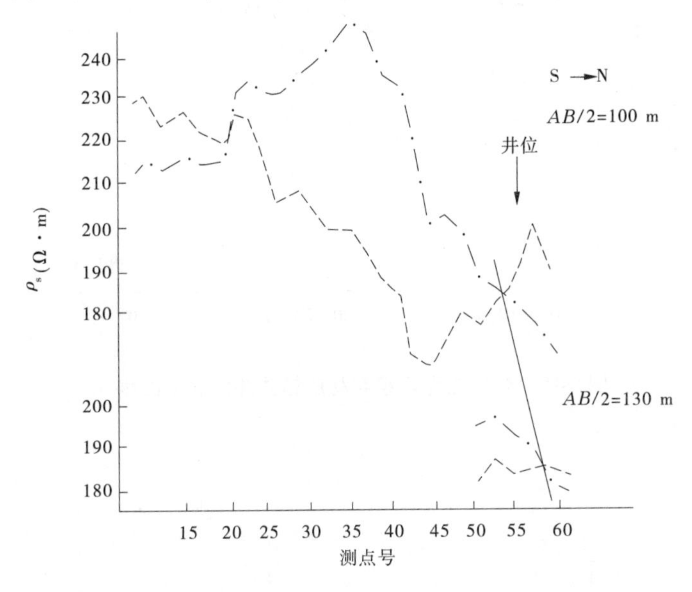

图5-13　汶上县军屯乡某村联合剖面法测量曲线

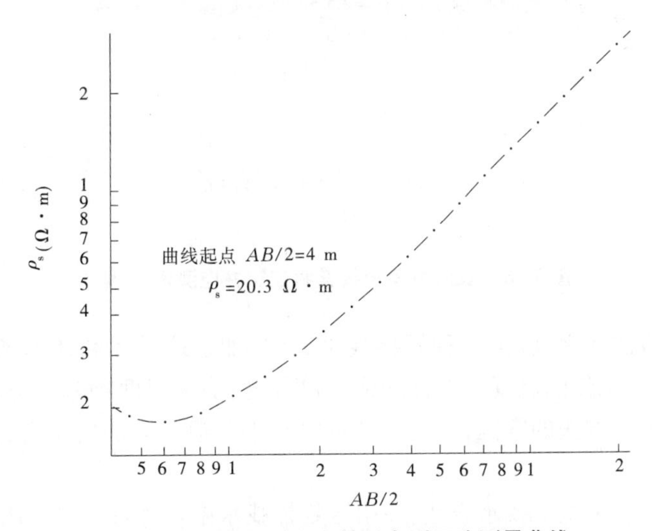

图5-14　汶上县军屯乡某村电测深法测量曲线

(5)长清县孝里镇某村庄地处山前冲积平原，上覆土层厚度约6 m，下伏奥陶系下统白云质灰岩厚度约60 m，以下为寒武系地层，区域地下水位15 m左右。图5-15是钻井井位的联剖曲线，曲线在12~13号测点之间出现矿交点，13号点则为该处凹斗异常的最低点，初步考虑井位选在13点。图5-16是该点处的电测深曲线图，曲线前端呈小角度缓升,32 m 以后呈大角度爬升,说明基岩上部较破碎,下部完整。综合分析后认为,该 13 号点成井条件较好,可以确定为井位。实打验证地层在 20～40 m 和 60～70 m 这两段区间岩石破碎含水,钻孔 165 m 终孔,水量为 80 m^3/h。

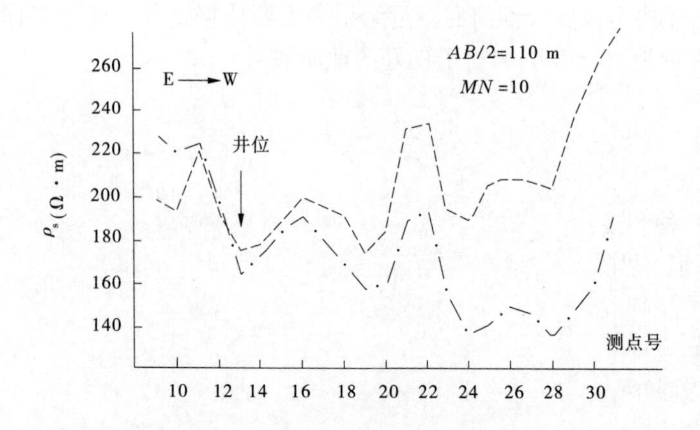

图 5-15　长清县孝里镇某村庄钻井井位联剖曲线

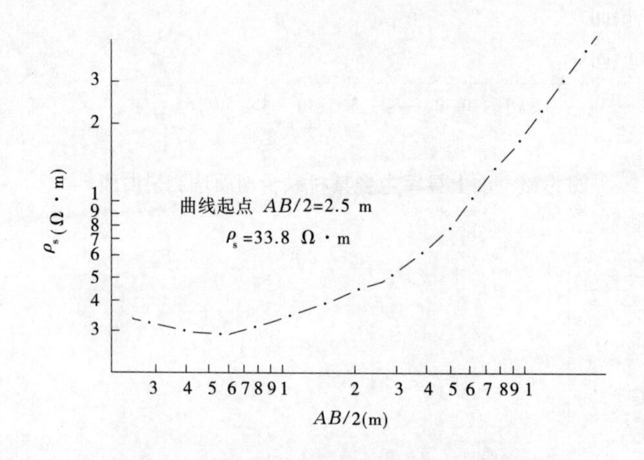

图 5-16　长清县孝里镇某村庄钻井电测深曲线

应用电阻率方法找水,属于一种间接找水方法,加之地质体和地形条件的复杂多变性,就更增加了找水工作的难度。这样的话,就更需要加强对两种基本方法的掌握,一是对基本水文地质分析方法的掌握,二是对基本物探手段运用方法的掌握,两者相得益彰,不可偏废。

电阻率法作为一种基本找水方法,在山区物探找水中发挥着重要作用,但任何方法都存在其一定的适用条件。电阻率法是一种体积勘探方法,在含水构造规模较小、地电条件不利时,其找水效果就会受到很大的影响。今后,山区找水的难度将会愈来愈大,在一些找水难度大的地区,还要采用其他一些先进的技术和方法,充分发挥综合物探的优势,进一步提高找水成井率,使山区找水技术为社会经济的发展做出更大贡献。

第六章　电阻率法平原区松散层找水的应用

第一节　平原区松散层找水的工作程序

电阻率法是一种间接找水方法，与山丘区电测找水比较而言，因平原区地层结构较为简单，地形更为平坦，地电条件相对较好，电测找水更能取得较好的测量效果。例如，在山东、河北、河南等地广泛地利用电测深法了解地下水分布情况，确定古河道砂层富集带，划分咸、淡水分界面等。

平原地区电测找水的工作方法较为简单，多采用单一电测深法进行测量定位，确定含水层位、厚度、埋藏深度，以及划分出咸、淡水界面等。众所周知，每一种土层都有一定的电阻率值，但是每一层土不一定都能在电测深曲线上反映出来。如果两种地层的电阻率很接近，则在曲线上可能表现为一层；如果同一种地层的上部和下部电阻率不同，则在曲线上可能表现为两层；有时几种地层的电阻率不相同，但因埋藏较深，在曲线上也可能表现为一层。因而，把在电测深曲线上能分辨出来的那些层次一般称作电性层。电性层可以是同一种土层，也可以是几种土层的组合。由此可见，电性层与地层是两个不同的概念，电测找水是以电性层的划分来推断含水层的性质，因而是一种间接判断方法。

在平原地区电测找水的目的层主要是含淡水的砂层或砾卵石层，在测深曲线上可能反映砂层存在的电性层，一般称作含砂层。含砂层一般是相对高阻电性层。相对上层为高阻层可以是含砂层；相对下层为高阻层，而相对上层为低阻层时也可以为含砂层。

淡水和咸水因含盐量的不同，其电阻率值有着明显差异，淡水电阻率高，咸水电阻率低。因此，含淡水的砂层电阻率将远大于含咸水的砂层电阻率，据此可区分及确定咸、淡水的分界面位置。

在解释电测深曲线之前，首先要充分了解当地的水文地质条件，根据从点到面的原则，调查了解已知钻孔和水井的地质、水质资料，以及电测井资料。应多做一些井旁测深，以利于相互对比分析，掌握区域含水层的一般情况、电测深曲线或电阻率变化的一般规律，工作中基本做到心中有数，才可确保电测深资料解释推断的可靠性。

第二节　松散地层浅层淡水找水方法

本节着重讲述平原地区，主要是黄河冲积平原，深度为 100 m 以内的地面电测曲线分析方法、预测水质和砂层、确定适宜打井深度等问题。山前平原区的电测找水方法基本与此类同，可参照进行。

一、平原区影响电测效果的主要地电条件

(1)含砂层与非含砂层电阻率的差异:其差异越明显,含砂层表现得就越清楚。如果没有差异或差异很小,就失去了电测的应用前提。例如,细砂与流砂,或与含有大量砾石的黏土,其电阻率差异很小,这就很难用电测把它们区分开来。有的淡水土层和含咸水的砂层电阻率差异甚小,但这两种情况却有一个共同的结论,就是不适于打机井。所以,从生产角度考虑,也就没有必要进一步分析了。

(2)含砂层的厚度:含砂层必须具有足够的厚度,才能用电测寻找出来。但需要的最小厚度究竟多大呢? 这不是一个定数,它与以下几个条件有关:①含砂层的埋藏深度越大,需要的最小厚度越大;②含砂层与顶、底板的电阻率差异越小,需要的厚度越大;③含砂层顶板的电阻率越高,需要的厚度越大,如当砂层顶板的电阻率低于含砂层的电阻率时,较薄的砂层容易反映出来,当砂层顶板电阻率高于含砂层电阻率时,较薄的砂层就不易反映出来;当砂层顶板电阻率比不含砂层的电阻率高很多时,曲线急剧下降,较厚的砂层也不易反映出来。

(3)屏蔽层存在:屏蔽层是指位于含砂层上方,分布很广,电阻率极高或极低的电性层,它能严重地阻碍电流向下穿透。在实际工作中,典型的屏蔽层是罕见的,但经常遇到一些含砂层上方电阻率较高或较低的电性层,对电法勘探也是不利的。当含砂层以上存在电阻率较大的高阻层时,含砂层往往被曲线的急剧下降所掩盖而反映不明显。当含砂层以上存在电阻率较小的低阻层时,有时砂层很少或没有,曲线也会急剧上升,造成假象。

(4)各电性层,特别是含砂层的厚度及电阻率在水平方向的稳定性,当其在水平方向变化较大时会增加定量分析的误差。

(5)地电断面的复杂程度:电性层数越多,分析的误差越大。

除上述地电条件外,还有一些人为的条件也直接影响着电测的效果。如观测技术是否熟练,极距选择是否合理,分析判断能力等。此外,对当地水文地质条件的了解程度也是很重要的。因为遵循从已知到未知是合理使用电法勘探的一个基本原则,如果当地从来没有打过井或钻孔,对水文地质条件缺乏了解,就很难对电测曲线做出正确、合理的分析。

二、电测深曲线的分析

分析电测深曲线的主要任务,就是通过对各电性层的研究,用一定的方法预测出测点的水质及砂层总厚度的变化范围,根据砂层厚度与出水量的一般关系(黄河冲积平原一般每米砂层每小时出水量为 3 ~ 4 m^3 及对水质的要求,判断该地点是否可以成井,并确定出打井的适宜深度,达到选井和预测两个目的。

(一)辨认含淡水砂层的五条原则

(1)砂层必须是具有一定埋藏深度的相对高阻层。

(2)曲线中的上升段是否为砂层,应按以下情况考虑:

第一,夹在两个急剧上升段之间的缓慢上升段不作为砂层;

第二,曲线中的上升段可一律作为砂层。

(3)曲线中的水平段:

第一,阶梯式曲线中的水平段可作为砂层。

第二,平顶式曲线中的水平段,当砂层电阻率 $\rho/\rho_s \geq 0.7$ 时,可作为砂层;当 $\rho/\rho_s < 0.7$ 时,则不是砂层。

第三,平直式曲线可从 $AB/2$ 的 15 ~ 20 m 往后全部作为不可靠含砂层。

(4)曲线中的明显缓慢下降段:

第一,阶梯式曲线中的明显缓慢下降段,可作为砂层;

第二,斜底式曲线中的明显缓慢下降段,不作为砂层;

第三,斜底式及逐降式曲线中的明显缓慢下降段,当 $\rho/\rho_s \geq 0.7$ 时,可作为砂层;当 $\rho/\rho_s < 0.7$ 时,作为非含砂层反映。

(5)夹在两个上升段之间,或两个水平段之间,或一个上升段一个水平段之间的下降段,不论其下降快慢,一律不作为砂层。

必须指出,曲线的升、降、陡、缓,只是客观事物反映出来的一种表面现象,根据曲线特征判断出来的砂层,仅仅是有可能包含砂层的电性层,它是否真有砂层以及砂层多少,还需要进一步分析计算。砂层上下界面点的 $AB/2$,也只是上下界面的表现深度,不一定是见砂深度和断砂深度。

(二)砂层电阻率的解释

解释电性层电阻率的方法,有辅助量板法、组合量板法和图解法等。这些方法都需要从第一层开始逐层进行解释,用起来很麻烦。另外,在平原地区的电测深曲线中往往包含着许多较薄的电性层,这就给这些方法的应用带来了更多的困难。如前所述,即使正确地使用了这些方法,解释出来的电性层电阻率也只是它的近似值。因此,在工作中主要使用简易拐点切线法进行解释。

三、地下水水质的分析方法

在平原地区,地下水的水质比较复杂。正确地分析判断地下水的水质,是电测找水的一个重要任务。

(1)平原地区地下水水质沿垂直方向的变化规律,常见的有以下几种类型:

第一,淡水型,从地面向下全部为淡水,主要分布于山前冲积平原。

第二,淡—咸—淡型,上层为淡水,厚度一般为数十米,下面有一层较厚的咸水层,再向下又变为淡水,厚度更大,一般在 500 m 的深度内遇不到更深的咸水层,主要分布于黄河冲积平原的淡水地区及山前冲积平原的全淡水型分布区的下游边缘。

第三,咸—淡型,上部为咸水,厚度数十米至数百米,向下变为淡水,厚度一般较大,仅在滨海个别地区该层淡水只有数十米,下部又变为咸水,这种类型分布于滨海平原及内陆平原的咸水地区。

第四,全咸水型,在 500 m 或更大的深度内无淡水,主要分布于滨海地区深层淡水下游尖灭线以外;在滨海地区的咸水层内,个别地方夹有局部的淡水透镜体,在找水时应加以注意。

根据电测找水的性质,我们把上面无咸水层覆盖的淡水层叫作“浅层淡水”,把咸水层之下的淡水叫作“深层淡水”。

在咸水层与淡水层之间,两种不同水质的接触关系有两种类型。一种是突变,即咸水与淡水之间的过渡层较薄。这种类型主要分布于与山前平原接壤的咸水边缘地区。另一种是渐变,即在咸水与淡水之间有一层较厚的(几十米或一二百米)过渡层,水质由咸逐渐变淡,黄河冲积平原的下游一般属此种类型。

(2)咸水层在电测深曲线上的特征,主要有以下几个方面:

咸水层在电测深曲线上表现为低阻层。在平原地区,根据下述特征之一,即可以很容易将咸水层辨认出来。

第一,曲线中 ρ_s 极小值小于10的下降段,其真电阻率必然也不会大于10,不用解释真电阻率便可以确定该段为咸水层;

第二,曲线中 ρ_s 极小值大于10的下降段,如果解释出该段的真电阻率仍小于10,该段也是咸水层;

第三,曲线中 ρ_s 值小于10的水平段,一般也是咸水层。

咸水层所反映出来的下降段一般较长,曲线较圆滑。在浅层淡水内,出现在两个含砂层之间的较短的下降段,一般不代表咸水层,而是岩性的变化,例如黏土。

当浅层有高阻层时,曲线一开始 ρ_s 很大,然后急剧下降,再逐渐变平,呈现阶段式曲线。如果经过分析,确定水平段是淡水,那么前面的急剧下降段也必然是淡水。

(3)浅层淡水的水质定量分析,主要采用以下方法:

浅层淡水的水质一般是根据含砂层的真电阻率 ρ 来确定,而不考虑非含砂层的电阻率。当 $\rho > 15\ \Omega \cdot m$ 时,一般为淡水;当 $\rho < 10\ \Omega \cdot m$ 时,一般为咸水;当 $10\ \Omega \cdot m \leqslant \rho \leqslant 15\ \Omega \cdot m$ 时,水的矿化度一般大于1.5 g/L。

影响含砂层电阻率的主要因素是水质,同时也与砂层厚度有关。解释出的电阻率也只是一个近似值。因此,只能根据 ρ 值预测出水的矿化度的一个大概范围。含砂层电阻率(ρ)与水的矿化度(C)的关系如表6-1所示。

表6-1　含砂层电阻率与矿化度的关系

含砂层电阻率 ρ (Ω · m)	矿化度 C(g/L)	
	一般值	最大值
10	2.5 ~ 3.5	5
12	1.9 ~ 2.8	4
14	1.6 ~ 2.4	3.3
16	1.4 ~ 2.0	2.8
18	1.2 ~ 1.8	2.5
20	1.0 ~ 1.5	2.2
22	0.9 ~ 1.4	1.9
24	0.8 ~ 1.2	1.7
26	0.75 ~ 1.1	1.5
28	0.7 ~ 1.0	1.4
30	0.6 ~ 0.9	1.3
34	0.5 ~ 0.8	≤1

下面以图 6-1 中的曲线为例来进行说明。根据拐点切线法,该曲线 $AB/2$ 值从 50 ~ 260 m 为咸水层。50 m 以前为浅层淡水,有两个含砂层,即 20 ~ 25 m 和 40 ~ 50 m,第一层解释出 $\rho = 45\ \Omega \cdot m$,第二层 $\rho = 21\ \Omega \cdot m$。按第一层查表 6-1,水的矿化度小于 1 g/L,按第二层查得水的矿化度的一般值为 0.95 ~ 1.45 g/L。如果该层全部是砂层,矿化度最高为 2 g/L 左右。深度修正系数按 0.9 ~ 1 考虑,确定打井深度为 45 ~ 50 m,打井时以打透砂层为限(不能超过 50 m)。

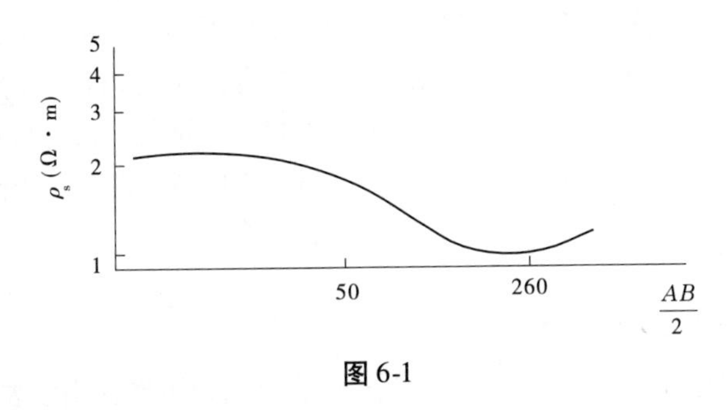

图 6-1

四、砂层的分析方法

水质和砂层厚度是电测深曲线中的一对主要矛盾,水质是矛盾的主要方面,电阻率的大小主要由水质的好坏决定。当水质基本稳定时,砂层厚度就是矛盾的主要方面,而电阻率的大小主要由砂层厚度所决定。只要深刻地把握这一主要矛盾,电测是可以解决砂层问题的。当然,不是所有的曲线都能定量地计算出砂层厚度。例如,对于那些砂层层数多、厚度小、含砂层表现不明显的曲线,就不宜进行定量分析,只可定性地做一些比较。

(1)含砂层在电测深曲线上的特征,在分析含砂层之前,一定要通过调查,基本上了解以下两个问题:

第一,当地第一层主要砂层的埋藏深度。对于该深度以上的曲线段一律不分析含砂层。例如,某地第一层砂层的埋藏深度一般在 30 m 以下,因此 30 m 以前的曲线段不分析含砂层。

第二,在山丘地区基岩埋藏较浅,由于基岩的电阻率变化很大,有些岩石(例如风化玄武岩、砂岩、页岩、黏土岩等)的电阻率与覆盖层相差很小,不容易从曲线上区分开,而基岩以下一般是不会有砂层的,所以该深度以后的曲线段也不分析含砂层。

(2)含砂层在电测深曲线上常见的有以下几种形式:

第一,曲线中较短的上升段一般都是砂层的反映,很长而且较圆滑的上升段,有时是水质的变化造成的,有时是含大量砾石的黏土,在砂层较多的地区往往是很厚的砂层。

第二,阶梯式曲线中的水平段或缓降段,大部分是砂层的反映,但在水质很好而 ρ_s 值却不很大的地区,应慎重考虑。

第三,平顶式曲线中的水平段,当 ρ_s 值较大,或者其后面的低阻层 ρ_s 值下降较快时,往往是砂层的反映,当 ρ_s 值不很大,或者曲线较平缓时,应做进一步分析。

第四,斜顶式曲线及逐降式曲线中的缓降段,当 ρ_s 值较大,或者其后面的低阻层 ρ_s 值下降较快时,往往是砂层的反映,当 ρ_s 值不很大,或者曲线较平缓时,应做进一步分析。

第五，夹在两个高阻层之间的低阻层，一般不是砂层的反映；但在山丘地区，如果后一个高阻层代表高阻岩石，而前一个高阻层又在砂层的埋藏深度之上，有砂层的曲线比无砂层的曲线 ρ_s 值下降更慢一些。

当含砂层的曲线段较短时，一定要反复校核，确定排除测量误差，为分析判断提供可靠的资料。

（3）控制曲线对比法：是一种与已知资料比较的方法。该法不仅在平原地区找砂层适用，在山丘地区找岩层水也适用；不仅砂层较厚时适用，砂层较薄时也适用。这是一种较可靠的寻找含水层的方法。该法要求对每一个新的工作区，首先要尽可能多的把打井的资料收集起来，选择几个含水层较好的井和不好的井，分别进行井旁电测深分析这些电测深曲线的特点，分析较好的井和不好的井在曲线上的差异，以这些井旁电测深曲线作为控制曲线与未知曲线进行对比，便可对其进行半定量的解释。

五、确定打井深度的方法

解释电性层界面深度的方法有很多，如各种量板法和图解法等。在理论上，最大勘探深度为 $AB/2$ 的 1.42 倍，但在实际上还要比该深度小得多。由于各种复杂的因素，无论用哪种方法对界面深度都很难解释准确，这是地面电测与电测井相比最大的缺点之一。

适宜打井深度主要是根据在开采深度以内的含淡水的最末一个砂层的下界面确定。根据实践经验，实际界面深度一般小于（即提前）或等于界面点的 $AB/2$ 值。

假设实际界面深度与界面点 $AB/2$ 的比值为 S，这个比值我们称为“深度修正系数”。S 值的大小与曲线类型有关。不同的曲线类型，S 值的影响因素也不完全相同。现将几类主要曲线 S 值的经验数值及其主要影响因素分述如下：

（1）尖顶式及阶梯式曲线的下界面点。

含砂层末极距的视电阻率 ρ_s 越接近于砂的电阻率，S 值越大；反之，S 值越小。如前所述，砂的电阻率与水质有关，在利用表 6-2 选取 S 值时，还应注意到以下因素：

第一，多层砂组成的含砂层，S 值比单层砂组成的大；

第二，砂越细 S 值越大；

第三，含砂层之后的低阻层视电阻率下降越快，S 值越大，见表 6-2。

（2）平顶式、斜顶式、逐降式、逐升式、平底式、斜底式曲线的下界面点，S 值一般为 0.9～1，界面点前后两层的电阻率相差越大，S 值越大。

（3）平顶式、平底式、斜底式曲线的上界面点，S 值一般为 0.9～1，但界面点前后两层的电阻率相差越大，S 值越小。

根据在开采深度以内的含淡水的最末一个含砂层所属的曲线类型，查出 S 值的最大值和最小值，分别乘以该含砂层下界面点的 $AB/2$，即可得到最大和最小适宜打井深度。也可以选择出一个较合理的 S 值，具体算出适宜打井深度。

由于电测对较薄的砂层不易反映出来，在砂层较薄而下部又没有咸水的地方，井深必须严格控制。如果在最大和最小宜井深度之间已无砂层，则坚决不再深打，以防止打穿隔水层。如果到最大宜井深度以下还有砂层，可能是淡水砂层在测深曲线上拖后，也可能是咸淡水砂层之间的黏性土隔层太薄未被发现，也不宜再打。在此种情况下，最好用电测井方法做进一步的判断。

表 6-2　S 与 ρ_s(末极距)及 C 的关系

矿化度 C(g/L)	$\rho_{s末}$(Ω·m)		
	$S=1$ 左右	$S=1\sim0.9$	$S=0.9\sim0.8$
0.6	≥42	42~32	<32
0.8	≥36	30~27	<27
1.0	≥30	30~23	<23
1.3	≥26	26~19	<19
1.6	≥22	22~17	<17
2.0	≥19	19~15	<15
2.5	≥17	17~13	<13
3.0	≥15	15~11	<11
4.0	≥12	12~9	<9
5.0	≥10	10~8	<8

电测找水要善于做调查研究,特别在不利的地电条件下更应该注重调查研究,摸清当地的地质特点和地质条件的变化规律,结合电法勘探做出切合实际的分析判断。

第三节　黄泛平原深层淡水电测曲线解释方法

黄泛平原地下水的水质较为复杂,在垂直方向上,浅部大都有一层厚薄不等的淡水,其下一般有一层厚度较大的咸水层,在咸水层的下面广泛分布着承压淡水。500 m 内水质在水平方向上的变化规律基本由西南向东北(黄河南是由南向北)浅层淡水逐渐变薄,咸水层相应加厚,深层淡水的埋藏深度逐渐增大。只有近海一带深层淡水渐灭,黄河新淤地带,500 m 或更深地层不见淡水。

一、电测深曲线的特征及解释方法

在平原地区电测深层淡水,一般用"切线法"解释深层淡水界面深度,多数误差可控制在10%的范围以内。根据现有的资料,用这种方法分析出的咸、淡水分界面以下的深层淡水,其矿化度一般不大于 2 g/L。

将井旁测深资料与钻孔实际资料对照分析看出,深层淡水上部覆盖的咸水层越厚,水质越咸,极小值(测深曲线最小电阻率)也越小。在鲁北平原,随着咸水层厚度由西南向东北逐渐增加,水质矿化度也由 2~4 g/L 增加到数十克每升,ρ_s 极小值也由大于 10 Ω·m 减小到小于 1 Ω·m。咸、淡水之间系第四系松散隔水岩层(黏土、亚黏土),其隔水性能较差。由于咸水的渗透扩散作用,水质从咸到淡有一个渐变的过渡段。随着咸水层的加厚,该段逐渐变长,成为界于咸、淡水之间独立的地层,测深曲线也相应的出现了代表这一地层的电性层。因此,在不同的测深曲线上咸、淡水界面的位置,随着 ρ_s 极小值变小,过渡段增长,而逐渐向曲线后段推移。运用这个规律,可根据 ρ_s 极小值和线型划分解释类别,并结合当地水文地质条件,初步判断咸、淡水界面在测深曲线上的位置,这是解释的第一步,称为“定性解释”。第二步是“切线法”作定量解释,在测深曲线上先作深层淡水段电性层的切线 P_1,再作其上部相邻电性层的切线 P_2(见图4-1),两切线的交点 O_1 称为界面点。O_1 点横坐标 $AB/2$ 值为深层咸、淡水界面的解释深度。O_1 点纵坐标视电阻率值为 ρ_0,切线 P_1 与横轴的夹角为 α,从 $\alpha \sim \mu$ 关系相关表查出 μ 值,$\mu\rho_0 = \rho$ 代表深层淡水电性层的解释电阻率。

根据现有资料统计,按 ρ_s 极小值的大小暂分为 >9 Ω · m、5 ~ 9 Ω · m、1 ~ 5 Ω · m 三级,分别叙述解释方法如下:

第一,ρ_s 极小值大于 9 Ω · m,这种测深曲线有的是全淡水(无明显的下降段),有的是深层淡水,上部有一层不很咸的水层(矿化度一般在 2 ~ 4 g/L)。由于深层淡水上部的咸水层与深层淡水水质相差不大,测深曲线在咸水层急剧下降后稍有变缓,即进入淡水层,由咸变淡的过程测深曲线线型表现有如下两种基本类型:

一是测深曲线在急剧下降后有两个以上极距的缓降段,再转入水平或微升。这种类型,咸、淡水界面在急降与缓降的转点稍前,定量解释时作急剧下降段和缓慢下降段的切线 P_1、P_2,两切线相交于 O 点,即为界面点,该点横坐标 $AB/2$ 值即为咸、淡水界面在转平(或上升)的起点附近,定量解释时作下降段和水平段(或上升段)的切线 P_1、P_2,两切线交点的横坐标 $AB/2$ 值,即为该点咸、淡界面的解释深度。二是测深曲线基本上按一个斜率下降,然后变平或上升,这种类型的咸、淡水界面在转平或上升的起点附近。

第二,ρ_s 极小值在 5 ~ 9 Ω · m,这种测深曲线表明,深层淡水上部均由咸水层覆盖。水质由咸变淡,曲线也由下降转为上升。因咸水层厚薄和隔水层性能的不同,变化的过程在测深曲线上有“突变”“渐变”两种基本形式。

突变:这类线型的地区,咸、淡水之间一般有一层较好的隔水层,水质过渡段较小(1 ~ 2 倍极距),测深曲线下降后随即上升,呈对称的尖底状。咸、淡水界面在尖底的中间,定量解释时作下降段和上升段的切线,两切线交点的横坐标 $AB/2$ 值,即为咸、淡水界面的解释深度。

渐变:测深曲线在急剧下降后,先趋于水平(或微升),然后上升成为一个电性层。水平段(或微升段)一般在两个极距以上。ρ_s 极小值越接近于 5 Ω · m,代表水质过渡的水平段(或微升段)越长。这种类型的咸、淡水界面在上升段的起点会稍前,定量解释时水平段(或微升段)和上升段的切线相交,两切线交点的横坐标 $AB/2$ 值,即为咸、淡水界面的解释深度。

第三,ρ_s 极小值为 1 ~ 5 Ω · m,这种情况表明,深层淡水上部覆盖的咸水层很咸。因第四系松散的黏土或亚黏土隔水性能较差,咸水在垂直方向上有一定的渗透扩散,咸、淡水之间的过渡段更长。反映在测深曲线上,相应的水平段(或微升段)普遍较长,其后部又多出现缓升段,然后急剧上升成为一个电性层。咸、淡水界面在缓升段的末端。根据缓升段的长短,可分为如下三种基本类型:

一是缓升段只有一个极距的曲线,咸、淡水界面在该段的中间,定量解释时作水平段

(或微升段)和急剧上升段的切线,两切线交点的横坐标 $AB/2$ 值,即为咸、淡水界面的解释深度。

二是缓升段有两个极距,然后急剧上升成为一个电性层,咸、淡水界面在缓升段的末尾。定量解释时作急剧上升段的切线和缓升段及前边水平段末尾一个极距点的平均切线。切线的交点即为分界面点。界面点的横坐标 $AB/2$ 值,即为咸、淡水界面的解释深度。

三是缓升段有两个以上极距,成为一个独立的电性层(有 3 个以上极距点,在一条直线上,即划为一个电性层),然后急剧上升,咸、淡水界面在缓升变急升的转点附近。这种形式 ρ_s 极小值多在 1 ~2 Ω · m。定量解释时作缓慢上升段和急剧上升段的切线。两切线的交点即为界面点,界面点的横坐标 $AB/2$ 值,即为咸、淡水界面的解释深度。

在山东小清河以南山前平原的末尾,如博兴、寿光、潍县北部和广饶县中部等地,咸、淡水之间有一层较好的隔水黏土,水质过渡段小,ρ_s 极小值虽在 1 ~5 Ω · m,但测深曲线多为对称尖底状的突变形式。咸、淡水的界面深度可按 ρ_s 极小值在 5 ~9 Ω · m 的突变类型进行解释。

在山东沿海地区,上层水质很咸,ρ_s 极小值小于 1 Ω · m,咸、淡水之间的过渡层更厚,曲线线型绝大部分与 ρ_s 极小值在 1 ~5 Ω · m 的情况类似,其定性、定量解释方法也基本相同。只是在无棣县和河北海兴沿海地区,测深曲线下降后很快急剧上升(上升角在30°左右),然后转为缓慢上升,咸、淡水界面在急升变缓升的转点附近。定量解释时作急升段和后边缓升段的切线。两切线交点即为界面点。界面点的横坐标 $AB/2$ 值,即为咸、淡水界面的解释深度。

在视电阻率曲线下降段与上升段之间,有时出现缓降到缓升的曲线段,一个极距呈现一个斜率,不能作相应的切线。为更适宜野外选井工作,及时判断界面深度,我们还对转点经验系数法解释咸、淡水界面作了对比统计。方法是将上述定性分析所判断的深层淡水电性层起点(转点)的横坐标 $AB/2$ 值,乘以经验系数 0.9 ~0.95,作为咸、淡水界面解释深度。方法直观简便,绝大部分误差在 10% 以内,少数达 10% ~15% ,个别误差较大。

以上解释方法,采用测量极距与供电极距保持一定比值,且同时外移的活动装置,其比值在聊城、德州两地区采用 1/8 或 1/5,滨州地区为 1/3。在极距不同的情况下,上述解释成果可能稍有变化。

二、深层淡水水质的预测方法

根据深层淡水段的解释电阻率 ρ_0 值,可采用经验法粗略地对水质的矿化度进行预测,经验公式为

$$C = \frac{A}{\rho_0 \mu^{0.25}} \quad (A \text{ 为常数}) \tag{6-1}$$

根据 ρ_0 值的大小,可分为 4 种情况进行选用:

$$C = \frac{1.5 \sim 2}{\rho_0 \mu^{0.25}} \quad (\rho_0 = 1 \sim 2\ \Omega \cdot m) \tag{6-2}$$

$$C = \frac{3.0 \sim 4.5}{\rho_0 \mu^{0.25}} \quad (\rho_0 = 2 \sim 4\ \Omega \cdot m) \tag{6-3}$$

$$C = \frac{7.0 \sim 9.0}{\rho_0 \mu^{0.25}} \quad (\rho_0 = 4 \sim 6\ \Omega \cdot \mathrm{m}) \tag{6-4}$$

$$C = \frac{11.0 \sim 14.0}{\rho_0 \mu^{0.25}} \quad (\rho_0 > 6\ \Omega \cdot \mathrm{m}) \tag{6-5}$$

预测水质时,先用拐点切线法在实测曲线上解释出ρ_0和μ值,然后将ρ_0代入相应的经验公式计算。山前平原的末尾深层淡水水质好、上层无很咸的水,ρ_0值大于6 Ω·m的应降一级,用ρ_0=4~6 Ω·m的经验公式计算较接近。近海少数地区(如无棣县)深层淡水水质较坏,上层水质太咸,ρ_0值在2~4 Ω·m的范围内,应升一级用ρ_0=4~6 Ω·m的经验公式计算。

第七章　激发极化法基岩找水技术

激发极化法简称为激电法，它是通过观测、研究地质体的激发极化特性及其在外电流场作用下产生的二次电场的变化规律，达到找水、找矿和研究有关地质问题的目的。激电法最早用于找矿，在寻找金属矿床的效能方面具有一些独特的优点，目前已成为我国金属矿床勘探中的一种重要方法。应用激电法进行找水的研究，国外从20世纪50年代就已经开始，但大都处于室内研究阶段，并未大量推广应用。在国内，陕西省第一物探队从1969年开始试验，提出了应用激发极化衰减时法寻找地下水源的方法。山西省于70年代初期亦开展了此方法的研究，并研制开发了激电法找水的专门仪器。在70年代后期，山东省水利科学研究院在山东省内率先开展了激电法找水应用的研究，针对山东找水的特点，研制了SDJ型激电法找水专门仪器，进行了大量的试验研究和应用推广工作。

第一节　激电法测试参数的选择

激发极化效应的特征，目前都从两个方面研究，一是二次场的强度，二是二次场的衰减特征，即衰减速度。场强一般均以极化率这个参数表示，即

$$\eta = \Delta V_2/\Delta V_1 \tag{7-1}$$

式中：η 为极化率，以百分数表示；ΔV_1 为供电时一次场电位差；ΔV_2 为停止供电时二次场电位差。

测量二次场衰减特征的参数，目前尚不统一。国外常用的参数有充电率、衰减速度和衰减常数、半衰时、激发比等，极化率 η 是苏联地区和我国在寻找金属矿床时所常用的激电参数。所谓充电率，是指某一时间域内二次场电位差衰减曲线下面的面积与一次场电位差之比，用 M 表示，其单位是ms。充电率是西欧和北美常用的参数。

关于二次场的衰减速度，国外常用某两个时刻二次场电位差之比。但在具体时间的选择上尚不一致，如下面所列举若干例子。

Й·Й·洛克伊田斯基：　$\Delta V_2(0.25'')/\Delta V_2(2'')$　(7-2)

V·瓦格尔：　$\Delta V_2(5'')/\Delta V_2(20'')$　(7-3)

з·H·库兹明娜：　$\Delta V_2(1'')/\Delta V_2(5'')$　(7-4)

J·R·维特：　$[\Delta V_2(0.1'') - \Delta V_2(1'')]/\Delta V_2(0.3'')$　(7-5)

F·舒米基于区分矿物种类，提出了衰减常数 D 这一参数，国内目前在表示二次场衰减速度的参数也不统一。陕西省地质局第一物探队选用的参数为半衰时 $S_{0.5}$，它是 ΔV_2 从断电后0.25 s时的数值衰减到此值时的一半所用的时间，单位是秒。

山西省水利系统选用的参数为极化率 η、衰减度 D 和激发比 J：

$$D = \Delta V_2'/\Delta V_2 \tag{7-6}$$

$$J = \Delta V_2'/\Delta V_1 = \eta D \tag{7-7}$$

式中,$\Delta V_2'$停止供电后0.25 s时的二次场电位差。ΔV_2为停止供电后0.25 ~5.25 s 5 s内二次场电位差的平均值,衰减度D和激发比J均以百分数表示。

以上所罗列的激电参数的选取,各研究者之间有所不同,这一方面是因为研究对象的不同而有所偏重;另一方面也受测试仪器性能的一定限制,习惯使然。但其实质与目的都是一样的,即利用地质体的激电特性,达到找水、找矿的目的。

山东省水利科学研究院选用的参数,主要为充电率M、半衰时$S_{0.5}$、衰减度D、极化率η,可根据不同情况选用,即

$$M = \Delta V_{2-1}/\Delta V_1 \tag{7-8}$$

$$\eta = \Delta V_2/\Delta V_1 \tag{7-9}$$

$$D_1 = \Delta V_{2-2}/\Delta V_{2-1} \tag{7-10}$$

或

$$D_2 = \Delta V_{2-3}/\Delta V_{2-1} \tag{7-11}$$

$$D_3 = \Delta V_{2-4}/\Delta V_{2-1} \tag{7-12}$$

半衰时$S_{0.5}$是利用仪器所给出的四块积分面积的平均值所描绘的衰减曲线,由曲线中量取的,也可通过电算程序进行计算。ΔV_{2-1}、ΔV_{2-2}、ΔV_{2-3}、ΔV_{2-4}分别为停止供电后0.1 ~0.6 s、0.6 ~1.6 s、1.6 ~2.6 s、2.6 ~3.6 s的4个时段积分面积的平均值。

就山东的地层情况来讲,我们认为半衰时$S_{0.5}$和衰减度D对含水层反映较为明显,是激电法找水中比较好的参数。极化率η是检查异常排除矿体干扰的应用值。

第二节　激电法的野外工作方法

一、激电法的一般野外工作方法

激电法的供电极距$AB/2$选择、测线布置以及跑线方法等基本与电测深方法类似,可参照电测深法进行。

由于激电法的测量信号较弱,对测量电极的要求更高,须采用专门的不极化电极;因为测量机制的不同,$MN/2$极距的选择一般比电测深法选取得更大一些。

二、测量电极的选择

由于二次电位差ΔV_2的数值一般仅几毫伏,要准确地测量它的大小和随时间衰减的规律,除要有精度较高的仪器外,还要求测量电极极化电位差小而稳定,所以测量电极的极化电位必须使用不极化电极,其极差应小于或等于±2 mV。目前常用的是瓷瓶不极化电极,其结构如图7-1所示。瓷瓶的上部内外都是上釉部分,其下部是没上釉的素瓷,具有适当的孔隙度和渗透率,允许导电离子通过。瓶内装满饱和的硫酸铜溶液,并插入紫铜棒。这样,在测量时紫铜棒就可以通过硫酸铜溶液与土壤接触,从而保证了极差小而稳定。

三、测量极距MN的选取

与电阻率法不同的是,激电法测试中测量极距MN的距离一般选取的比较大。这一

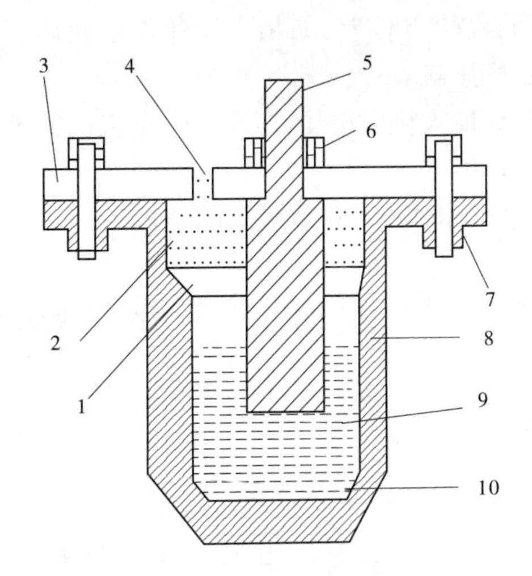

1—胶木隔板;2—蜡;3—胶木盖板;4—注蜡孔;5—紫铜棒;6—铜螺母;
7—瓷釉;8—素烧瓷缸;9—硫酸铜溶液;10—未溶解的硫酸铜

图 7-1　不极化电极结构示意图

方面是为了取得较强的信号强度;另一方面根据有关研究成果,激电法二次电场的等位线向外的发散程度较大,如图 7-2 所示,即使 *MN* 值较大,也同样能够较准确地反映出二次场的情况。根据实际情况,*MN/AB* 的比值,可在 1/5 ~ 1/3 ~ 2/3 区间选取。

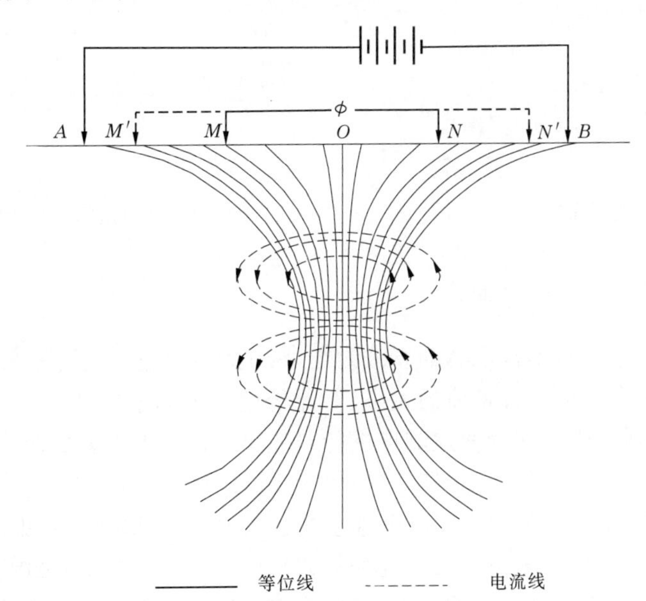

图 7-2　二次场电流线与等位线形态示意图

四、提高信号干扰比的措施

在激电法的测量中,尽量降低极化电位的干扰,是一项十分重要的工作。提高信号干扰比的措施,主要可从如下三个方面入手。

一是要降低测量电极的极化电位差，如精心制作不极化电极，采用专门的不极化电极，并保证电极与土壤的良好接触。

二是要加大供电电流，如加大供电电压，减小供电电极的接地电阻和加粗供电导线等措施，来加强、提高测量信号。

三是要合理减小装置系数，*MN*/*AB* 选取较大的值等。

第三节 激电法的资料整理和解释

一、成果图件的绘制

在一个测深点上，对应每一个极距有一个 $S_{0.5}$ 或 D 值，以 $S_{0.5}$ 或 D 值为纵坐标，以 $AB/2$ 为横坐标，在单对数纸上作 $S_{0.5}$ 或 D 与 $AB/2$ 相对应的关系曲线，即为半衰时 $S_{0.5}$ 或衰减度 D 的测深曲线图，如图 7-3 所示，它是激电法测量的一种主要图件。

如果以横坐标为测点，纵坐标为 $AB/2$，把一条测线上的每个测点的各个极距的 $S_{0.5}$ 或 D 值画出，则就得到了半衰时 $S_{0.5}$ 或衰减度 D 的等值断面图，如图 7-4 所示。

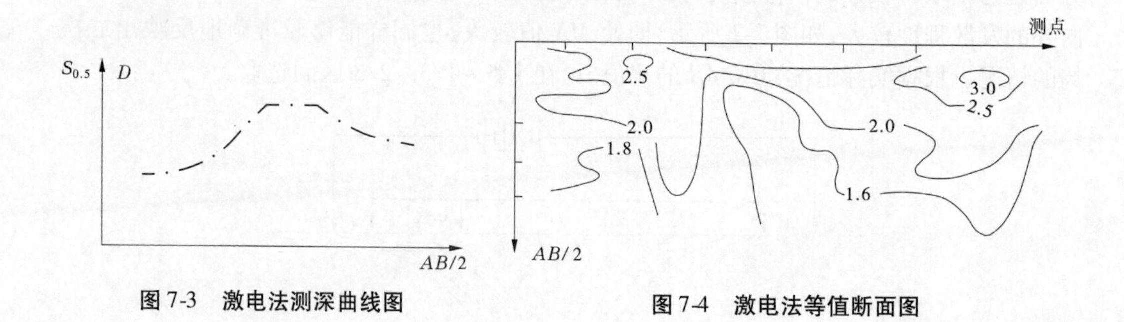

图 7-3 激电法测深曲线图

图 7-4 激电法等值断面图

二、含水异常背景值的确定

背景值是指地下岩石不含水时的衰减参数值，也就是将覆盖层、隔水层、弱含水层综合在一起所测得的参数值。背景值的大小，对评价地下水的富集情况非常重要。在对比分析时，特别是地质条件不同的两地测点进行对比分析时，应将参数值减去背景值，即为含水异常值。

一般来讲，基岩的背景值要大于松散地层的背景值。在基岩当中，火成岩的背景值比沉积岩大些；粗颗粒岩层背景值要大于细颗粒岩层的背景值。岩石中电子导体含量的增多将导致背景值的抬高。在一个测区中，背景值应是相对稳定的，但由于地质条件的复杂多变，应考虑背景值的不均匀性。目前对背景值的确定主要有如下三种方法：

(1)在已知干孔上做井旁激电测深，从绘制出的 $S_{0.5}$ 或 D 的曲线上求出其大致的平均数，就是该地区的 $S_{0.5}$ 或 D 的背景值。

(2)在未知孔的地区，可利用无水段所测得的参数近似地当作背景值。

(3)将激电测深曲线数值较小的相对平直段作为参数平均值，这也是野外工作常用的方法之一。

三、含水异常的确定

一般地说,超出背景值的部分都可称为异常。但当异常幅度较低时,则不能称为富水异常。山东省水利科学研究院这些年来通过100多个井旁测深和打井验证资料,分析了异常极大值与正常场值的比值 η 的大小和富水状况的关系,按单井出水量大于30~50 m^3/h,统计了多种地层 η 值的范围,如表7-1所示,可作为山区找水定井的技术参考指标。

表7-1　激电参数 η 值参考指标

岩层性质	深度不同的 η		备注
	<100 m	100~150 m	
变质岩地层	≥1.5	≥1.8	
碎屑岩地层	≥1.7	≥2.0	
石灰岩地层 (包括大理岩)	≥2.0 ≥1.5	≥2.3 ≥2.0	高值异常 低值异常

四、含水段埋藏深度的确定

在激电法测深曲线中,以基岩裂隙为主的含水段在半衰时曲线上的起止 $AB/2$ 值,基本上与异常的起始点、极值点对应。根据此种曲线反映,可试用半幅值法解释含水段的厚度和位置,曲线异常起始点、极值点对应的 $AB/2$,即为含水层顶、底板的埋深,但必须依电测深曲线类型作适当修正。

第四节　影响激电法找水效果的因素分析

激电法作为综合物探法的一种手段,在山区找水中发挥了一定作用,但由于该方法本身所接收的二次场强较弱,一般仅数毫伏量级,有时甚至于低于1 mV,易受各种地电的干扰,是该方法的一个很大的弱点。影响该方法找水效果的因素主要包括以下几个方面。

一、大地电流的干扰

在地球内不断流通着微弱而变化的电流,它们的流向也可以变化,但一般平行于地面,浅部有高频成分,随深度而衰减。不规则的大地电流常常是外空因素导致地磁场微小变化感应而引起的。北半球大地电流场在冬季及夜间比较平静微弱,夏季和正午时较强烈。此外,还有人为的电流干扰,如在城市和工矿区附近,用电设备较多,常出现较强的低频游散电流场。这些都将对激电法的观测造成不同程度的干扰。

二、极化电位的干扰

极化电位虽采用了不极化式电极,但仍存在着一定的极化电位。尤其是当极化电极制作不良时,更会产生较大的极化电位。此外,当接地条件较差时,如表层土壤较干燥或为粗沙砾石时,就会产生较大的极化电位差,对测量产生严重干扰。

三、矿体的干扰

低阻矿体一般存在较强的激发极化效应,要在资料解释中正确地加以区分。从各地的资料看,离子导体极化率 η 值较低,一般不大于5%。当 η 值超过5%时,就应结合地质分析的方法,判断有无矿体的存在。

四、覆盖层的影响

在第四系覆盖层较厚的地区,如大于20~30 m,受低阻土层的强烈吸收和衰减,造成二次场信号的严重降低,使该方法在这类地区极不易实施。

五、仪器性能的影响

目前,此类测量仪器较多,直接影响找水效果。性能精度不同,稳定性和重复性也不同,以及测量精度的差异等因素。

第五节　激电法找水效果及应用实例

激电法在找水工作中,既可以单独实施,也可以配合其他物探方法综合使用。如与联合剖面法相结合,以联合剖面曲线图圈定出构造的范围和走向,再施以激电测深确定井位,两种方法相互验证,综合分析,取长补短,从而获得较好的找水效果。在实际工作中,应视具体情况灵活掌握。

下面分不同地层与岩性,把激电法找水的探测效果及应用实例分析如下。

一、石灰岩地层

石灰岩地区岩溶裂隙发育,含水条件较好。但在补给区却山高水深,历来是群众吃水最困难的地区;而在径流排泄区又是工农业供水的主要含水层,所以石灰岩一般是找水工作的重点。

图7-5是山东临沂城关附近两个钻孔的孔旁测深对比曲线。该处地势平坦,土层厚3~8 m,下伏中奥陶灰岩,裂隙发育,地下水埋深仅3 m,成井条件较好。该处化肥厂3号井117 m终孔,单井出水量大于100 m^3/h;而由于裂隙发育不均,相隔不远的七里沟村却打了一个深150 m、单井出水量为5 m^3/h 的废孔。从试验结果分析,两孔的电阻率曲线均基本呈45°上升,显示不出任何差别,而激电法的 $S_{0.5}$ 和 D 曲线的异常反映却十分明显。富水孔的二次场参数 $S_{0.5}$ 和 D 从40 m开始上升,90 m时出现极大值,分别为正常值的3.1倍和1.4倍,而废孔曲线平直无明显异常。可以看出,激电参数 $S_{0.5}$ 和 D 对石灰岩地区的基岩裂隙水呈现较好的探测效果。

二、碎屑岩地层

这种地层在山东省分布较广泛,岩性主要有砾岩、砂岩、粉土岩、页岩等,且多为砂、页

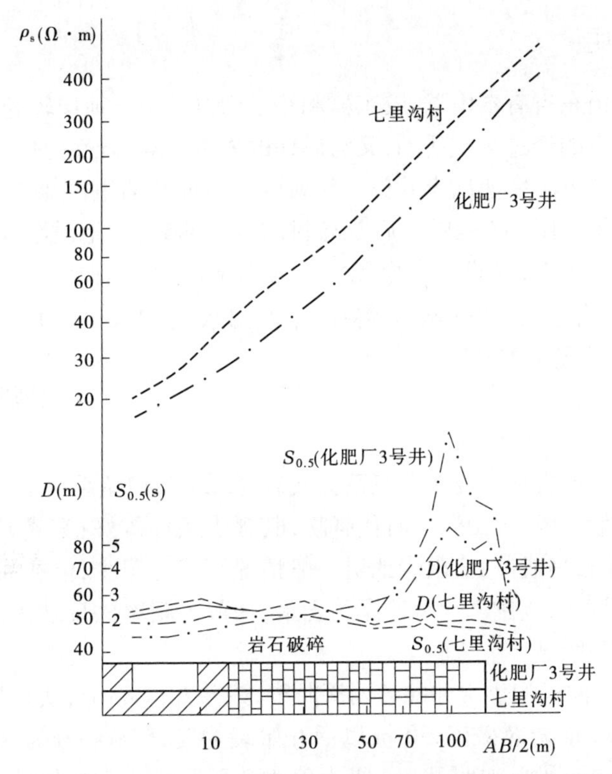

图 7-5　山东临沂城关附近两个钻孔的孔旁测深对比曲线

岩互层,富水条件极不均匀。由于此种地层岩性变化大、电性不均,储水构造与围岩电性差异不大,电阻率法找水极为困难。如图 7-6 所示为在白垩系王氏组砂岩上进行的两个孔旁测深对比曲线,有水、无水电阻率测深曲线差别不明显,但半衰时异常十分显著。干孔 $S_{0.5}$最大值在 1.4 s 左右;成井 80 m^3/h,含水部位 $S_{0.5}$都在 2 s 以上,极大值为 3.3 s,为干孔的 2.36 倍。

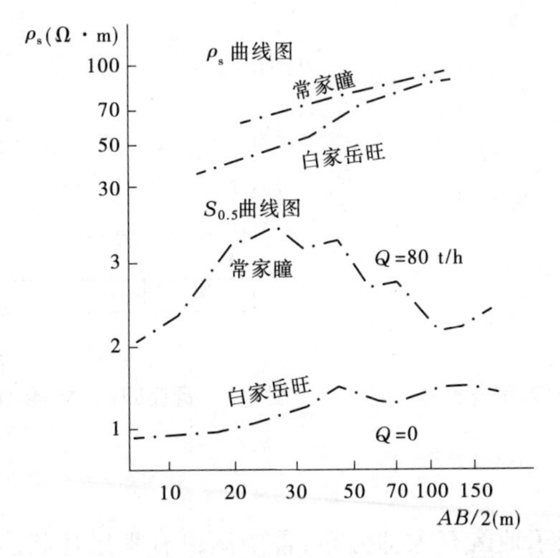

图 7-6　白垩系王氏组砂岩上两个孔旁测深对比曲线

三、变质岩地层

变质岩地层在山东省有泰山群、胶东群和粉子山群。由于地层较老,受地壳运动的影响,构造多而复杂,有的经过多次活动,又为后期的岩浆充填,岩性变化较大,含水条件差,利用水文地质分析与电阻率法确定井位一般较困难。而与激电法测试相结合,则可收到良好的找水定井效果。图 7-7 是威海后双岛村的定井曲线,在地质踏勘和进行电阻率测深后已基本清楚的基础上,又进行激电测深。根据半衰时 $S_{0.5}$ 曲线分析,预计 25 ~ 40 m 和 50 m 左右有两个含水层,实打 80 m 终孔,单井出水量 72 m^3/h,主要含水层在 28 ~ 31 m,分析结果与施工情况基本相符。

四、火山岩地层

山东的火山岩地层岩性主要有第三系玄武岩、凝灰岩,白垩系的玄武岩夹层以及青山组的安山岩等。一般来说,火山岩的时代越晚,其含水条件越好;玄武岩地层由于含有较多的气孔结构,从而较易成井;安山岩地层一般情况下成井很少,但在断层构造条件好的情况下,也有许多成功的范例。这类地层的含水,一般电阻率法反映不是很好,而在激电法测深曲线上却较为明显。

图 7-8 为青岛四曲村的供水井井旁测深曲线,该井井深 85 m,实打地层为安山岩,埋深 21 ~ 32 m、46 ~ 52 m 岩芯破碎,70 m 以后开始裂隙发育,从钻孔岩芯分析有一张性构造。在激电曲线上这一段反映明显,$S_{0.5}$ 极大值为 3.1 s,是正常场值的 2 倍以上;而电阻率测深曲线却无明显异常。该井试抽涌水量为 70 m^3/h,主要含水层在 70 m 以下,与曲线反映一致。

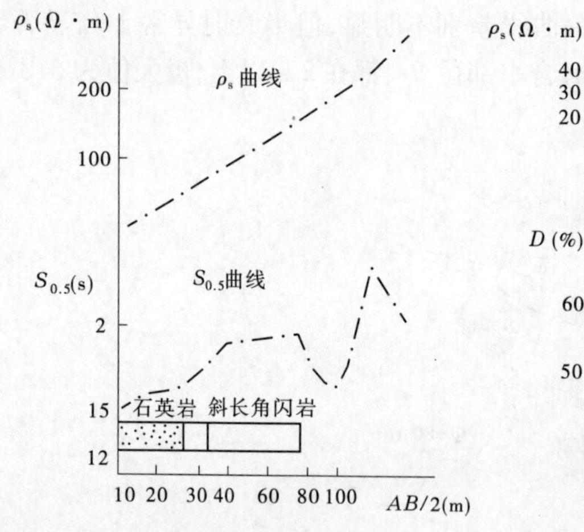

图 7-7　威海后双岛村的定井曲线

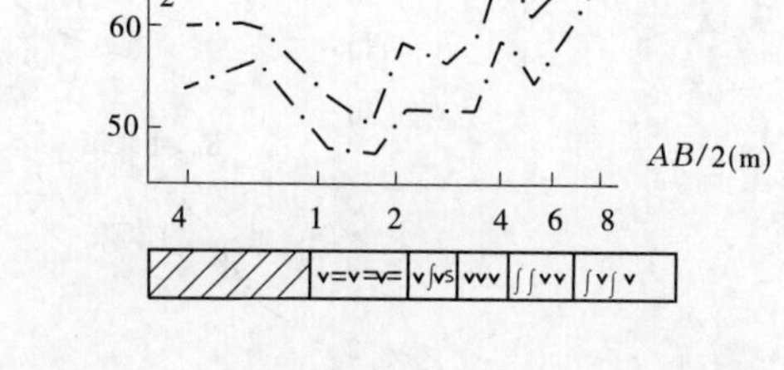

图 7-8　青岛四曲村的供水井井旁测深曲线

五、侵入岩地层

侵入岩这类地层在胶东地区有大片分布,鲁中南也有零星片状出露,地下水多赋存于风化裂隙和构造裂隙中,富水性差,成井困难,图 7-9 为山东威海轮胎厂的实际激电测深定井曲线，地层岩性为花岗岩。当时主要依据半衰时 $S_{0.5}$ 从 15～60 m 这一段呈现高值富水异常的反映而确定的井位。实打结果 11～64 m 区间玲珑期花岗岩破碎含水，打到井深 90 m 终孔，单井涌水量 25 m^3/h。

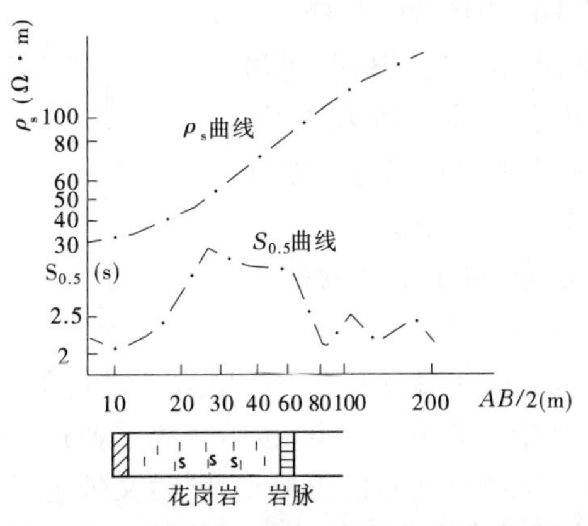

图 7-9　山东威海轮胎厂的实际激电测深定井曲线

第六节　激电法基岩找水机制的探讨

激发极化现象在地质体中是一种客观存在。当把四个电极 A、M、N、B 插入地下，进行通断一次的电流强度 I 和电位差 ΔV 的记录，如图 7-10 所示，在突然通电和突然断电时，电位差 ΔV 都不会立刻达到稳定值或零值，而是随时间变化趋于渐近值 $\Delta V\infty$ 和零值。这种瞬态现象可延续几秒或几分钟。

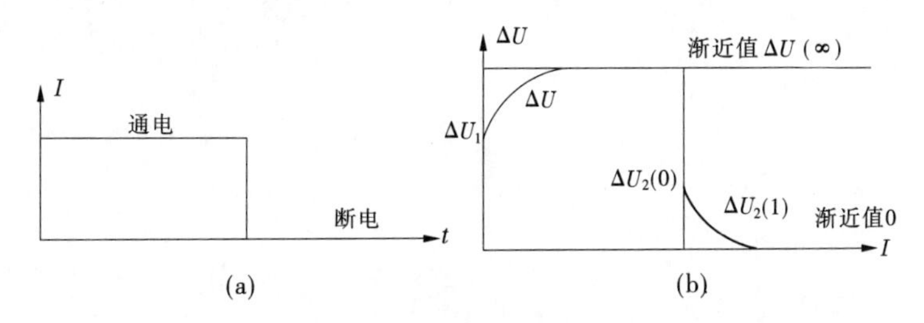

图 7-10　激发极化现象示意图

地质体的激发极化效应一般可分为两大类。一类是金属矿物引起的电子导体激发极化效应，对其激电效应的机制问题的看法比较一致，认为是电子导体同围岩中的水溶液界面上产生的电极极化和氧化还原作用引起的，这种极化电位跳跃又称作超电压。另一类是离子导体的激发极化效应，对大多数沉积岩以及其他不含金属矿物的岩石来说，都属于此类。激电找水也在此类之中。关于离子导体激发极化效应的解释，比电子导体要复杂得多，假说也很多，有偶电层变形假说、黏土的薄膜极化假说等，目前还没有一个统一的认识。以下仅就激电法找水的机制问题，谈一下粗浅的看法和认识。

(1)分析激电法的找水机制，应以宏观、定性解释为主，不宜把问题看得过于复杂。

因为虽然地质体是复杂多变的，但一般的造岩矿物都是不导电的，大部分通过非矿化岩石的电流是由裂隙中的溶液来传导。因而,地质体产生激发极化现象,必须具备两个条件,一个是岩石必须存在裂隙;二是裂隙中还须存在水溶液,只有这两个条件都具备了,才有可能观测到较明显的激电效应。而这两个条件,亦正是基岩裂隙水的赋存条件,从这个意义上讲,激电法具备基本的山区找水前提。

(2)从找水工作来看,激电效应的机制问题以建立电学模型而不是电化学模型较为适当,如图7-11所示。因为从所观测到的激电现象分析,基本上是一个电容器的充放电过程。任何物体都具有一定的电容效应,对于复杂的地质体来讲,具备一定的电容效应更不例外。

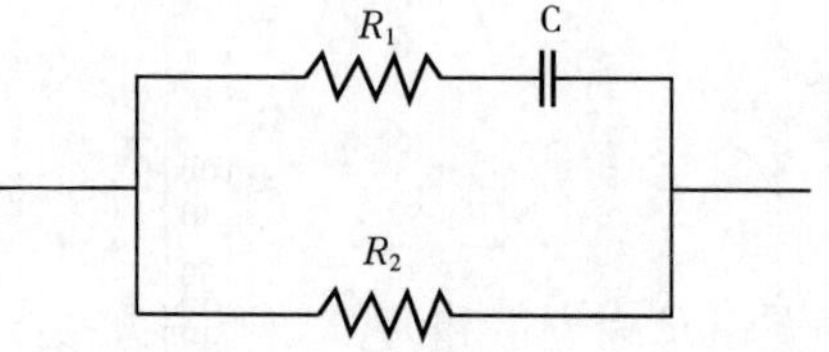

图7-11　激电效应电学模型

(3)形成这种效应的原因,可用与电学中的电容器进行类比的方法加以解释。岩石颗粒一般可视为绝缘体,其中没有电子导电,也阻止离子通过。所以,在岩体表面迎着电流方向的一面,外电场一方面推来大量的正离子,同时又带走了大量的负离子,因此就形成了正离子的堆积。而在背着电流方向的一面,情形与此相反,外电场一方面带走了大量的正离子,同时又推来大量的负离子,于是就形成了负离子的堆积。这样,就好像电容器的充电一样,岩体就像是电容器的绝缘体介质,岩体两边的溶液就像电容器的两片极板,充上了相反符号的电荷,当外电场消失后,被极化了的岩体就通过周围介质放电,从而观测到放电过程中的二次场电位场,也就是激电效应。

从以上的表述、分析中可以看到,激电效应存在与基岩裂隙水具有较密切的关系。激电效应显著的地方,则可能预示着地层具有一定的富水程度。但由于地质体的充分复杂性以及产生激电效应的机制来分析,还不应把激电参数与出水量直接联系起来。

第八章　瞬变电磁法基岩找水技术

瞬变电磁法简称 TEM 或 TDEM，又叫时间域电磁法，它是近年来国内外发展得较快、地质效果较好的一种电探方法，主要应用于金属矿勘查、构造填图、油气田、煤田、地下水、地热以及冻土带和海洋地质等方面的研究。

我国于 20 世纪 70 年代初开始研究瞬变电磁法，投入研究的单位主要有中南工业大学、长春地质学院、原地矿部物化探研究所等。近几年国产仪器在研制方面取得了很大进展，但相较国外一些厂家的仪器系统，在技术和工艺上仍存在很大差距。山东省水利科学研究院于 1993 年引进 SD－1 型瞬变电磁仪，在基岩地区进行了找水技术研究，取得了较好的地质效果。

第一节　瞬变电磁法的理论基础

一、基本原理

瞬变电磁法属时间域电磁感应方法，其数学物理基础是导电介质在阶跃变化的激励磁场激发下引起涡流场的问题。其测量的基本原理是，利用不接地回线或接地线源向地下发送一次脉冲磁场，即在发射回线上供一个电流脉冲波形，脉冲后沿下降的瞬间，将产生向地下传播的瞬变一次磁场，在该一次磁场的激励下，地下导电体中将产生涡流，在一次场消失后，这种涡流不会立即消失，它将有一个过渡过程，随之将产生一个变化的感应电磁场（二次场）向地表传播，在地表用线圈或接地电极所观测的二次场随时间变化及剖面曲线特征，将反映地下导电体的电性分布情况，如图 8-1 所示，从而判断地下不均匀体的赋存位置、形态和电性特征。

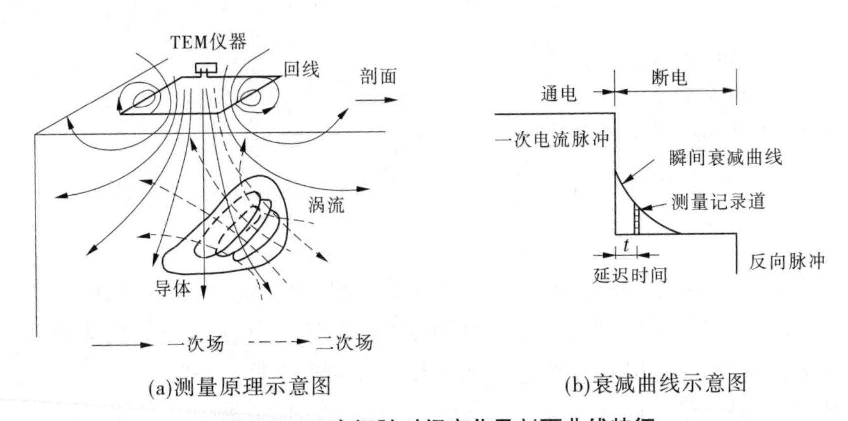

(a)测量原理示意图　(b)衰减曲线示意图

图 8-1　二次场随时间变化及剖面曲线特征

瞬变电磁法与频率域电磁法（FDEM）同属研究二次涡场的方法，并且两者通过变换相互关联。在某些条件下,一种方法的数据可以转成为另一种方法的数据,但是就一次场对观测结果的影响而言,两种方法并不具备相同的效能,TEM 法是在没有一次场背景的条件下观测研究纯二次场的异常,大大简化了对地质体所产生异常场的研究,提供了该方法对目标层的探测能力。此外,TEM 法一次供电测量各电磁场分量随时间的变化,相当于频率域测深各频点测点的结果,使工作效率大大提高。

二、激发场源

在瞬变电磁法中,激发场源常用的波形有矩形、梯形、半正弦形、三角形等。实际应用中,为了有效地抑制观测系统中的直流偏移和超低频噪声的干扰,往往采用周期性重复的双极性脉冲序列。图 8-2 为几种常用的激励场波形,其 Fourier 级数表达式分别有以下几种形式:

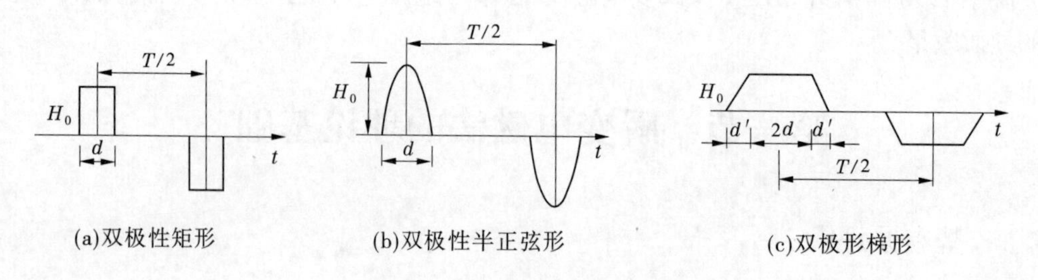

(a)双极性矩形 (b)双极性半正弦形 (c)双极形梯形

图 8-2 几种常用的激励场波形

(1)双极性矩形脉冲(见图 8-2(a)):

$$H_1(t) = 4H_0 \sum_{n=1,3,\cdots}^{\infty} \frac{\sin(n\pi\delta/2)}{n\pi} \cos n\omega_0 t \tag{8-1}$$

式中:H_0为脉冲磁场的幅值;$\delta = 2d/T$,T 为脉冲系列的重复周期,d 为单个脉冲的持续时间;$\omega_0 = 2\pi/T$。

(2)双极性半正弦形脉冲(见图 8-2(b)):

$$H_1(t) = 4H_0 \sum_{n=1,3,\cdots}^{\infty} F_n \cos n\omega_0 t \tag{8-2}$$

式中:$F_n = \dfrac{8\delta\cos\pi\delta}{\pi(1-4n^2\delta^2)}$,$\delta = d/T$。

(3)双极性梯形脉冲(见图 8-2(c)):

$$H_1(t) = \frac{2d-d'}{T} H_0 \sum_{n=1,3,\cdots}^{\infty} [\sin(n\omega_0 d'/2)\sin n\omega_0(d-d'/2) \cdot \cos n\omega_0 t/(n\omega_0 d'/2) n\omega_0(d-d'/2)] \tag{8-3}$$

由此可见,不同波形、不同脉冲持续时间及前后沿,其频谱并不完全相同。令脉冲系列的 $T\to\infty$,并且忽略单个脉冲前后沿的相互影响,上述三种波形便简化为单个阶跃波、半正弦波及斜阶跃波。其复频谱表达式分别为

阶跃波:$H_1(\omega) = H_0/ j\omega$

半正弦波:$H_1(\omega) = 2H_0 \dfrac{\pi}{d} \dfrac{\cos\omega d/2}{(\pi d)^2 - \omega^2}$

斜阶跃波：$H_1(\omega)=\frac{H_0}{d'\omega^2}(\cos\upsilon d'-1-\mathrm{j}\sin\omega d')$

图 8-3 为阶跃波，$d=2$ ms 的半正弦波和后沿 $d'=10$ ms 的斜阶跃波的频谱对比情况。

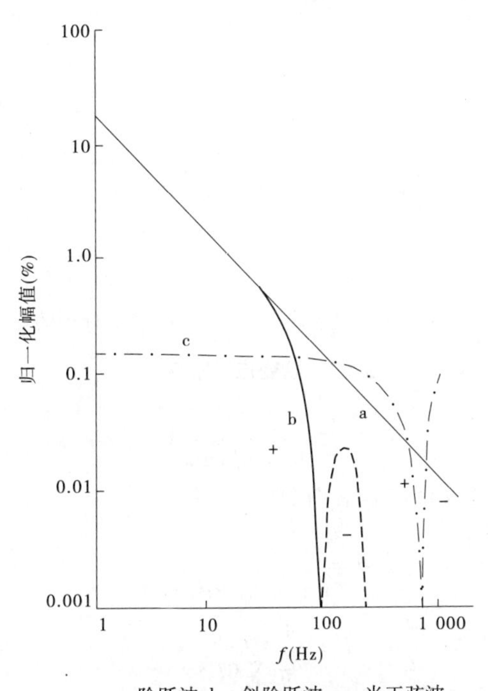

a—阶跃波；b—斜阶跃波；c—半正弦波

图 8-3 几种简化波形的频谱对比情况

三、均匀半空间的瞬变电磁响应

（一）晚期瞬变电磁场的等效计算

在电导率为 σ 和磁导率为 μ_0 的均匀大地上，敷设输入阶跃电流的发送回线，该回线中电流所产生磁场的磁力线，如图 8-4 所示。当发送回线中电流突然断开时，在下半空间中就要被激励起感应涡流场以维持在断开电源以前存在的磁场，此瞬间的电流集中于发送回线附近的地表，并按负指数规律衰减。随后，面电流开始扩散到下半空间，在切断电流后的任一晚期时间里，感立涡流呈多个层壳的“环带”形，并且随着时间的延长，涡流场将向下及向外扩展。根据计算结果，涡流场极大值将沿从发送回线中心起与地面成 30°倾角的锥形斜面向下及向外传播，极大值点在地面投影点的半径为

$$R_{\max}\approx\sqrt{\frac{2.5t}{\sigma\mu_0}} \tag{8-4}$$

用一个简单的电流环相等效，图 8-4(b)表示了发送电流切断以后三个时刻的地下等效电流环分布略图，它的等效电流为

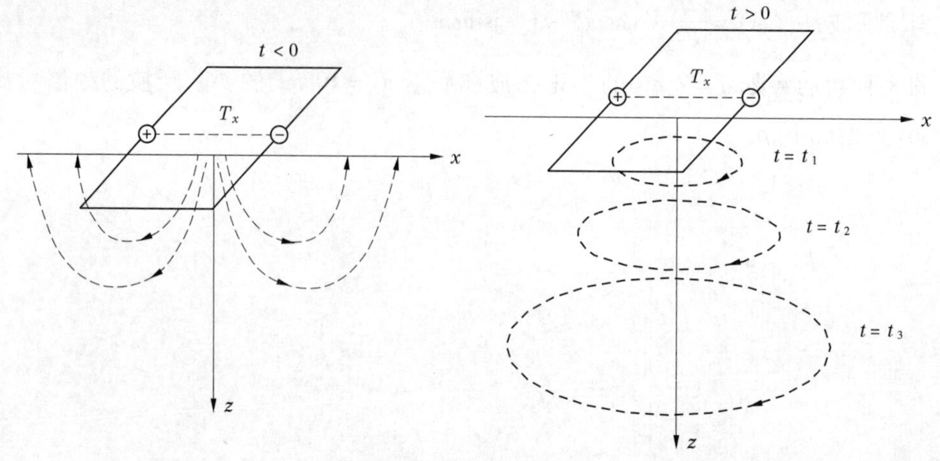

(a)矩形回线中输入阶跃电流产生的磁力线　　(b)半空间中的等效电流环

图 8-4　瞬变电磁响应

$$i = \frac{1}{4}\pi c_2\left(\sqrt{\frac{t}{\sigma\mu_0}}\right)^2 \tag{8-5}$$

它的半径 a 及所在深度 d 的表达式分别为

$$a = \sqrt{8c_2}\sqrt{\frac{t}{\sigma\mu_0}} \tag{8-6}$$

$$d = \frac{4}{\sqrt{\pi}}\sqrt{\frac{t}{\sigma\mu_0}} \tag{8-7}$$

式中：$c_2 = \frac{8}{\pi} - 2 = 0.546\ 479$。

由于 $\tan\theta = d/a = 1.07$，$\theta = 47°$。因此，等效电流环将沿 47°的倾斜锥面扩展，其向下传播的速度为

$$v_z = \frac{\partial d}{\partial t} = \frac{2}{\sqrt{\pi\sigma\mu_0 t}} \tag{8-8}$$

计算均匀半空间的瞬变电磁响应时，可把等效电流环看成一系列的二次发送线圈，由于它在某时刻的半径、深度及电流可根据式(8-5)、式(8-6)计算出，所以可很容易计算出在某时刻沿地面测线的响应值，以及在某个测点响应值随时间变化的规律。

(二)晚期视电阻率定义式

在晚期条件(指 $\tau/r \to \infty$ 的情况，其中 $\tau = \sqrt{2\pi pt \times 10^7}$)下，瞬变电磁法中视电阻率的计算公式为

$$\rho_{\tau晚} = \frac{\mu_0}{4\pi t}\left(\frac{2\mu_0 Mq}{5tv_z}\right)^{\frac{2}{3}} \tag{8-9}$$

式中：$\mu_0 = 4\pi \times 10^{-7}$ h/m，为空气的磁导率；M 为发送回线的磁矩，$M = IS_T$，S_T为发送回线的面积；q 为接收线圈的有效面积，$q = S_R N$，S_R为接收线圈的面积，N 为匝数。在使用重叠回线情况下，$M = L^2 I$，$q = L^2$，式(8-9)可变为

$$\rho_{\tau} = 6.32 \times 10^{-3} \times L^{8/3}[V(t)/I]^{-2/3}t^{-5/3} \tag{8-10}$$

式中：L 为回线边长，m；t 为测道的时间，ms；$V(t)/I$ 为仪器观测值，μV/A。

中心回线装置在均匀大地上的 $\rho_{\tau}/\rho \sim \tau/L$ 曲线如图 8-5 所示，由图可见，只有当 $\tau/L>16$的情况下，ρ_{τ}才趋近于 ρ。

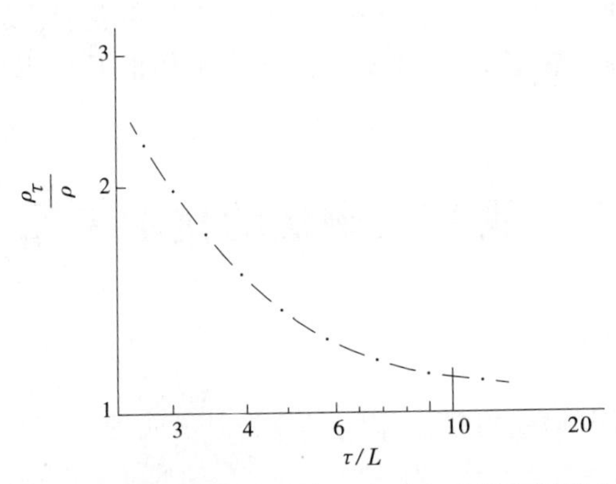

图 8-5　中心回线装置在均匀大地上的视电阻率曲线

四、局部导电体的瞬变电磁响应

层状导体中的感应涡流进入晚期之后涡流分布状况已处于稳定，并且按指数规律衰减。该结论也适用于其他形状的有限导电体，因此可用一个包含有等效电阻 R 和等效电感 L 的单匝电流环来等效这种晚期涡流，如图 8-6 所示，两者的外场具有相近似的规律。

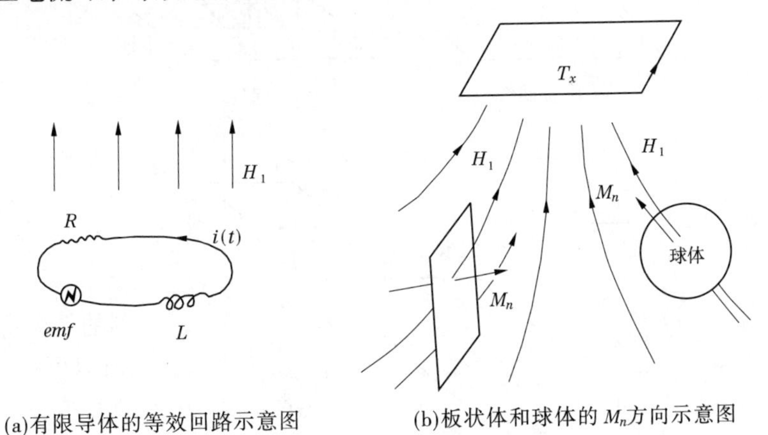

(a)有限导体的等效回路示意图　　(b)板状体和球体的 M_n方向示意图

图 8-6　有限导体的等效电路

等效回路的瞬态方程为

$$L\frac{\mathrm{d}i}{\mathrm{d}t} + Ri = -\frac{\mathrm{d}\varphi_1}{\mathrm{d}t} \quad 或 \quad \frac{\mathrm{d}i}{\mathrm{d}t} + \frac{1}{\tau}i = f(t) \tag{8-11}$$

式中：$\tau = L/R$，为等效回路的时间常数；$f(t) = -\frac{1}{L}\frac{\mathrm{d}\varphi_1}{\mathrm{d}t}$。因此，可得到用来计算局部导电体瞬变电磁响应的公式为

$$V(t) = \frac{I_1 M_1 M_2}{t_{of} L}(e^{t_{of}/\tau} - 1)e^{-t/\tau} \quad (t \geq t_{of}) \tag{8-12}$$

$$V(t) = \frac{I_1 M_1 M_2}{\tau L}e^{-t/\tau} \quad (t < t_{of}) \tag{8-13}$$

式中:发送电流 I_1 及切断时间 t_{of} 为已知;M_1 及 M_2 与工程装置、T_x 及 R_x 与导电体的相对位置、导电体的几何形状等因素有关;L 及 τ 单纯由导电体的几何形状、大小和电性参数所决定。

第二节　瞬变电磁法的找水工作方法

一、工作装置的选择

按瞬变电磁法的应用领域,可把工作装置分为以下四种。

(一)剖面测量装置

常用的剖面测量装置分为重叠回线装置、中心回线装置、偶极分离回线装置和大定源回线装置四种,如图 8-7 所示。它是被用来勘查良导电地质体、进行地质填图及水工勘查的装置。其中,最常用的为重叠回线装置,它是指发射回线 T_x 与接收回线 R_x 相重合敷设的装置。

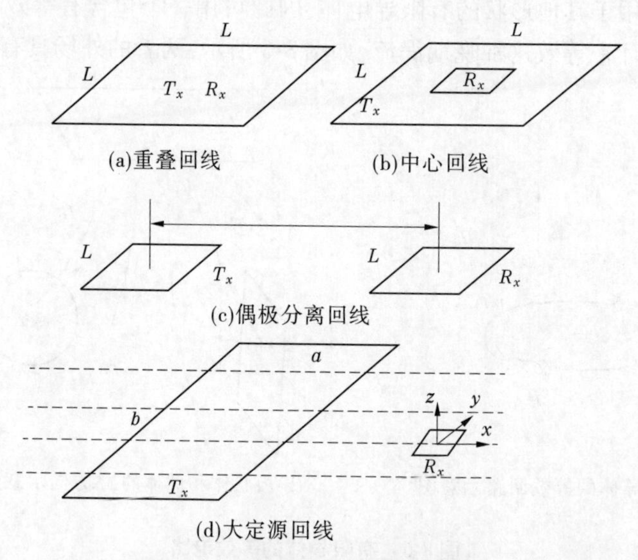

图 8-7　瞬变电磁法剖面测量装置

(二)测深装置

常用的测深装置为中心回线装置;电偶源、磁偶源和线源装置,中心回线装置是使用小型多匝 R_x(或探头)放置于边长为 L 的发送回线中心进行观测的装置,常用于探测 1 km 以内浅层的测深工作。

(三)井中装置

井中装置是指发射线圈铺于地面,而接收线圈(探头)沿钻孔逐点移动观测磁场井轴分量的装置,井中 TEM 方法的地质目的在于探测分布于钻孔附近的深部导电地质体,并获得地质体形态、产状及位置等信息。

(四)航空装置

航空装置主要应用于大面积范围内快速普查良导电地质体及地质填图。

在以发现异常为目的的普查工作中,一般认为偶极装置轻便灵活,它可以采用不同位置和方向去激发导体,提高了地质解释能力和可靠性,尤其对于陡倾薄板状导体有较好的耦合及分辨能力。重叠回线装置具有较高的接收电平、穿透深度大及便于分析解释的特点。因此,目前我们在进行野外找水勘查时,均采用重叠回线装置。

二、影响瞬变电磁法探测深度的因素

影响瞬变电磁探测深度的因素很多,这些因素之间彼此相互联系又相互制约,只有在假定了某些条件之后,才能得出该条件下确切的探测深度。

(1)瞬变电磁系统中的电磁噪声:瞬变电磁系统的噪声主要是来自外部的电磁噪声,这种噪声限制了观测弱信号的能力,从而也限制了探测深度。一般情况下,外部噪声来源于天电及工业用电的干扰,其平均值为 0.2 nV/m^2 左右,在干扰比较强的地区,噪声电平可达 5 nV/m^2,主要是工业用电的干扰。我们在野外找水勘查过程中,对山东各地的电磁噪声电平进行了测量(频率 25 Hz、叠加次数 256 次),具体数据如表 8-1 所示。

表 8-1　山东各地电磁噪声电平的平均值

地点	日期(年-月)	噪声($m\mu V/m^2$)	地点	日期(年-月)	噪声($m\mu V/m^2$)
泗水泉林	1993-07	0.426	广饶颜徐	1995-06	0.662
临朐五井	1994-06	0.635	肥城仪阳	1995-07	0.444
泰安城关	1994-11	1.019	崂山仰口	1995-07	4.011
东阿牛角店	1995-03	0.142	平邑东阳	1995-09	1.138
长清平安	1995-04	2.048	费县岩坡	1995-10	1.156
淄川寨里	1995-05	0.405	寿光王高	1995-11	1.072

(2)功率—灵敏度:电磁系统中,功率—灵敏度是衡量仪器系统探测能力的一个重要指标,它是指当发送线框与接收线框间距为 100 m 时在接收线圈中感应的电动势。该指标与抑制噪声的措施有关,为仪器本身所固有。

(3)回线边长:对于某一固定的发送磁矩、测道及导电体综合参数而言,导电体的异常幅度随边长的增加而呈线性地增加,最后达到某一饱和值。然而,在实际工作中我们总希望回线边长不要太长,同时随着回线边长的增大,对于局部导电体的横向分辨能力也变差,因此根据理论计算和野外实际工作情况,定义最佳回线边长为达到 $0.8V_{max}$ 时的回线边长值。

(4)地质噪声:在导电围岩或导电覆盖层较厚的情况下,随着回线边长的增长,围岩响应的增加率要比导电体响应快,使用较大的回线工作有可能导致信噪比降低,因此不宜再按高阻围岩区的边长选择原则,应尽可能减小边长以减弱与围岩的耦合,突出导电体的响应异常,此时必须靠增大发送电流及增加观测的叠加次数来提高观测精度,以保证在信号的“时间窗口”内观测值的可靠性。

三、野外工作的程序

瞬变电磁法的应用前提是欲测对象与周围介质存在一定的电性差异。由于瞬变电磁法测量涡流产生二次场,因此该法对低阻体的探测能力优于高阻体。野外工作时,应注意以下几个方面的问题:

(1)回线边长及测网的选择:回线边长对异常响应是一个比较复杂的函数关系。回线边长一般依据被测对象的规模、埋深及电性来选定。一般选择的原则是回线边长与探测对象的埋深大致相同,因为回线边长的增大使对于局部导体的分辨能力变差,且受旁侧地质体的干扰增大。剖面点距一般选为回线边长或回线边长的一半,对异常进行详查时,点距可以等于回线边长的1/4。

依据山区找水的特点和找水实践,回线边长可选取50 m或100 m,点距为20 m或25 m,较为适宜。

(2)布线原则:野外布线时,测线方向应与可能的构造走向垂直,远离铁路、地下管道和电力线等地电干扰。

(3)干扰电平的观测:各个观测点的干扰电平并不完全一致,为了确定各个观测点观测值的观测精度,一般要求在每个测点上或相间几个测点上实测干扰电平。

(4)叠加次数和观测时间范围的选择:仪器的叠加次数、时间范围的选择主要取决于测区的信噪比及其灵敏度。我们通过多次试验对比后认为:在干扰电平不太大的情况下,叠加256次或512次时,既能保证观测质量,又能保证观测速度,取得较好的效果。在基岩地区进行测量,我们一般采用仪器的高频挡25 Hz,其时间范围为0.087~17.5 ms,内分20道。

四、资料整理与成果图件

(一)资料整理

野外工作中,除要求检查验收原始记录数据、对原始记录数据进行整理外,还要对数据进行滤波处理、绘制各测点的衰减曲线和各测线的多测道剖面曲线图以及根据需要计算各种导出参数(ρ_τ、S_τ、h_τ、τ_s、α_s 等)。

对数据进行滤波处理,通常采用下列三点自相关滤波公式:

$$V'_i = V_i/2 + (V_{i+1} + V_{i-1})/4 \tag{8-14}$$

式中:V'_i为第 i 道滤波后的值;V_i 及 V_{i+1}、V_{i-1}为第 i 测道及相邻两测道的原始观测值。

(二)成果图件

工作成果报告一般应提交下列主要图件:①实际材料图;②几个选定测道的 $V(t_i)$ 平面图;③综合剖面图,它包括多测道 $V(t)$ 异常剖面曲线图、$\rho(t)$ 拟断面图。

第三节　瞬变电磁法的资料解释分析方法

一、观测参数与数据处理流程

(一)观测参数

瞬变电磁仪器系统的一次场波形、测道数及其时窗范围、观测参数及其计算单位等,各个厂家的仪器之间有所差别。各种仪器绝大多数都是使用接收线圈观测发送电流间歇期间的感应电压值,就观测单位的物理量及计量单位而言,主要有三类:①用发送脉冲电流归一的感应电压值 $V(t)/I$,以 μV/A 为单位;②仪器的输出电压值 m,以 mV 为单位;③以即将断电时刻采样值归一的感应电压值,无量纲。为了便于对比,在数据处理中都要求将上述参数换算成以下几种导出参数:①瞬变值 $B(t)$,单位为 V/m^2,与观测值 $V(t)/I$ 的换算关系为 $B(t)=\frac{V(t)}{I}\cdot\frac{I\times10^3}{S_RN}$;②磁场值 $B(t)$,以 Pw/m^2 为单位;③视电阻率 $\rho_\tau(t)$ 值,以 Ω · m 为单位;④视纵向电导 $S_\tau(t)$ 值,以 S(西门子)计量。

(二)数据处理流程

TEM 法的数据处理主要分为两部分:瞬变电磁剖面法数据处理与瞬变电磁测深法数据处理,以框图来表示上述两种数据处理的流程(如图 8-8、图 8-9 所示)。

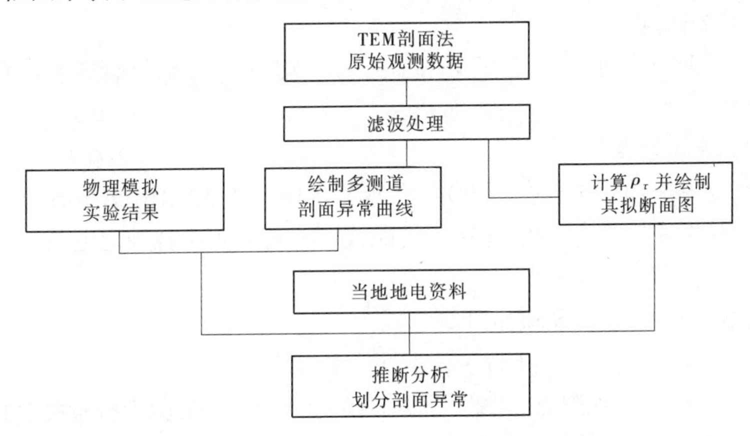

图 8-8　瞬变电磁法剖面数据处理流程框图

二、资料解释分析方法

瞬变电磁法的资料解释工作,主要是根据瞬变电磁响应的时间特性和剖面曲线特征以及测区的地质、地球物理特征,通过分析研究,划分出背景场及异常场,并从各类异常中确定与导电体有关的异常。对异常进行判别分析以编制定量图件是比较困难的,对于剖面测量来说,必须掌握一定数量不同形态导体的物理模拟异常剖面曲线特征图,以及地形、导电覆盖层、导电围岩等对剖面曲线的影响效果。根据模拟的异常规律,确定实测剖面的性质。在此基础上,再利用特征参数、量板或经验公式来对异常作半定量解释。在测

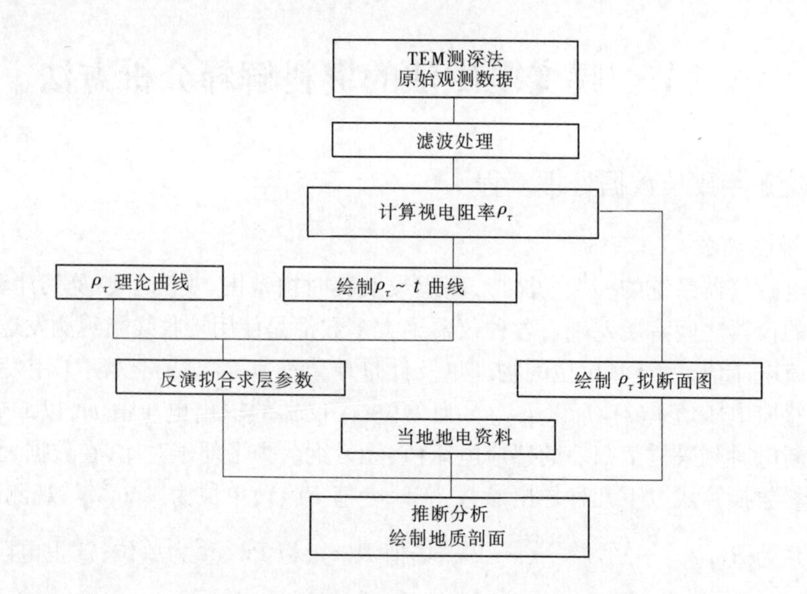

图 8-9　瞬变电磁法测深数据处理流程框图

深测量中,需要掌握一批瞬变电磁测深的 ρ_τ 理论曲线特征,并以此为标准,用计算机反演求地层参数(厚度及电阻率)。

(一)背景场的确定

通常选择人文噪声较小且稳定、低阻覆盖层厚度均匀、下伏岩层构造不发育的地段作为背景(正常)场。

(二)资料的定性解释

(1)利用瞬变衰减曲线进行分析确定:在观测剖面上或测区内,选择具有代表性的测点,作出各个测点的瞬变衰减曲线,通过这类曲线可清楚地了解各种地电条件下的衰变曲线类型。

(2)利用比值曲线进行分析确定计算公式为

$$Q(t_i) = V(t_i)/Vp(t_i) \tag{8-15}$$

式中:$V(t_i)$、$Vp(t_i)$分别为观测点、背景(正常)场区某个点上的感应电压值。由于各测点所处的地电条件不同,$Q(t)$将呈现出下列不同类型的曲线:

①水平线型:在整个延时范围内,$Q(t)$值变化很小,其形态呈一水平线型,它反映了观测点处于背景区,无含水层异常存在。

②似 A 型:早期的 $Q(t)$值较低,然后随时间逐渐上升,它反映了表层的导电性较差,在某一深度处存在赋水性很好的含水层。

③似 K 型:$Q(t)$值随时间逐渐上升到某一极大值后,曲线又逐渐下降,最后趋于某一渐进值,它反映了在某一深度处存在局部含水层。

④似 Q 型:早期的 $Q(t)$值较高,然后随时间逐渐下降或衰减较快,它反映了在导电覆盖层下没有可以与覆盖层纵向电导相比拟的含水层存在。

(3)利用衰减参数进行分析确定:瞬变电磁法中,为了表征瞬变过程特性,引入了视

时间常数 τ_s 及视综合参数 α_s 等衰减参数，它们的大小能反映异常体的电导率和规模的大小。一般来说，τ_s 值越大或 α_s 值越小，异常越有意义。

(4)利用几个测道的 $V(t_i)$ 剖面图进行分析确定：它可以比较直观地反映出低阻覆盖层和深部含水层的形态及其分布范围，或地质构造的轮廓。

(5)利用多测道 $V(t)$ 异常剖面曲线形态进行分析确定：利用实测剖面曲线与物理模拟剖面曲线（见第二章）对比，可以获得背景场与异常场的确切认识，并有可能获得异常源的形态、产状及电性等参数。

(6)利用瞬变电磁测深资料进行分析确定：将 $V(t)$ 值换算成视电阻率 $\rho_\tau(t)$ 值，再利用 $\rho_\tau(t)$ 曲线类型及特征点的坐标值可以划分出地电断面类型及大致的层位。类似于直流电阻率测深方法，它可以整理出 ρ_τ 曲线类型平面图、不同测点的 ρ_τ 等值线平面图及 ρ_τ 拟断面图等，这些图件可以用来分析测区的地质构造、含水层分布情况等。

（三）资料的半定量解释

在对瞬变电磁异常进行分类及定性解释的基础上，对那些条件较好的异常再进行半定量解释。由于从物理模拟或理论计算结果归纳出来的解释方法，大都是在理想条件下得到的，因此这些方法只能起到半定量或大概估算的作用。所解释确定的参数，主要是异常源的纵向电导 S 或 β^2 值、埋深及倾角等。

1. 特征参数 S 及 β^2 值的确定

(1)利用时间常数 τ_s 值求：求得视时间常数 τ_s 后，根据不同几何形状导电体的 τ_s 表达式，可很方便地求得导体的纵向电导 S 值或 β^2 值。

(2)利用 $\tau\sim S$ 量板确定 S 值：依据在空气介质中用一系列导电板上物理模拟的结果归纳出来的 $\tau\sim S$ 量板，如图 8-10 所示。先利用公式求出 τ 值，再利用该图可直接确定 S 值。该量板适用于高阻围岩的情况。

2. 利用量板确定 S 或 β^2 及 h

根据物理模拟的结果整理出的高阻围岩条件下确定 S 或 β^2 及 h 的量板如图 8-11 所示。该图纵坐标用以电流 I、回线边长之半 b 及 l/t 归一化的感应电压值 $V_t/(Ib)$，横坐标是无量纲值 $t/(S\mu_0 b)$，量板曲线以 h/b 为参数。利用实测的 $V_t/Ib\sim t$ 曲线与量板曲线相拟合的办法，即可求出 h 和 S 值。

3. 确定倾斜板的倾角

(1)经验公式法。根据物理模拟结果可知，倾斜板上异常的剖面曲线幅值、主峰半极值点的宽度及双峰值的比值均随板状体倾角的减小而有所增大，利用这些关系归纳出的确定板状体倾角的经验公式为

$$\alpha = \frac{\pi}{2} - \frac{\pi}{8.2}\ln\frac{V_1}{V_2} \tag{8-16}$$

在 $h/L\leqslant l$ 的条件下，对于半无限薄板：

$$\alpha = \frac{\pi}{2} - 1.3\left(1 - 0.22\frac{h}{b}\right)\lg\frac{V_1}{V_2} \tag{8-17}$$

式中：V_1、V_2 分别为剖面曲线主、次峰的幅值；h 为板顶埋深；b 为回线边长之半($L/2$)。

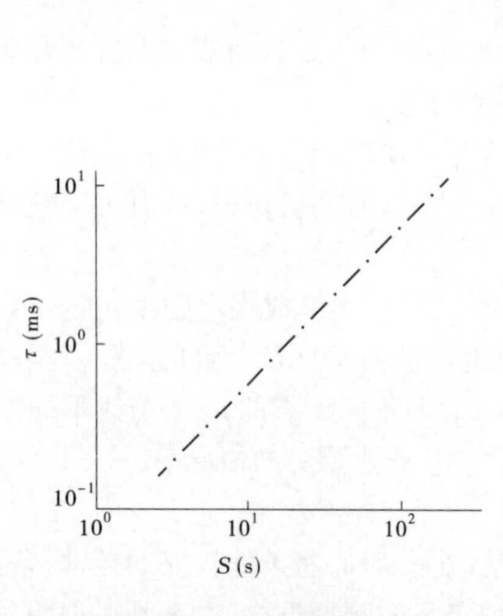

图 8-10　$\tau \sim S$ 量板图

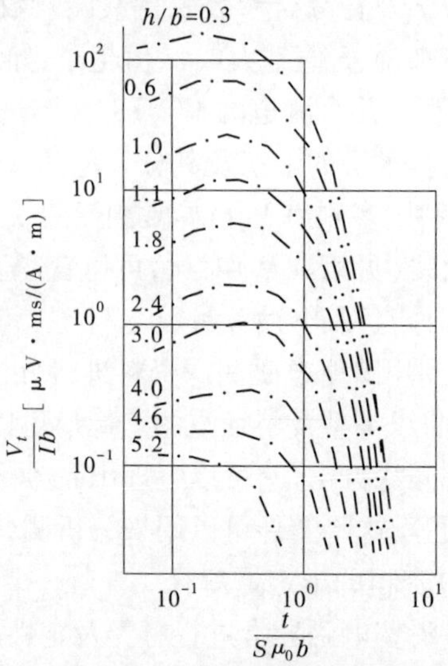

图 8-11　确定板状体参数的量板

(2)利用异常主峰半极值点宽度确定埋深及倾角的量板。根据物理模拟试验结果归纳出的利用主峰半极值点宽度确定 h 及 a 的量板如图 8-11 所示,量板的特征值分布为:异常主峰半极值点宽度 A(幅值取对数后的半极值点宽度);归一化异常主峰幅值 $B = V_t/Ib$;无量纲时间常数 $T = t/(S\mu_0 b)$。首先利用异常的剖面曲线及应用公式求出 A、B 及 T 值后,在量板上利用 A、B 列线的交点;可很方便地求出板状导电体的埋深及倾角。

4. 导电围岩或导电覆盖层条件下的资料解释

在导电围岩或导电覆盖层条件下,最为方便和有效的解释方法是利用 $S_\tau(h_\tau)$ 参数测深的解释方法。利用 S_τ、H_τ 参数推测层参数的过程主要是依据 $S_\tau(h_\tau)$ 或 $S_\tau(t)$ 曲线上的转折点划分出相关界面。邻近的相关转折点相联结的重要标志是:转折点上、下层数一致;转折点集中于某一段相应的时间;h_τ 无大的差异;S_τ 值相近;上覆层与下伏层的纵向电导比值相近。如果不能满足上述所有条件,则在两点之间有可能存在断层或局部不均匀体,或某一层尖灭等。对于曲线形态而言,确定对应于界面的特征点除转折点外,出现复杂的极值点也是依据之一。若岩层厚度无明显变化,而 $S_\tau(t)$ 曲线上升较快,这是导电层的标志;$S_\tau(t)$ 曲线下降,说明导电层不连续或层位倾斜。

(四)ρ_t 曲线计算机正反演解释方法

1. 正演拟合解释方法

利用计算机进行正演拟合法对瞬变电磁测深资料进行反演,是根据已知地质情况和瞬变电磁测深的定性、半定量解释结果给出的地电断面层参数的初值,计算相应的正演曲线,与被解释的实测曲线对比,然后不断修改层参数值直至相拟合满意,程序的使用框图见图 8-12。

2. 计算机自动叠代反演

尽管正演拟合方法有较大的灵活性,但花费时间较长,最根本的解决办法还是采用计算机自动叠代反演。

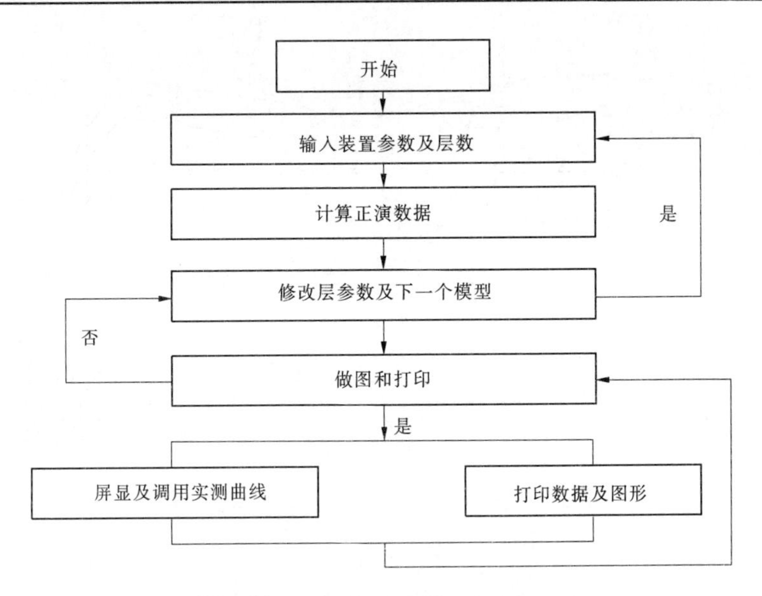

图 8-12　正演拟合程序流程框图

第四节　瞬变电磁法找水应用实例分析

一、山东省临朐县五井镇某村庄

临朐县五井镇某村庄地处石灰岩山区,长期缺水严重制约了当地的经济发展。该村以前曾经打深井 2 眼,均为干眼。我们应用瞬变电磁法在该村进行了剖面法测量,通过分析测量结果后认为,该处适合打深井,最后定井 1 眼,解决了该村的生产生活用水问题。该处土层仅数米,下伏地层为中寒武系的灰岩、页岩互层,区域地下水位 10 m 左右。

本次测量采用 50 m×50 m 重叠回线装置进行,点距 25 m,频率为 25 Hz,叠加次数取 256 次。如图 8-13、图 8-14 所示,分别为该剖面的多测道 $V(t)/I$ 异常剖面曲线图和等视电阻率拟断面图。从测试曲线的对比分析可以看到,有一明显的向西倾斜的板状导电体(断层)存在,经计算可得其倾角约为 67.5°,且异常点与背景点的时间特性曲线差异明显。对井位测点应用瞬变电磁测深进行正反演的计算结果如图 8-15 所示,由图中可以看出,在 140 m 深度附近,有一明显的低阻异常。

该井的实打结果为:160 m 以上为张夏灰岩、页岩互层,128～155 m 裂隙发育,为主要含水层;160 m 以下是徐庄组页岩、灰岩及砂岩,岩石完整,裂隙不发育,钻至 240 m 终孔。该井为一自流井,经抽水试验,当降深为 10 m 时自流量为 20～30 m^3/h。

二、山东省肥城市仪阳乡某村庄

该村庄地处乡镇驻地附近,距县城仅 5 km,交通比较发达,但由于长期缺水,经济落后、人心涣散,村级领导班子处于瘫痪状态。后在县武装部及县人民银行下乡挂职干部的帮助下,筹措到一定数量的资金,准备打深井 1 眼,以解决该村的生活及生产用水问题。

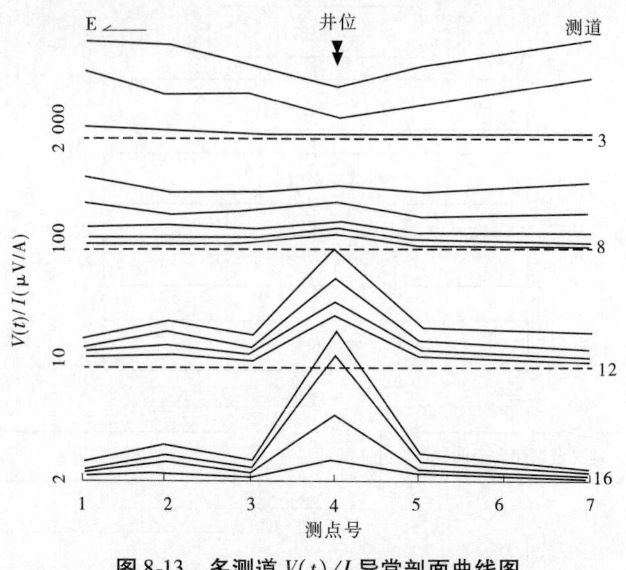

图 8-13　多测道 $V(t)/I$ 异常剖面曲线图

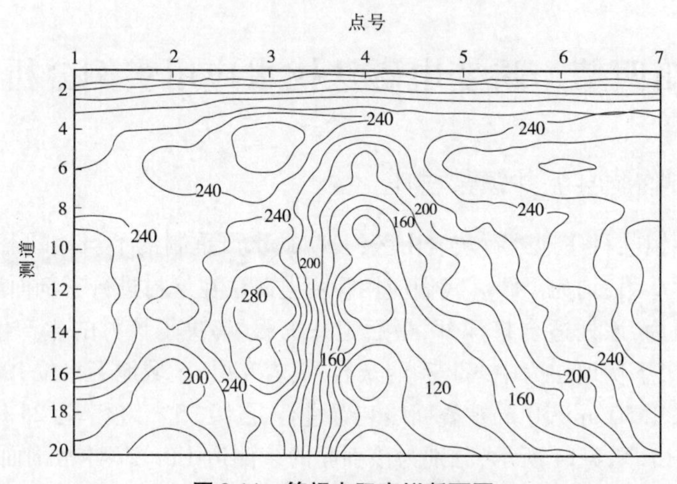

图 8-14　等视电阻率拟断面图

该村附近地貌特征为丘陵山区，村东、南面为基岩出露区，主要为下奥陶系白云质灰岩，下伏上寒武系凤山组和长山组的灰岩及页岩，该区无明显构造存在；村西第四系覆盖层厚约数米，沟谷纵横切割，地形条件很差，不适合用联合剖面法进行测量。

我们在村西沿东西与南北两个方向测量了两条剖面，测量采用 100 m×100 m 重叠回线装置进行，频率使用 25 Hz，叠加次数取 256 次，点距均为 25 m。其中，东西方向的Ⅰ剖面测量了 10 个点，南北方向的Ⅱ剖面测量了 8 个点。Ⅰ剖面的多测道 $V(t)/I$ 异常剖面曲线如图 8-16 所示，由图中可以看出，该剖面曲线比较平直，变化不大，只有微弱异常，推测异常由岩性变化引起，而非构造引起，因此该剖面不能确定井位。图 8-17 为Ⅱ剖面的多测道 $V(t)/I$ 异常剖面曲线图和等视 ρ_τ 拟断面图，由该图可以看到，在该剖面的 4 号、5 号点处有一明显的异常存在，推测为隐伏构造引起。图 8-18 为 5 号点的 $S_\tau(h_\tau)$ 响应曲线。根据我们野外工作实践经验，H_τ 与实际深度对应的相关系数一般为 0.4 ~ 0.85，在石

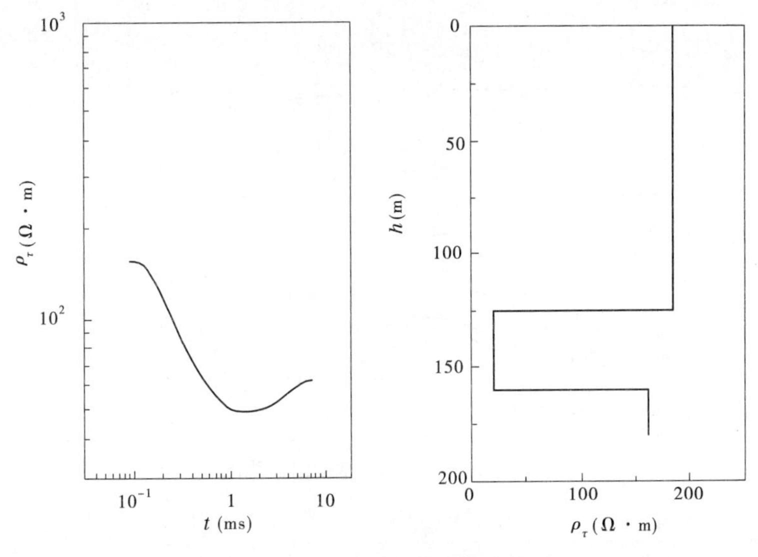

图 8-15　正反演解释结果

灰岩地区的变化范围在 0.5～0.7，因此推测含水层位置为 210～280 m。

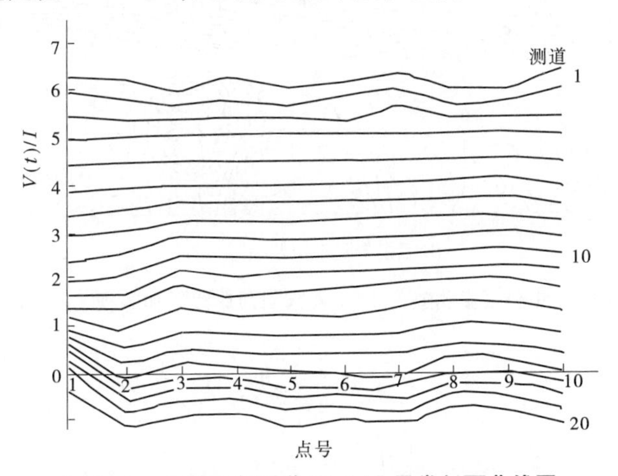

图 8-16　Ⅰ剖面多测道 $V(t)/$Ⅰ异常剖面曲线图

该井的实打情况为：60 m 以上为下奥陶系白云质灰岩；60～200 m 为上寒武系长山、凤山组灰岩及页岩，岩石完整，裂隙不发育；210～260 m 为断层穿过区，岩性为中寒武系灰岩。该井钻至 287 m 终孔，经抽水试验，当降深为 3 m 时，水量为 80 m^3/h，与实测曲线分析结果基本相符。

三、山东省东阿隐伏岩溶水水源地勘探

聊城市自改革开放以来经济迅速发展，城区面积不断扩大、人口迅增，用水量也急剧增加，原以城郊第四系孔隙水为主的供水水源地已不能满足城市生产生活的需要。为解决供水问题，寻找新水源成为一项紧迫任务。鉴于此种情况，提出研究开发位于东阿县境内的隐伏岩溶水水源地以解决城市供水问题，并应用瞬变电磁法进行了前期勘探测量

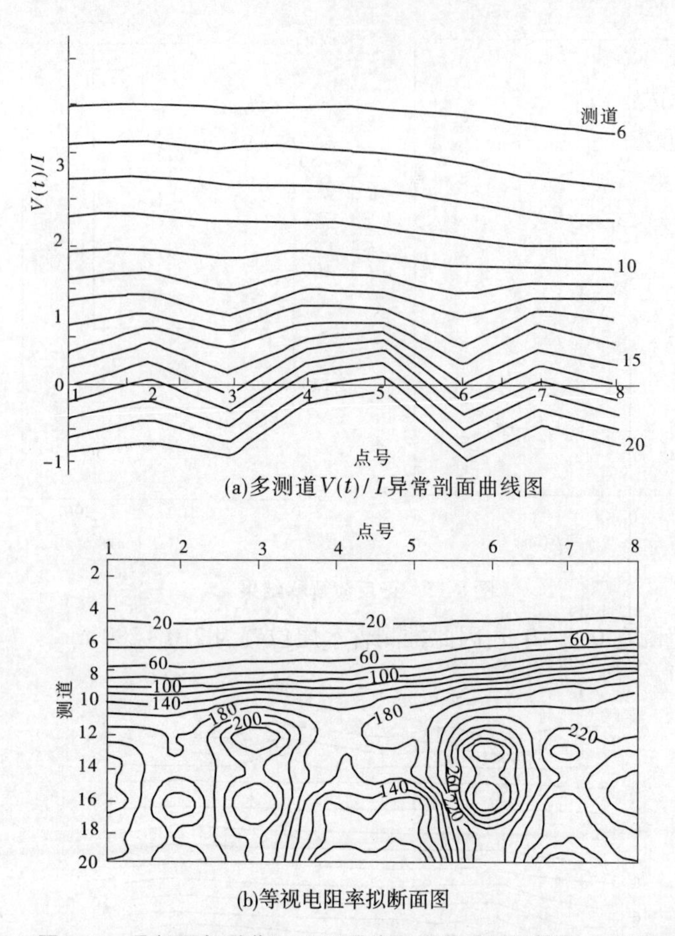

图 8-17　Ⅱ剖面多测道 $V(t)/I$ 异常剖面曲线图和等视 ρ_τ 拟断面图

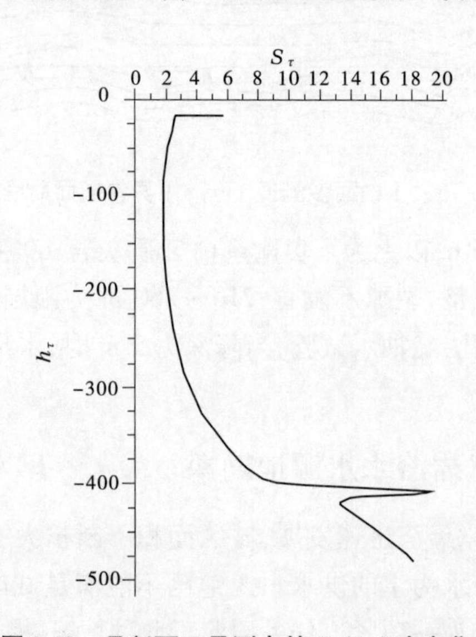

图 8-18　Ⅱ剖面 5 号测点的 $S_\tau(h_\tau)$ 响应曲线

工作。

东阿县岩溶水水源地位于牛角店镇下马头至周家门前地区，南临黄河，第四系覆盖层厚度大于 50 m，下伏中奥陶统灰岩、下奥陶统白云质灰岩及上、中、下寒武统灰岩。测量采用 100 m × 100 m 重叠回线装置进行，频率采用 25 Hz，叠加次数取 256 次，点距 100 m。共测量了 2 条剖面，第一条剖面沿黄河北岸由西南至东北方向进行，全长约 11 km。在对第一条剖面分析判断的基础上，又沿距该剖面异常较明显段 70 ~ 100 号点以北约 700 m 处进行了第二条剖面测量，剖面全长 3 km。2 条剖面的等视电阻率拟断面如图 8-19 所示。

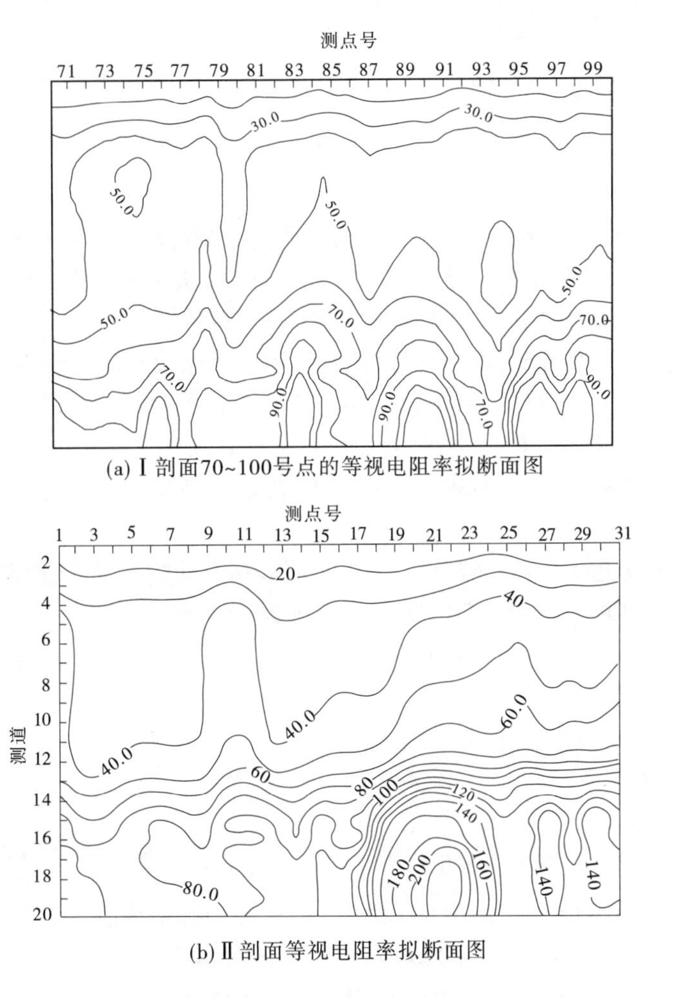

(a) Ⅰ剖面70~100号点的等视电阻率拟断面图

(b) Ⅱ剖面等视电阻率拟断面图

图 8-19　东阿县 2 条剖面等视电阻率拟断面图

该水源地在瞬变电磁法圈定的构造带及其影响范围内，共布井十眼，除两眼布置在构造影响带边缘出水量小于 100 m^3/h 外，其余井出水量均大于 200 m^3/h。由此可见，在东阿隐伏岩溶水水源地的水文地质勘探过程中，利用瞬变电磁法准确地圈定出了赋水构造带的位置及水源地的富水区域，为建井开采提供了科学依据。

第五节　瞬变电磁法常用仪器介绍

目前,在国内比较流行的仪器有:加拿大 Geon - 1CS 公司的 EM - 37、47、57,澳大利亚 Geometics 公司的 SIROTEM - Ⅰ,美国 Zonge 公司的 GDP - 12、16 及加拿大 Phoenix 公司的 V - 5 多功能电测站,原地矿部物化探研究所的 WDC - 2 和 DCS - 1 仪器,长沙智通新技术研究所生产的 SD - 1 型瞬变电磁仪。这些仪器都各有特点,下面简单介绍一下各仪器的性能和主要技术指标。

一、EM - 37 瞬变电磁仪

加拿大 Geonics 公司是闻名于世的生产电磁方法仪器的公司,其中 EM - 37 系统是适用于大定回线源装置的中功率仪器。发送机电源为 2. 8 kW、120 V、400 Hz 发电机,最大输出电流为 30 A,输出电压为 20 ~ 150 V 内可调,发送双极性方波,一般使用 300 m × 600 m 的发送回线工作,电流关断时间为 20 ~ 450 μs。接收机采用取样积分器观测瞬变信号,接收线圈用直径为 1 m 的空芯线圈,频带宽 40 kHz,有效面积为 100 m^2,输入至前置放大器的"极性"由极性选择开头控制。噪声抑制级用于剔除天电高值噪声,噪声大小可由表头或扬声器监测(听)。取样门及积分器共 21 道,0 道用于检测一次场。各积分器上保持的模拟量经 A/D 转换器存储于 DAS54 数据采集器中,使用标准 RS - 232 接口可以把数据传输到微型计算机中,运用 GSP37 软件包可以编辑、整理、打印数据,绘制多种图件,以及进行一维反演等。

为了抑制工业电及其他电磁噪声,采用了同步相干检测技术,选择发送电流波形的周期等于工业电周期的整数倍。50 Hz 工频区仪器有 3 个时基可供选择:10 ms(高频 25 Hz)、40 ms(中频 6. 25 Hz)、100 ms(低频 2. 5 Hz)。

EM - 37 的主要技术指标如下:

(1)发送电流波形:实际波形如图 8-20 所示。

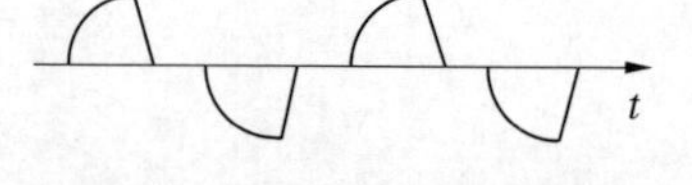

图 8-20　发送电流波形示意图

(2)发送电流频率:50 Hz 工频区,25 Hz、6. 25 Hz、2. 5 Hz;60 Hz 工频区,30 Hz、7. 5 Hz、3 Hz。

(3)电流切断时间:当 $T_x = 300 \times 600(\mathrm{m}^2)$、$I = 30$ A 时,$t_{of} \leqslant 450$ μs;$t_{of} \propto I\sqrt{S_r} \approx Il$,$S_r$为 T_x面积,l 为回线总长;最小的 t_{of}为 20 μs。

(4)发送线框:$40 \times 40(\mathrm{m}^2) \sim 300 \times 600(\mathrm{m}^2)$,最大电流为 30 A。

(5)发送机输出电压为 20 ~ 150 V 内可调,最大的输出功率为 2. 8 kW;使用 3 相 120 V 400 Hz 汽油发电机为电源。

(6)接收线圈:带宽为 40 kHz 空芯线圈,直径 1 m,有效面积为 100 m^2;架置于线框架可以测量 dB/dt 的三个分量。

(7)时间道:共 20 个。

(8)叠加次数:2^n,$n = 4,6,8,10,12,14$。

(9)折合到输入端的接收机输出噪声:高频时的最后几道为 0. 15 nV/m^2。

(10)数据收录:使用 DAS54 数据采集器。

(11)同步方式:参考电缆、一次场脉冲、高稳定度的石英钟等三种任选。

(12)接收机电源:12 V 可充电电瓶,可连续使用9 h。

近些年,Geometics 公司又推出了 EM－37 换代产品 PROTEM 系统,即 Professional Time Domiain EM 的缩写。为适应不同地质任务的需要,配置了三种功率的发送机,是一种适用于从浅层到深层勘查的多用途系统。

二、SIROTEM 系统

加拿大 Geometics 公司生产的 SIROTEM－Ⅰ、Ⅱ型仪器,最初只适用于重叠回线装置工作,是一种多道轻便型的仪器,发送和接收同装于一个机箱内。仪器采用了微处理机进行控制,通过软件实现了实时采样、数据处理,并且可以自动剔除天电干扰,设置了四阶低通滤波器以滤除甚低频及长波电台信号的干扰。可输出经 512～4 096 次叠加平均的 10～32 道$C(t)/I$、$\rho_\tau(t)$及标准离差 $\sigma(t)$值。仪器主要技术指标如下:

(1)工作装置:重叠回线装置,边长 10～400 m。

(2)发送机:用 ±12 V 10 Ah 电瓶作电源,最大输出电流为 10 A;发送电流波形为双极性方波,时基随取样道数选择值变化。

(3)测道数及时间范围:10～32 道内可选,各测道标称的时间及窗口宽度可参见仪器说明。

(4)叠加次数:512、1 024、2 048 和 4 096 内可选。

(5)数据记录:打印和磁带记录 $V(t)/I$、$\rho_\tau(t)$及 $\sigma(t)$。

(6)对干扰抑制:对工频 >70 dB,设为天电高值干扰挡。

(7)频带宽:1.25 Hz 和 10 kHz。

20 世纪 80 年代中期,SIROTEM－Ⅱ经改进,把起始测道时间从原来的0.4 ms 提早至0.049 ms,在0.049～20.164 ms 时间范围内分32 道。这样的仪器更适用于测深及寻找导电性相对较差的导体。

三、WDC－2 系统

该仪器为地矿部物化探研究所的 WDC－1 系统的换代产品。该仪器吸收了 SIROTEM 系统和 TEM 系统的优点,在 WDC－1 型仪器基础上增设了标准 RS232 接口和盒式磁带机接口,可进行人机对话置入有关参数、小功率发射机增加了正负沿衔接的全方波发射,增大了发射磁矩,从而加大了勘探深度。小功率仪器主要技术指标如下:频带:0～7.5 kHz;精度:<1% ±0.5 μV;动态范围:140 dB;取样道:16～29;时空范围:0.05～160 ms;内存:128 kB;采样率:20 kHz;对 50 Hz 的抑制:60～103 dB;工作温度:0～50 ℃;发送机最大发送电压:24～48 V;发送机最大发送电流:10 A;质量:4.5 kg(不包括电源)。

四、SD－1 型瞬变电磁仪

该仪器是由长沙高新技术产业开发区智通新技术研究所与中南工业大学合作的产物,是一种便携式宽时窗范围智能化的通用型仪器,主要适用于重叠回线及中心回线工作装置。并具有如下特点:电脑控制及数据处理;人机对话汉字菜单提示操作;大屏幕液晶显示;现场观测数据 $V(t)/I$ 和 $\rho(t)$ 曲线;具有较宽的时窗范围,更适用于矿产、煤田测深及工程勘察中应用。主要技术指标如下:

(1)发送波形:双极性方波。

(2)发送机电源:容量 10 Ah 以上,12~36 V 镉镍可充电电瓶。

(3)发送机最大输出电流:10 A。

(4)发送回线大小:5×5 m~400×400 m。

(5)同步方式:发、收同装于一个机箱内,用 CTC 定时中断内同步。

(6)发送基频频率及测道时间范围:

Ⅰ　2.5 Hz　0.87~70.4 ms 内分 20 道;

Ⅱ　6.25 Hz　0.348~28.2 ms 内分 20 道;

Ⅲ　25 Hz　0.087~7.04 ms 内分 20 道;

Ⅳ　225 Hz　0.008 7~0.070 4 ms 内分 20 道。

(7)叠加次数:10~2 000 次内任选。

(8)接收部分的频带宽:0~8 kHz。

(9)观测信号动态范围及分辨灵敏度:120 dB,0.5 μV。

(10)显示:128×512 LCD 显示 $V(t)/I$、$\rho_\tau(t)$ 及标准离差 σ 数据,以及 $V(t)/I$、$\rho(t)$ 曲线和切断电流波形。

(11)存储量:可存储 142 个观测点的观测数据。

(12)接口:通过标准 RS232 接口传输给打印机(配件)或便携式 386 微机。进一步的数据处理及正反演由 386 微机完成。

(13)操作:LCD 显示汉字菜单提示操作。

(14)尺寸及质量:330 mm×230 mm×110 mm,3 kg(不包括电源)。

第九章　核磁共振找水技术

第一节　核磁共振法找水的基本原理

一、拉莫尔频率和核磁共振条件

原子核由质子和中子组成,质子带正电,中子不带电,通常将原子核看成是一个具有一定的质量和体积的球体。大多数的原子核与旋转陀螺一样绕着某个轴做自身旋转运动,如图 9-1 所示。这种自身旋转的运动称为原子核的自旋运动。

当质点做圆周运动时具有的动量矩即角动量:

$$|L| = rmv \tag{9-1}$$

式中:m 为质点的质量;r 为圆周运动的半径;v 为质点的运动速度;L 为动量矩,动量矩的方向与圆周平面垂直,指向服从右手系。

其原子核自旋方向在空间上只有两个取向:一个是与 Z 轴平行,另一个则与 Z 轴反平行。当具有一定电荷的原子核做自旋运动时将形成电流而产生磁性。我们用磁矩描述原子核的磁性。设带电量为 e 的质点,做沿半径为 r 的圆周运动,其速度为 v,形成圆电流:

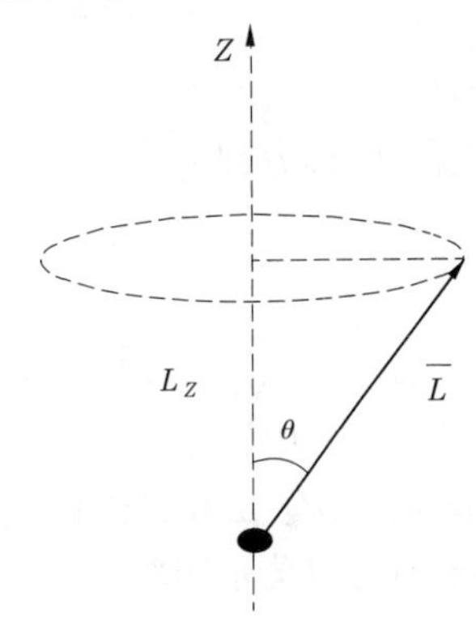

图 9-1　原子核自旋动量矩绕 Z 轴进动

$$i = \frac{ev}{2\pi r} \tag{9-2}$$

则圆电流的磁矩:

$$|\mu| = iS = i\pi r^2 = \frac{evr}{2} \tag{9-3}$$

式中:S 为圆电流的面积矢量。

由式(9-1)和式(9-3)可知,动量矩 $|L|$ 和磁矩 $|\mu|$ 以同样的方式依赖于圆周运动半径 r 和运动速度 v,则令

$$\gamma = \frac{|\mu|}{|L|} = \frac{e}{2m} \tag{9-4}$$

式中:γ 称为旋磁比。

磁共振现象的核心主要是存在一个磁矩的集合,并有一个磁场。我们在分析计算时用尽可能的简单方法来考虑系统的动力学问题。也就是应用经典物理学来描述,其结论与相邻量子态的能量差和能级跃迁相联系。在磁场 B 中,原子核磁矩将受到一个力矩 $M = \mu B$ 的作用,其方向与 μ 和 B 平面垂直,指向服从右手系。按力学中的转动定律,这个

力矩将使原子核自旋动量矩发生变化，即是原子核磁矩在磁场中的运动方程。

$$M = \frac{dL}{dt} \tag{9-5}$$

而

$$\frac{dL}{dt} = \mu B \tag{9-6}$$

由 $\mu = \gamma L$ 得

$$\frac{d\mu}{dt} = \gamma\mu B \tag{9-7}$$

设磁场矢量在 z 轴上，即 $B = kB_0$，式中 k 是 z 方向的单位矢量。由式(9-7)可得分量式：

$$\frac{d\mu_x}{dt} = \gamma\mu_y B$$

$$\frac{d\mu_y}{dt} = -\gamma\mu_x B$$

$$\frac{d\mu_z}{dt} = 0 \tag{9-8}$$

解以上微分方程得：

$$\mu_x = \mu\sin(\omega t + \varphi)$$

$$\mu_y = \mu\cos(\omega t + \varphi) \tag{9-9}$$

式中：$\omega = \gamma B$，$\mu = \sqrt{\mu_x^2 + \mu_y^2}$ 是常数。

从以上公式中可见，原子核磁矩在稳定磁场中作围绕磁场的进动（见图 9-2），其进动的角速度 $\omega = \gamma B$。μ 和 B 之间的夹角 θ 保持不变，这种进动称为拉莫尔（Larmor）进动，进动的频率称为拉莫尔频率。

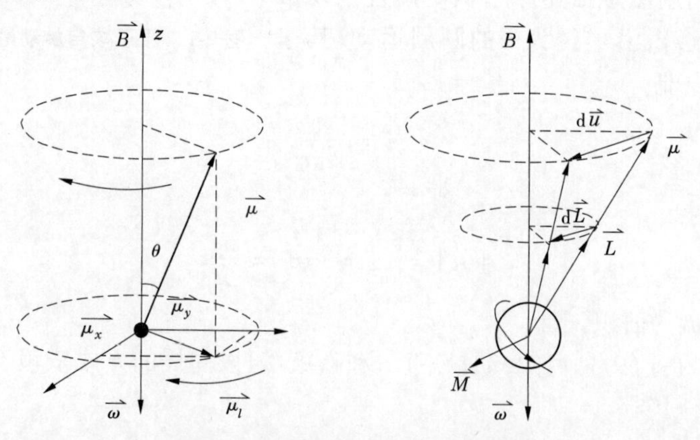

图 9-2　原子核磁矩在磁场中的进动

按照量子学的理论，当原子从较高能级跃迁到较低能级时将同时产生一个能量为 hf 的光量子的辐射。反之，假如原子处于低能级，则在光照下，可以因吸收光子而跃迁到较高能级，如图 9-3(b)所示。这个过程只有当光具有适当频率使光子能量等于能级间的间隔时才能发生。而核磁共振就是在交变磁场的作用下，原子在塞曼次能级之间的跃迁所产生的。

那么交变磁场具有怎样的频率能够产生核磁共振呢？我们知道原子在外磁场 B 中，而临近塞曼能级的间隔等于 $g\mu_0\mu_B B$，因此交变磁场的频率 f 要调整到使一个能量子的能量 hf 刚好等于此能级间隔时，将引起两临近能级间的跃迁，也就是

$$hf = g\mu_N B \tag{9-10}$$

由此可见，当交变磁场的频率等于拉莫尔旋进的频率时，将产生核磁共振现象，这就是核磁共振的频率条件。有时为了方便起见，以角频率代替频率，核磁共振条件可表示为另一种形式

$$\omega = \gamma B \tag{9-11}$$

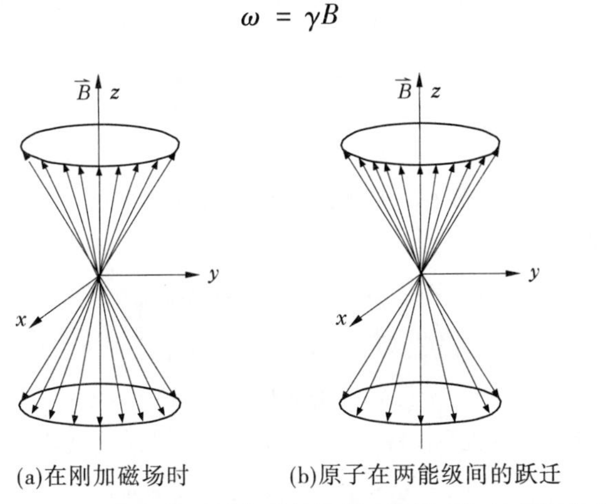

(a)在刚加磁场时　　(b)原子在两能级间的跃迁

图 9-3　$I=1/2$ 原子核系统在磁场作用下各核磁矩按能级的分布

二、含水地层中氢质子的弛豫过程研究

设稳定磁场为地磁场 $\vec{B}_0$，在其垂直方向上施加射频磁场 $\vec{B}_1$ 脉冲，频率等于氢质子在地磁场中的拉莫尔频率，脉冲宽度 t 为施加射频磁场 $\vec{B}_1$ 的时间，使 $\theta=\gamma B_1 t$，式中 θ 称为扳倒角，它是地磁场 $\vec{B}_0$ 与 $\vec{M}$ 的夹角，$t=\dfrac{\pi}{2\gamma B_1}$ 称为 $\dfrac{\pi}{2}$ 脉冲或 90°脉冲，调整 t 或 $\vec{B}_1$ 使 $\theta=\dfrac{\pi}{2}$，磁化强度将转向垂直地磁场的方向，此时将脉冲停止，磁化强度除围绕射频磁场进动外，还要随旋转坐标系绕 z 轴旋转，这两种运动合成螺旋形运动（见图 9-4）。

设稳定磁场 $\vec{B}=k\,\vec{B}_0$，在 90°脉冲作用后，产生了磁化强度的横向分量，磁化强度矢量 $\vec{M}$ 绕恒定磁场 $\vec{B}_0$ 进动。由于弛豫作用，磁化强度的横向分量 M_x、M_y 按指数形式随时间衰减，衰减的特征时间为 T_2，磁化强度的纵向分量 M_z 随时间增长，趋向其平衡值 M_0，增长的特征时间为 T_1，称为磁化强度的自由进动衰减，此过程满足布洛赫方程

$$\left.\begin{aligned}\frac{\mathrm{d}M_x}{\mathrm{d}t} &= \gamma M_y B_0 - \frac{M_x}{T_2}\\ \frac{\mathrm{d}M_y}{\mathrm{d}t} &= -\gamma M_x B_0 - \frac{M_y}{T_2}\\ \frac{\mathrm{d}M_z}{\mathrm{d}t} &= -\frac{M_z - M_0}{T_1}\end{aligned}\right\} \tag{9-12}$$

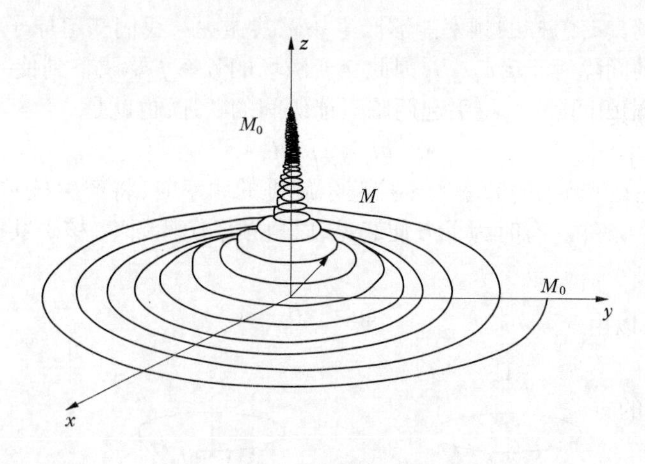

图 9-4　磁化强度的自由进动衰减

求解式(9-12)得

$$\left.\begin{aligned} M_x(t) &= M_0 e^{-t/T_2}\sin\omega_0 t \\ M_y(t) &= M_0 e^{-t/T_2}\cos\omega_0 t \\ M_z(t) &= M_0(1 - e^{-t/T_1}) \end{aligned}\right\} \tag{9-13}$$

如果放置一接收线圈，使其轴线沿 y 轴方向，由电磁学公式有：

$$B_y = \mu_0 M_y = \mu_0 M_0 e^{-t/T_2}\cos\omega_0 t \tag{9-14}$$

则被磁化的研究对象通过接收线圈的磁通量为

$$\Phi = n_T B_y A \tag{9-15}$$

式中：n_T 为线圈匝数；A 为线圈面积。

线圈中产生的感应电动势为

$$\varepsilon = -\frac{d\Phi}{dt} = -\mu_0 n_T A\frac{dM_y}{dt} = \mu_0 n_T A M_0\left(\omega_0 e^{-t/T_2}\sin\omega_0 t + \frac{1}{T_2}e^{-t/T_2}\cos\omega_0 t\right) \tag{9-16}$$

式(9-16)中括号内两项之比远小于1，可将余弦项忽略，得

$$\varepsilon = -\frac{d\Phi}{dt} = \mu_0 n_T A M_0 \omega_0 e^{-t/T_2}\sin\omega_0 t \tag{9-17}$$

式(9-17)是随时间而周期变化的电动势，其角频率 $\omega_0 = \gamma B_0$，其幅度随时间按指数形式衰减，称为自由感应衰减(Free Induction Decay，缩写为 FID)信号(见图 9-5)。当使用地磁场 B_0 作稳定磁场时，水是研究对象，则 γ 是固定的，B_0也不能人为更改。要加大感应电动势，就要加大信号，只有增大 n_T、A，即加大线圈匝数或加大线圈面积。当 n_T、A 一定时，感应电动势与时间呈指数规律变化。

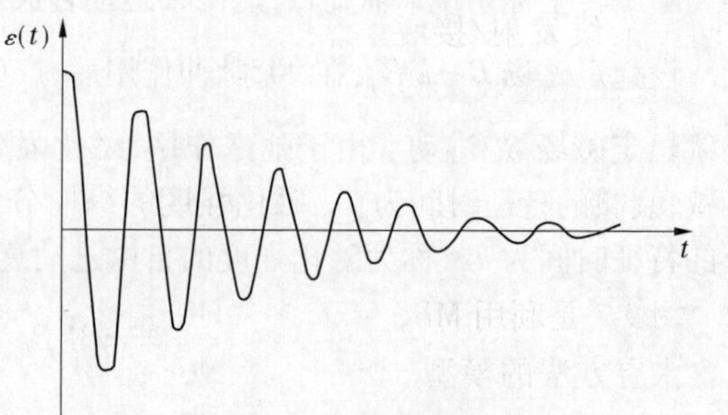

图 9-5　线圈中产生的自由感应衰减信号

三、核磁共振地下水探测原理

应用地面核磁共振(MRS)技术的唯一条件是所研究物质的原子核具有非零磁矩,水(H_2O)中氢核(质子)具有核子顺磁性,其磁矩不为零,氢核是地层中具有核子顺磁性的物质中丰度最高的核子。在稳定的地磁场 B_0 作用下,具有一定磁矩的氢核绕外磁场进动,进动频率即由拉莫尔方程决定,如式(9-11)所示。例如,氢核的 g 为 5.585 7;自由电子和水中质子的 β 分别为 $9.274\ 0\times10^{-24}\ \text{A}\cdot\text{m}^2$ 和 $5.505\ 0\times10^{-27}\ \text{A}\cdot\text{m}^2$,根据实测的地磁场强度 B_0,就可以由式(9-10)求出水中质子的进动频率

$$f_0(\text{Hz}) = 0.042\ 58\times B_0(\text{nT}) \tag{9-18}$$

这样,用一定的方法,向地下通以频率为 f_0 的交变电流,在地中形成的交变电磁场激发下,使地下水中氢质子产生能级跃迁。大量的氢质子跃迁到高能级上。当撤去供电电流,这些高能级氢质子便逐渐回到低能级状态,释放出大量的具有拉莫尔频率的能量子,在地面接收线圈中感应出 MRS 信号,这个 MRS 信号的幅度大小反映了这些氢质子的宏观数量大小,由此即可探测地下水的存在。地面 MRS 也称为 MRS 测深,在 MRS 测深工作中涉及三种磁场,如图 9-6 所示。

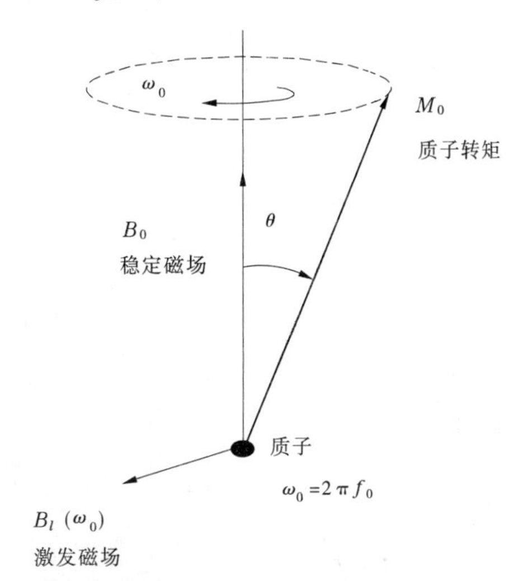

图 9-6 质子磁矩在磁场作用下的旋进运动

(1)地磁场:在 MRS 测深工作中认为地磁场是均匀的,地磁场强度决定了拉莫尔频率,即激发电流的频率。

(2)激发磁场:该磁场是由激发电流建立的一次场,激发场的强度,又称激发脉冲矩 $q=I_0\tau_p$。

(3)质子的弛豫场:当激发电流断开后,用同一天线发射/接收由于二次场(弛豫磁场)变化而在接收天线中产生的感应电动势(MRS 信号)的弛豫场(衰减场)。弛豫场的大小和衰减的快慢直接与含水岩层类型及含水量有关。

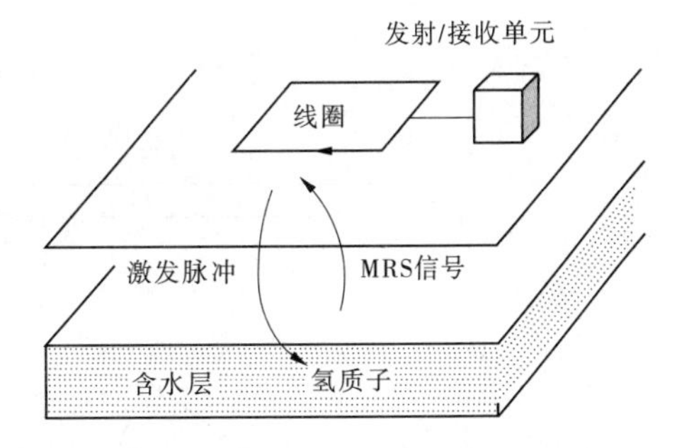

图 9-7 地面 MRS 找水方法原理示意图

图 9-7 是利用 MRS 地下水探测仪寻找地下含水层方法的模型。发射单元往铺设在地面上的回线中通以交变电流,其频率等于拉莫尔频率。突然切断电流,用同一回线作接收天线测量 MRS 信号,这一过程被重复几十到几百次,记录下 MRS 信号并进行平均以提高信噪比。

由信号的幅度和衰减时间常数经过反演后得到含水层深度、厚度、单位体积含水量等

信息。在计算机控制下,通过有规律地改变脉冲矩大小来探测不同深度地下含水层的存在,即通过由小到大改变脉冲矩值,就可以获得由浅入深含水层的 MRS 信号。

为了获得 MRS 信号,将发射线圈铺设在地表,把频率等于拉莫尔频率的脉冲电流输入线圈,形成激发磁场,如图 9-8 所示。

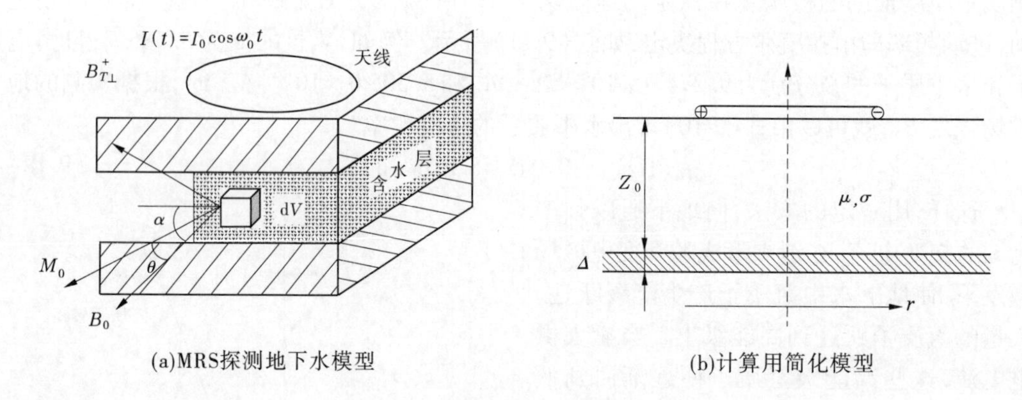

图 9-8　核磁共振地下水探测模型

$$I(t) = I_0\cos\omega_0 t \tag{9-19}$$

式中:垂直于地磁场 B_0 的激发磁场垂直分量 $B_{T\perp}^{+}$ 使质子的核磁化强度 M_0 偏离沿地磁场方向平衡位置的角度 θ 即为扳倒角,

$$\begin{aligned}\theta &= \int_{-\tau}^{0}\frac{1}{2}\gamma B_{T\perp}^{+}(r)\,\mathrm{d}t = \frac{1}{2}\gamma B_{T\perp}^{+}(r)\tau \\ &= \frac{1}{2}\gamma\frac{B_{T\perp}^{+}(r)}{I}I_0\tau = \frac{1}{2}\gamma b_{T\perp}q\end{aligned} \tag{9-20}$$

式中:$q=I_0\tau$ 是电流脉冲矩(发射电流与电流持续时间的乘积);τ 为交变场作用的时间,α 是地磁倾角。

激发场与地磁场、扳倒角的空间关系如图 9-9 所示。

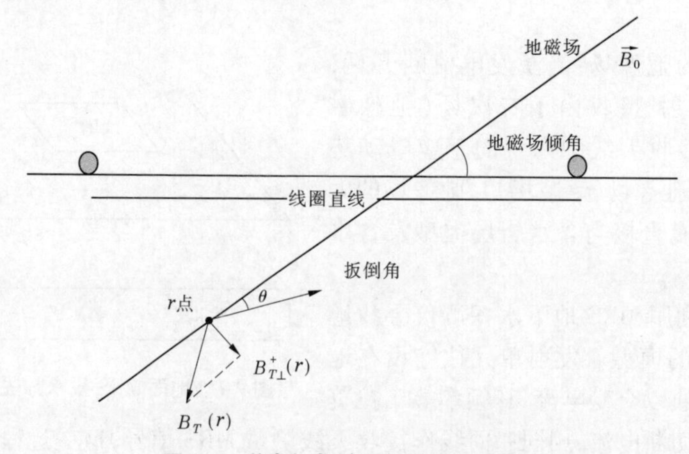

图 9-9　激发场与地磁场关系示意图

当脉冲终止后,接收线圈接收到自由感应电动势 $E(t,q)$

$$E(t,q) = E_0(q)\exp(-t/T_2^*)\cos(\omega_0 t + \varphi_0) \tag{9-21}$$

式中：T_2^* 是 MRS 信号的平均弛豫时间，实际工作时，测试到的 MRS 信号是某一激发脉冲矩下的地层信号的综合效应，因此不能测试到信号的横向弛豫时间 T_2。φ_0 是 MRS 信号的初始相位。由测试信号的幅度和衰减时间常数经过反演后即可得到含水层深度、厚度、含水量等信息。核磁共振测试数据特征参数与水文地质参数对比结果见表 9-1。

表 9-1　MRS 找水系统实测参数和对应的地质解释

MRS 测量的特征参数	反演解释得到的水文地质参数
MRS 信号初始振幅 E_0（单位：nV）	含水量（有效孔隙度）
MRS 信号的平均衰减时间 T_2^*（单位：ms）	孔隙大小（渗透性）
MRS 信号的初始相位 φ_0（单位：°）	含水层的导电性（电阻率）

野外试验归纳出的平均衰减时间（或称弛豫时间）T_2^* 则与含水地层的岩性之间有一定的近似关系，见表 9-2。可见平均衰减时间越长，含水层的孔隙也就越大。

表 9-2　实测平均衰减时间与含水地层岩性的近似关系

平均衰减时间 T_2^*（ms）	<30	30～60	60～120	120～180	180～300	300～600	600～1 500
含水地层	砂质黏土层	黏土质砂很细的砂层	细砂层	中砂层	粗砂和砾质砂层	硕石沉积	地面水体

弛豫时间与含水层颗粒大小的关系是间接的。对于具有同一大小的球状颗粒的沉积岩层来说弛豫时间直接与颗粒大小以及孔隙大小有关；而对于不同颗粒大小的混合物来说，弛豫时间与颗粒大小之间的关系比较复杂。

第二节　核磁共振法的找水工作方法

一、野外测点激发频率选取

野外测点激发频率的选取决定了核磁共振地下水探测仪发射机产生的磁场能否有效地将地下水激发，产生核磁共振。

（一）测量测点的地球磁场强度

地下水中氢质子的旋进频率取决于地球磁场的强度，要使发射机发射的电流脉冲的频率等于拉莫尔频率，才能保证氢质子产生共振。所以，准确的测定工作区的地磁场强度很重要。

地球的磁场是一个随空间和时间变化的磁场，地磁场强度在 30 000 nT（在赤道附近）到 60 000 nT（在南极、北极）范围。

使用磁力仪测量当地地磁场强度 B_0，如果工作区地磁场强度的水平梯度比较大，可以在测区选取几个有代表性的点,然后取平均值。要求磁场测量误差小于 2.35 nT(2.35 nT 对应 0.1 Hz 激发频率的变化)。为了可靠地检测信号,激发频率与拉莫尔频率之差应小于 10 Hz。

(二)确定激发频率

拉莫尔频率 $f_L(\mathrm{Hz}) = 0.042\ 6B_0(\mathrm{nT})$,所以 $f_L = 1.278 \sim 2.556\ \mathrm{kHz}$。取得可信的 B_0 后,点击 JLMRS - Ⅰ探测仪主控软件主界面工具栏的参数计算,在下方计算拉莫尔频率的"地磁场"栏内输入实测的地磁场强度,点击计算,即可在拉莫尔频率框中获得该拉莫尔频率,并记下此频率。

二、野外天线铺设方法

(一)选择线圈形状

JLMRS - Ⅰ型核磁共振地下水探测仪配置有至少 4 根 100 m 电缆。理论上,最佳的铺设线圈形状应该是半径为 100 m 的圆形,这样计算电磁场时比较简单。但在野外会有许多沟壑或树木等障碍物,很难铺设一个半径为 100 m 的理想圆形。所以,从铺设方便和勘探深度考虑,将 4 条 100 m 电缆按边长为 100 m 的方形铺设。边长为 100 m 的方形线圈对应的勘探深度为 100 ~ 130 m。也可以根据实际情况铺设边长 50 m 或边长 150 m 的单匝方形线圈,分别探测 50 m、150 m 深的地下水。

在电磁干扰较严重的地区,即线圈两端电磁干扰大于 1 600 nV 时,建议选择单匝方形铺设方法(如图 9-10 所示)或者单匝圆形铺设方法,这种方法可以有效地抑制噪声,探测深度为 50 ~ 75 m。

(二)线圈铺设

单匝方形:将 4 条 100 m 电缆按边长为 100 m 的方形铺设,如图 9-10 所示。除仪器附近的两电缆不连接外,将其余 3 处用接线端子串联,接头处务必良好接触并固定好,且使用接线盒保护导线接口,防止导线接头处接触大地。

单匝圆形:将 4 条 100 m 电缆按直径 130 m 的圆形天线铺设,如图 9-11 所示。

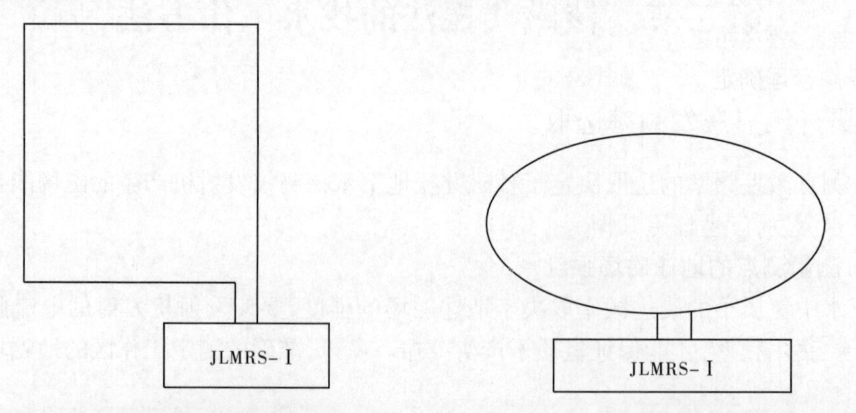

图 9-10　单匝方形线圈铺设示意图　　图 9-11　单匝圆形线圈铺设示意图

单匝方 8 字形:方 8 字形线圈铺设方向与主要干扰源走向一致,特别是电力线的干扰,线圈方向要与电力线的走线方向平行,如图 9-12 所示。对于点干扰源,例如村庄等,则按如图9-13所示方式铺设。

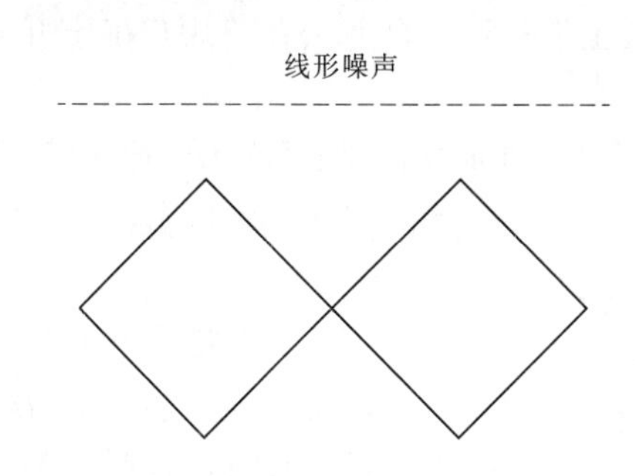

图9-12　线形噪声源单匝方8字形线圈铺设示意图

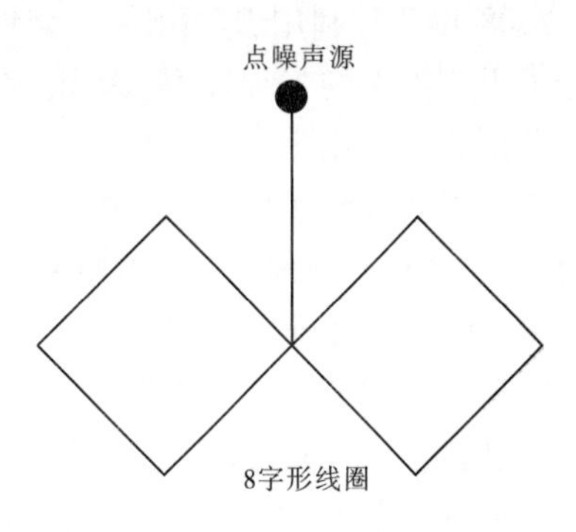

图9-13　点噪声源单匝方8字形线圈铺设示意图

单匝圆8字形：圆8字形线圈铺设方向如图9-14所示。

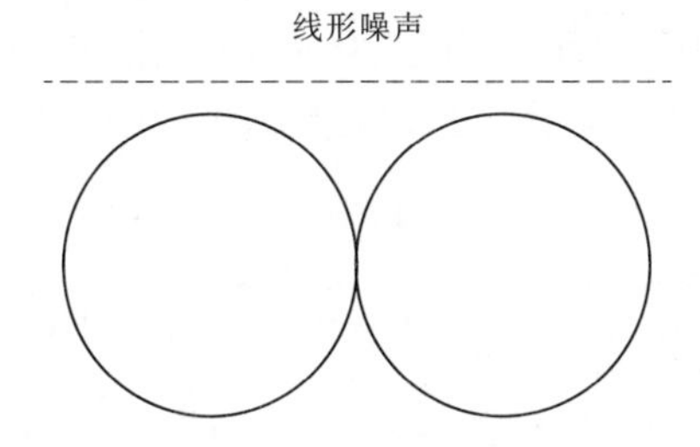

图9-14　线形噪声单匝圆8字形线圈铺设示意图

三、测点测线布置

由于测点测线探测方法仪器设备较为笨重，测量程序又烦琐复杂，且易受干扰，一般情况下以单点测量为主。在测量条件好的情况下布置测线测点时，测线方向应与可能的构造走向垂直，要尽可能远离铁路、地下管道和电力线等地电干扰。测点间距可视线圈直径、测量条件合理确定，一般可以回线边长作为测点间距。

第三节　核磁共振法找水应用实例

自JLMRS－Ⅰ型地下水探测仪2008年研制成功以来，先后在蒙古国以及我国的吉林、辽宁、云南、贵州、广西、内蒙古等26个市、区、旗县进行了170多处测量，找到地下水源地60多处。

一、在内蒙古四子王旗农田灌溉水源地探测中的应用

内蒙古四子王旗位于内蒙古自治区中部，旗境内地表水主要以塔布河流域为主，干旱、少雨、多风和蒸发量大是该旗的显著特点。多年来，国家、地方政府和群众投入了大量资金钻井寻找地下水源，但由于缺乏先进技术的指导，许多地区出现钻空井或成井水量不

足的情况，造成了大量人力及财力的浪费。

2008 年 7 月利用 JLMRS－Ⅰ型地下水探测仪在只几滩、太平乡、乌兰花、供济堂等地进行了十多点次的工程勘察，为当地农业开发办、正丰马铃薯种业公司等用户确定开采井位置及预测单井用水量。

四子王旗泉掌水库 No. 2 测点位于泉掌水库上游 2 km 左右，测区原为草原，欲开发为耕地，由于该区降雨量较小，主要采用地下水灌溉。为确定地下水出水量与含水层深度，利用 JLMRS－Ⅰ地下水探测仪进行了探测，以指导确定井位进行钻探。

图 9-15 是 2008 年 7 月 7 日在泉掌水库 No. 2 测点的探测结果，测点信息和测量参数如下：地磁场：55 762. 91 nT；线圈形状及大小：边长 150 m 方形；叠加次数：4 ~ 16 次；从图 9-15 中 FID 信号曲线和 $E_0(q)$ 曲线可以看出，噪声在 5 ~ 165 nV 范围内，信号在激发脉冲矩 1 940 A · ms 时最大，为 1 648 nV；激发频率为 2 376. 7 Hz，获取的信号频率范围主要分布在 2 370. 0 ~ 2 375. 2 Hz，说明获取信号频率稳定，信号可信。从含水柱状图可以看出，地表 2 m、7 m 左右含有少量地表水，在 20 ~ 25 m 处有一层中粗砂含水量 25% 的含水层，在 25 ~ 60 m 处是黏土质砂、很细的砂层，含水量约 10%；在 60 ~ 75 m、75 ~ 105 m 处是中砂层，也含有地下水；在 105 ~ 150 m 深度区间含水量很少。综合分析说明，该区主要含水层分布在 20 ~ 75 m，地下水较丰富，可以供给该测区内的农田灌溉。

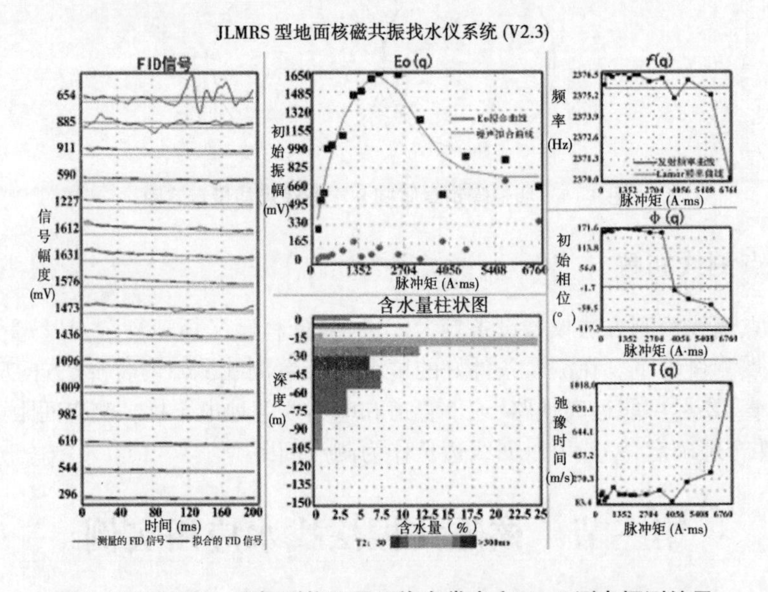

图 9-15　JLMRS－Ⅰ探测仪四子王旗泉掌水库 No. 2 测点探测结果

二、在内蒙古二连浩特城市饮用水源地探测中的应用

二连浩特市位于内蒙古自治区北部，年际雨量变化大，平均降水量为 139. 5 mm（1996 年降水量最多，为 256. 9 mm；2001 年降水量最少，为 39. 7 mm）。地表无河流水系，水资源严重缺乏。

2009 年 7 月 5 日，利用 JLMRS－Ⅰ在该区进行了探测，对该古河道地下水进行了评估。在该区共进行了 16 个测点的测量，其中有 12 个适合成井的测点，解决了我国极其缺水的边境城市二连浩特市居民的生活用水问题，保证了祖国国力的不断发展壮大。图9-16为ERL9、ERL16、ERL17、ERL7、ERL4测点含水量剖面，图中上部浅色部分表示含水量较少的情况，含水量比例可视为0%，下部深色部分表示含水量较多的情况，含水量比例一般为5%。

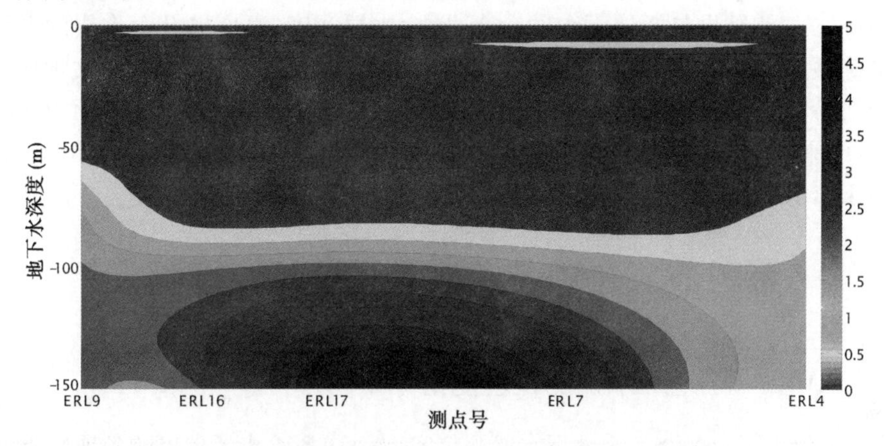

图9-16　ERL9、ERL16、ERL17、ERL7、ERL4测点剖面

三、在蒙古国哈拉特乌拉铁矿供水水源地探测中的应用

山金公司蒙古国哈拉特乌拉铁矿供水工程位于蒙古国中戈壁省戈壁乌嘎塔拉苏木境内，主要供水对象为采选矿用水和生活用水，工程初步拟定供水量为生活用水300 m^3/d，生产用水15 500 m^3/d，其中采矿500 m^3/d，选矿15 000 m^3/d。2009年4月，利用JLMRS－Ⅰ型地下水探测仪在该区进行地下水探测。

图9-17是该测线部分地下含水量分布剖面图，浅色表示0%，深色表示5%。可以确定在SJ2－19点、SJ2－25点、SJ2－26点地下水水量最为丰富，与原有地质资料相吻合，进一步圈定了地下水的分布及含量。

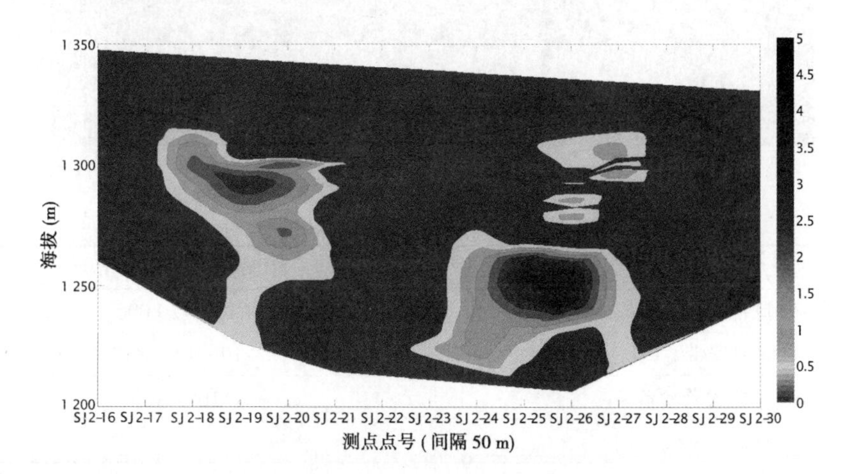

图9-17　主要含水区水量剖面图

该项目为山金公司蒙古国哈拉特乌拉铁矿工程评估了地下水分布、深度、含量等信

息，保证了该铁矿的开采点、开采规模及开采年限等合理化规划与设计。

四、在内蒙古杭锦旗地下水资源普查中的应用

在该工区内布设了每 5 km 一个测点的测试网格，完成了近 20 个测点的探测工作，深度达 150 m。探测结果包括地下水的含水量，含水层深度、厚度以及含水层的平均孔隙度，并准确预测了单井涌水量。探测结果与打井资料以及该工区已有的水文地质资料对比相一致，为该工作区 700 km^2 的地下水资源评价提供了可靠的水文地质评价依据。

打井结果：该测点水井成功出水，出水量达到 240 m^3/d，原本专为当地中小学打的供水井，由于出水量大，还同时解决了该镇 1 万人的居民生活用水。

第四节　JLMRS－Ⅰ型核磁共振探测仪

一、JLMRS－Ⅰ地下水探测仪性能指标

图 9-18 给出了 JLMRS－Ⅰ地下水探测仪实物；表 9-3 给出了仪器的各项性能指标。

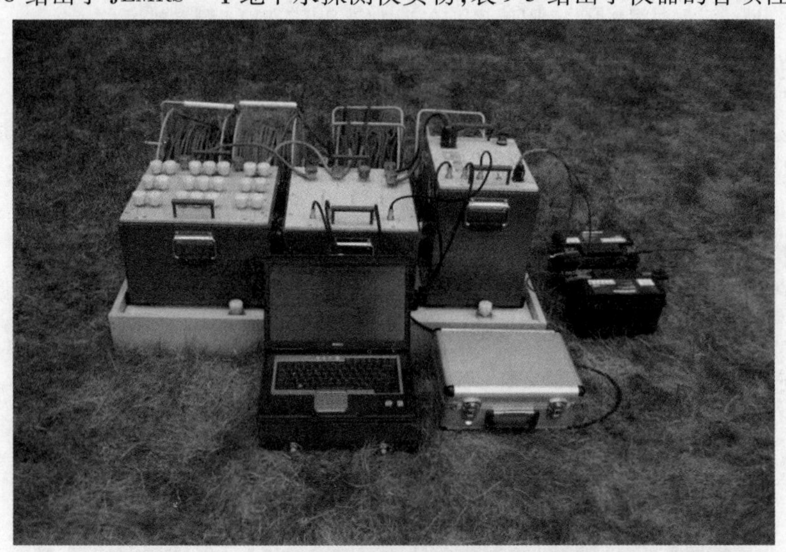

图 9-18　JLMRS－Ⅰ型核磁共振地下水探测仪

表 9-3　JLMRS－Ⅰ地下水探测仪性能指标

名称	JLMRS－Ⅰ技术指标
脉冲矩（A·ms）	100～20 000
滤波器带宽（Hz）	10～122 程控
放大器增益	10^3～10^6
噪声（$nV/\sqrt{Hz}$）	5
采样频率	4～32 倍 Lamor 频率
最大探测深度（m）	－150

二、核磁共振地下水探测技术展望

核磁共振法探测地下水技术与其他地球物理方法找水技术相比,尤其是商品化的探测仪器问世才仅有十几年的历史,从技术方法到仪器设备上,都还很不成熟。2009 年 10 月,法国举办了第四届核磁共振找水技术国际研讨会,旨在进一步扩大这一地球物理新技术的影响力,推动核磁共振找水技术向纵深发展。它与医学核磁共振成像相比,尽管二者的基本原理相同,又存在着许多根本性的差异。

(1)核磁共振探测地下水是利用地磁场,而医学核磁共振成像是利用人工磁场,地磁场的是 500 ~ 600 mG,人工磁场的强度是 0.2 ~ 7.0 T,常见的为 1.5 T 和 3.0 T,即地磁场强度约是人工磁场强度的十万分之一。由于二者的强度不同,核磁共振探测地下水和医学核磁共振成像采用的激发频率分别为 1 ~ 3 kHz 和 30 ~ 300 MHz。显而易见,在低频弱地磁场中激发远比人工产生的射频强磁场激发困难得多。

(2)为了激发地下水中的氢质子,要在同一线圈中发射几千伏的高压,此时线圈中的电流最大可达 450 A,在瞬间切断高压后还须立即用同一线圈进行地下水产生的 nV 级核磁共振微弱信号的测量,这种不稳态条件也给信号测量带来了很大困难。

(3)医学核磁共振成像测量时,人体距离仪器最远不足 1 m,且为熟知目标,而地下水的探测距离达 100 m 以上,基本上为未知体,被测对象越远,信号衰减越大,又给测量和解释带来了巨大影响。

(4)医学核磁共振成像在室内进行,可以采取有效的措施屏蔽远离电力线等强电磁干扰源,而核磁共振探测地下水在野外操作,电力线、厂矿企业、居民区等人为干扰因素众多,对仪器的强电磁干扰能力要求更高了,往往会达到不可逾越的程度。

(5)目前而言,核磁共振法探测地下水的最大深度仅为 150 m,这在多种场合下远远不能满足实际需求,尤其在一些缺水地区,更是山高水险,利用核磁共振技术来探测地下水则显得有点望尘莫及。

综上所述,核磁共振探测地下水技术虽然是一种新的直接找水方法,但还存在着仪器笨重、易受干扰、测量深度浅等诸多问题,还有待人们进一步去攻克。

第十章　双频激电法找水技术

第一节　双频激电法的基本原理

双频激电仪是在中南大学何继善发明的双频激电法的基础之上,新近发展起来的一种频率域激电找水方法。由于双频道激电法具有仪器轻便、快速、成本低、抗干扰能力强、测量精度高且不需稳流等特点,更较为适用于地下水资源的探查领域,从而丰富地下水探查方法、加快探测速度、扩大探测深度,提高探测效率。

双频道频域激电法是频率域激发极化法,该方法把两种频率的方波电流叠加起来,形成双频组合电流,同时发送或接收激电总场的电位差信息。一次同时得到低频电位差ΔV_L和高频电位差ΔV_H,进一步提高了效率,同时供电同时测量,一些偶然因素对ΔV_L和ΔV_H的干扰相同,计算时因相减而抵消,从而提高了精度。根据需要可以测量它们的振幅或(和)相位,形成幅频测量和相频测量,既可只测一组双频信号的各个参数,也可根据需要测多组双频信号以形成频谱测量,基本原理如图10-1所示。

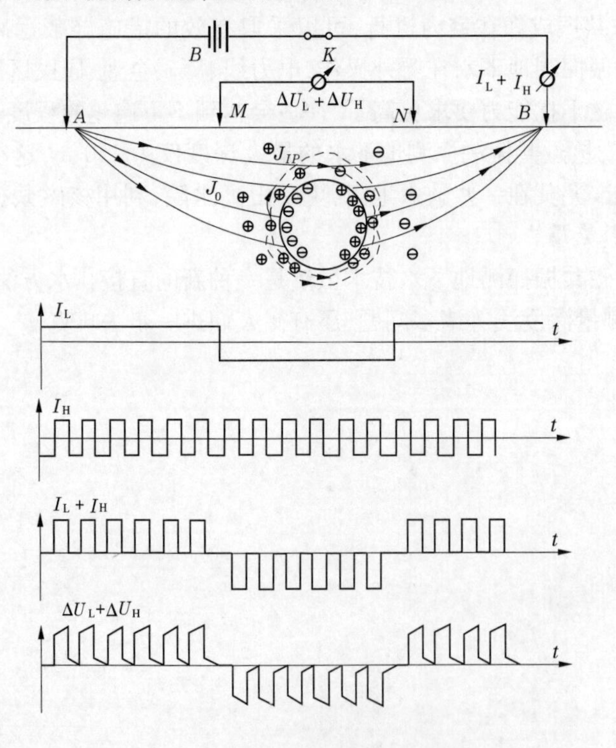

图10-1　双频激电原理示意图

双频激电法可任意组合频率,发送电流的变化对双频观测结果的影响可以忽略,故对发射电流要求不高,而最具特色的是其抗干扰能力强。由于同时接收高低电位差,再取其差值,因而各种偶然干扰受到很大压制,特别是对 50 Hz 的工频干扰压制特别强。双频同时观测,不需要改变频率,可一机发送,多机接收。双频激电法独有的斩波去耦技术可以方便地抑制电磁耦合影响,这些特点对电磁环境非常复杂的地下水探测具有非常独到的优势。

第二节　双频激电法的工作方法

一、电极排列形式的选择

双频激电法的野外工作方法与前面所述的直流电阻率法、直流激电法基本类同,电极排列形式的选择是由任务、地质条件、探测对象的埋深、地层产状、物性差异以及电磁耦合和技术设备上该排列的可行性等多种因素所决定的。对一般的工作而言,当工作区的地电条件一定时,选择电极排列形式主要应考虑以下几条原则:①装置轻便;②异常幅值大;③异常形态简单;④极距相同时,反映深部极化体的能力强;⑤能清楚地反映极化体的产状;⑥受电磁感应影响小。

在选定了电极排列形式后,异常形态、大小和范围与电极距的大小有关。为了合理地选择电极距,可采用以下两种办法:

(1)在测区内有代表性的地段上布置双频激电测深,这时可根据激电测深曲线极值点或趋于饱和的点,选择最佳极距。

(2)通过分析,研究测区内已知矿体的形态、大小和埋深,并结合所选定的电极排列形式,选择适当的电极距。

①中梯排列:$AB=(4\sim10)h$;h 为顶部埋深;$MN=(1/20\sim1/50)AB$。并且在进行面积性工作时,MN 不得大于 2 倍点距,以期获得较好的分辨能力。

②对偶极排列:对于脉状矿体,则 $OO'=L+I$ 或 $OO'=(3\sim5)h$,$AB=MN=(1/4\sim1/6)OO'$。

③对于三极排列:对于脉状矿体,则 $AO=BO=L+I$;$AO=BO>3h$;$MN=(1/3\sim1/15)AO$。L、I 分别为矿体走向长度之半及矿体下延长度之半,h 为矿体顶埋深。最后应指出,电磁感应耦合也是选择极距时应该考虑的因素。一般来说,电极距越小,导线越短,电磁耦合作用越弱,其影响越小。

二、测点观测信号

(1)对于需要人工换挡的接收机,输入信号不得小于测量挡的 1/3,否则应换置小一挡的量程,如在 20 mV 挡输入信号应不小于 6 mV,如信号小于 6 mV,应置 6 mV 挡,这样才能保证观测精度。如在大挡读小信号,读出的电位差值和幅频率值有可能都是假值,且读数经常不稳定。

(2)输入信号大小不清楚时,量程应先置大挡,再视信号大小选择合适的挡。

(3) M、N 间的接地电阻不能太大,最好不要超过 30 kΩ,如 F_s 出现负值,首先应检查 M、N 间的接地电阻。

(4)在干扰大的地区,在读数不够稳定的情况下,建议采用多次读数取平均值的办法来保证精度。

三、测网的选择

在布设测网以前,首先应根据地质资料及以往物化探资料合理地确定测区的范围。测区范围应包括可能赋存矿体的地段,保证探测对象完整,并含有一定的正常场。

测网密度由工作性质、探测对象大小及其埋深来确定。为了不漏掉有意义的异常,在普查工作中,线距应小于被探测极化体的走向长度以保证有 1 ~ 2 条测线通过极化体,点距则应保证至少有 3 个点分布在极化体上。在详查工作中,至少应有 3 ~ 5 条测线和 5 ~ 10 个点穿过极化体。在精测剖面中,要求点距达到这样的程度以至于再加密时,不会使异常基本形态发生变化。

在未知区进行较大的面积性工作或进行国土资源大调查时,可参照以下测网密度:草查可采用 1∶5万的网度,普查可采用 1∶2万的网度,详查可采用 1∶10 000 ~ 1∶2 000 的网度,精测剖面的测点密度应控制在 20 m 的范围以内。

测线方向应垂直被探测对象的主要走向或主要构造的方向,当走向变化时,测线应垂直平均走向。

四、对称四极剖面和对称四极测深

在双频激电测量中,对称四极剖面应用较少但测深应用较多,如图 10-2 所示。对称四极排列的 AB 和 MN 对称分布,共有一个中心点 O,O 点也作为记录点,规定 $MN = l$,$AB = 2l$,A、M、N、B 4 个电极同时沿测线移动,如图 10-2(a)所示,这种排列在西方国家称为“Schlumberget”排列。当 $AM = BN = MN = l$ 时,又称为“Wenner”排列,如图 10-2(b)所示,这类排列的探测深度随 l 增加而增大。在做双频激电测深时,通常固定 MN,逐步增加 AM 和 BN,如图 10-2(c)所示,这样可在同一测点得到不同深度上的地电信息。像前面所述的电阻率测深法一样,根据一条剖面不同测点上的测深可编制不同的激电测深拟剖面图。诚然,双频激电法的工作方法可多种多样,但多采用对称四极排列形式的激电剖面法和测深法。

关于对称四极排列剖面和激电测深的优缺点可评价如下:

(1)与偶极剖面相比,同样极距,对称四极所需的供电电流要小。例如,设 $MN = 40$ m,取 $n = 1$,偶极排列的供电电流要求比同样极距的对称四极排列大 1.6 倍才能获得同样大小的电位差。如果取 $n = 5$ 的偶极排列,则为了得到与相同极距的对称四极排列同样大小的电位差,偶极排列的供电电流要大 5.9 倍。因此,在接地条件不好的地区,从获得足够大的电位差来说,用对称四极排列会方便些。

(2)从移动导线来说,偶极排列会方便些,因为其 AB 间的导线短,而对称四极的 AB 线要长些。

(3)双频激电测深,可以获得矿体顶部埋藏深度等重要信息,在详查或勘探阶段经常

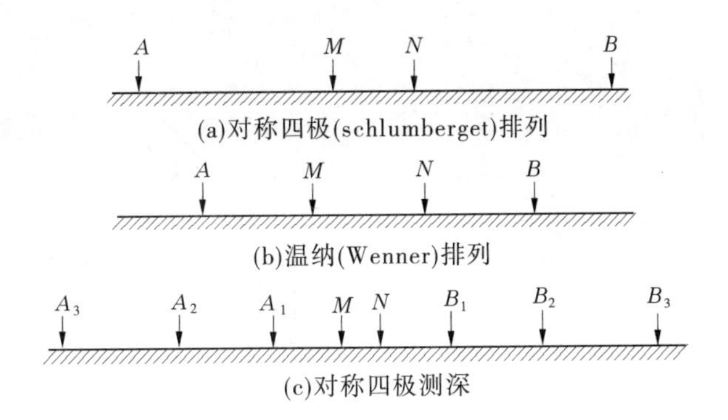

图 10-2　对称四极排列与对称四极测深

采用,但由于每个极距测量都要移动供电电极和供电导线,因此其工作效率低,不宜大面积使用,只选择很必要的地方做若干个点。

(4)激电测深和电阻率测深一样,只有当被探测的地质体是无限大的水平层时,它才能对二层、三层介质等反映为二层或三层曲线。对有限延展的地质体,测量曲线的形态与测点位置有关,且曲线特征主要受地质体上部的影响。

(5)多个激电测深的结果也可绘制拟剖面图,以分析地质体形态和产状。

五、三极排列和联合剖面

三极排列由沿测线排列的三个移动电极组成:一个供电电极 A 和两个测量电极 MN,另一个供电电极 C 固定放在远处,习惯上称之为无穷远极,测量结果只取决于 A 极产生的电场,如图 10-3 所示。极距按如下规定,$L=OA=$极距,O 为 MN 中点,$l=MN$。探测深度随 L 增加而增大。记录点通常可选为 MN 中点或 AM 的中点。由于这种装置不对称,发现的异常要离开极化体正上方向 MN 方向位移。因此,在图示或报告中要标明记录的位置。

如果在 MN 前、后各置一供电电极 A、B,同时用无穷远极 C 作为公共的供电电极,在每一测点上用一对 MN,分别用 A、C 供电和 B、C 供电,进行两次测量,组成 AMN 和 MNB 两个三极测量,这种方式便称为联合剖面法。由于异常位置与记录位置有关,在联合剖面中通常选 MN 中点作为两次结果的公共记录点。对于同一极化体,AMN 和 BMN 的测量结果将在极化体上方形成交点。利用这种交点的性质和曲线的不对称性可以判断极化体的产状、形态。和偶极—偶极排列一样,利用三极排列也可进行拟剖面测量,只是这种方式较少采用,如图 10-4 所示。

对于三极排列和联合剖面排列,其优缺点可评述如下:

(1)由于无穷远极固定,而且可以找一个接地条件好的地方埋设。三极排列只要移动三个电极,因此相对偶极剖面而言,节省了一定工作量。这种排列,也可预先布置电极以减少移动电极的时间。

(2)联合剖面对各类极化体的反应能力大致与偶极剖面相当,对板状体产状反应更灵敏。它虽然比单个三极排列花费大些,仍是值得的。

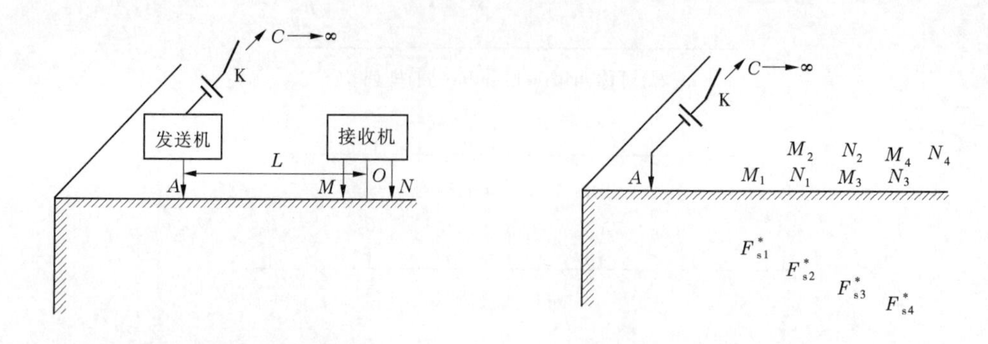

图 10-3　三极排列示意图　　　　图 10-4　三极排列拟剖面测量方式

(3)这两类排列最大的特点是供电极中要一个无穷远极,无穷远极要布在地质情况简单、接地电阻小、通行容易的地方,且它离另外几个电极的最短距离应不小于 5 个极距 L,这样才能保证它对电位差的影响小。

以长导线布设的无穷远极使这类装置的电磁耦合效应常常比偶极剖面的大。为减小电磁耦合效应,通常要求无穷远极尽量布置在垂直于测线的方向上,且 MN 尽量采用短导线连接。

六、二极排列

在三极排列中,若将一个测量电极 N 也置于无穷远处,便成为(AM)二极排列。如果采用的 AM 不大,也可称为近场源激电。其优缺点如下:

(1)二极排列的一个测量电极 N 在无穷远处,其电位为零,观测的是 M 点的电位,因此信号较强。如果 AM 取得较小,可在电流不很大时,得到较强的观测信号。

(2)与 MN 较小的电极排列相比,电位测量的探测深度较大。由于 N 极布在很远,MN 之间的距离大,易受大地电流等各种干扰,且分辨率也有所下降。

(3)如果 AM 取得较小,A 极附近(地表附近)存在极化不均匀体,会形成明显异常,从而干扰甚至掩盖下部矿体的异常,故适宜在围岩极化率低的情况下使用。

(4)由于有两个无穷远极,它们的布设好坏是这种排列施工中最重要的问题。通常,为减小导线间的耦合作用,两个无穷远极要放在不同的方向上。一般,供电极 B 可放在垂直测线的方位上,而测量极 N 则可放在测线的延长线上,且保证测量中 M、N 间的距离不小于 $5AM$;另外,B、N 间距离也要大于 $5AM$,以免 B 极影响观测结果。在山区地形复杂,B 极和 N 极可沿等高线、山谷放置。当然,此时必须注意导线间的耦合效应。

七、观测频率的选择

进行双频激电法工作时,至少要用一对频率。选择频率对要考虑异常幅度、观测速度、电磁感应耦合影响和干扰情况等因素。

虽然异常的大小与极化体的幅频特性有关,但是为了提高效率,在野外往往只观测一对频率的电位差并计算视幅频率。为保证视幅频率有一定的异常幅度,一般而言应使低频足够低而高频足够高。若以 S 表示高频和低频的频率比,即 $S=f_H/f_L$。从理论上可以证明,当 S 很大且 f_L 趋于零时,视幅频率异常与时间域延迟时间很小的视极化率异常的幅度是相等的。随着 S 的减小,视幅频率 F_s 异常值将减小。

为进一步分析,需说明异常"衬度"的概念,它是指异常相对背景值的明显程度,或者反差,定义为异常最大值和正常背景场值之比。例如,有一个异常,其正常场值为5%,异常最大值为8%,则异常的衬度为1.6。另一个异常正常场为2%,最大值为6%,则异常衬度为3。前一个异常的最大值虽大,但由于正常场也高,其衬度却比第二个异常小。从发现异常的角度,显然第二个异常更明显些。因此,在观察评价异常时,既要注意到异常的绝对值,也要注意其衬度。

频差不同,虽然异常绝对值相差甚大,但异常衬度却相差不大,即用不同的频差,其反应异常的能力是相近的。因此,频差不一定要选得很大。为保证异常明显又易于达到所需的观测精度,必须要有足够的频差,即低频要足够低,高频要足够高。

实际工作中,低频只能低到一定程度不能用得太低。这主要有两个原因:①低频太低将大大地降低生产效率,影响观测速度。从电路原理可知,任何仪器线路都有暂态过程。暂态过程与很多因素有关,其中之一是工作频率。一般地说,暂态过程至少要有3个低频工作周期。例如,当低频为0.1 Hz时,其周期为10 s,那么它的暂态过程至少有30 s,即供电30 s后才能得到可靠而稳定的读数。如果用更低的频率,则暂态过程更长,读数也更慢,因而降低了观测速度。②大地电流的干扰。由于大地电流随频率降低而加强,因而当频率太低时,观测结果将因受大地电流的影响,而使信噪比降低。

因此,在常规双频激电法中,低频一般都不低于0.1 Hz。

高频也不能过高,主要原因也有两个。一是电磁感应耦合随频率增高而急剧增大。由于电极排列方式和极距一般已根据地质任务和地电条件确定了,在这种情况下,就可以定量地评估感应耦合问题了,为使感应耦合足够小,选择高频的近似公式为

$$f_H \leqslant \rho_s\left(\frac{200}{AB}\right)^2 \quad \text{（对中梯排列）} \tag{10-1}$$

$$f_H \leqslant \rho_s\left[\frac{600}{(n+1)a}\right]^2 \quad \text{（对偶极剖面）} \tag{10-2}$$

例如,若 $\rho_s=100\ \Omega\cdot\text{m}$,$AB=1\ 000\ \text{m}$,如用中梯排列,$f_H$ 应小于4 Hz。在同样条件下,偶极剖面观测时,若取 $n=1$,$a=500\ \text{m}$,f_H 只要不大于36 Hz即可。

频率不应用得太高的另一个原因是为避开50 Hz的工业电流干扰。工业电网都接有地线,地下总存在50 Hz的交流成分,而且用电情况随时都在变化,工业干扰是随机起伏、十分复杂的。因此,一般仪器都采用滤波方法,将50 Hz干扰压至最低。国内外长期的经验表明,野外工作的高频一般以不超过5 Hz为宜。

现在野外常用的SQ-3C双频激电仪设计了4组频率对以供选择:

0组:1 Hz与1/13 Hz;

1组:2 Hz与2/13 Hz;

2组:4 Hz与4/13 Hz;

3组:8 Hz与8/13 Hz。

它们的高、低频差都选为13,这是对全国许多地区岩、矿参数进行分析而确定出的,13倍频差,既保证了足够的异常幅度、异常衬度,而且又使得在各种地电条件下,高、低频有很宽的选择空间。

有了这4组频率对,SQ-3C的适应性已经很好了。在这4组频率对中,第2组是主要推荐的频率组。对我国大多数地区都可以适用。如果电阻率小于60 Ω · m或者$AB>$ 1 000 m,则可选用1组或0组频率对。如果做偶极—偶极剖面,为了加快速度,也可以选择第3组频率对。

在双频频谱激电仪中,提供了多组可供选择的频率对,而且对感应耦合问题,也找到了斩波的校正方法,并已在仪器设计中应用,其抗耦效果是明显的。

八、供电电流强度

数字式双频激电仪具有很好的选频、滤波特性和较高的读数分辨能力,并且观测的是总场,因此不需要供很大的电流,一般几十至几百毫安即可,用几十瓦至几百瓦的功率就可以了。但是,当干扰水平较高或测区的视电阻率较低、信号较弱时,应加大供电电流,以提高信噪比,电流的大小以读数稳定为原则。

应该指出,对于偶极剖面而言,由于偶极场衰减较快,在隔离系数n较大时,为了使接收机能观测到足够的电位差ΔV_{MN},应加大供电电流。

九、工作中电磁感应耦合的避免

电磁感应耦合的影响可用下面的公式来衡量其大小。

对于中梯装置:当$э=b^2f/\rho_s\leqslant10^4$时,感应耦合可以忽略。

轴向偶极装置:当$э=f(n-1)^2a^2/\rho_s\leqslant600^2$时,感应耦合可以忽略。

通过计算,如果电磁感应耦合的影响不能忽略,则必须将观测结果加以校正。

在频率域激电法的施工中,为了减小或避免电磁感应耦合,可以采取下列措施:

(1)合理选择装置类型:在常用的装置中,感应耦合以偶极装置最小,三极装置次之,中梯装置和四极装置最大。

(2)合理选择电极距:在不影响勘探深度的前提下,尽量减小电极距,这样可以明显地减小电磁感应耦合。

(3)合理布置测量导线与供电导线:中梯装置采用Π形布极,增大AB与MN线间的距离可以压制感应耦合,AB与MN线间的距离不得小于20 m,潮湿和低阻地区还应适当增大。

(4)为了减小供电线与大地间的电容、电感耦合,潮湿地区和水塘处应将AB线架空。

(5)工作频率f_G不宜过高(对于双频仪来说不存在选频问题)。

(6)在低阻地区采用大极距工作时,可使用S-3抗耦双频激电仪,该型号仪器能在工作中有效地消除感应耦合效应,也可以选用SQ-3B型双频激电仪的低频组。

十、激电测量中观测精度的评价

为衡量双频激电测量的观测精度,需要按规范对原始观测进行一定数量的独立检查观测。一般检查的物理点数应不少于总物理点数的5%～10%,必要时可增加到20%,若达不到精度要求,则整个原始观测应作废。计算误差时,允许舍去确认超差的个别点,被舍去的点数,不得超过参加计算点数的1%。关于对检查观测的其他要求,可参考有关的工作规范。

在正常场上,视幅频率 F_s 以均方误差(ε)衡量精度:

$$\varepsilon = \pm \sqrt{\sum_{i=1}^{n} \frac{(\Delta F_{si})^2}{2n}} \tag{10-3}$$

式中:ΔF_s 为第 i 个检查点上检查观测的 F_{si} 与原始观测的 F_{si} 之差,即 $\Delta F_{si} = F'_{si} - F_{si}$;$n$ 为检查总点数。

在异常场上,F_s 的观测精度用均方相对误差(M)来衡量:

$$M = \pm \sqrt{\frac{2\sum_{i=1}^{n}\left(\frac{F'_{si} - F_{si}}{F'_{si} + F_{si}}\right)^2}{n}} \tag{10-4}$$

视电阻率 ρ_s 无论在正常场或在异常场上都用均方相对误差衡量,只要将其中的视幅频率 F_s 换为视电阻率 ρ_s 即可。

一般情况下要求 F_s 的 $\varepsilon \leqslant \pm(0.4\% \sim 0.5\%)$。对异常和背景均较低弱的地区,或为了特殊的地质任务要求,可设计高精度,如 $\varepsilon \leqslant \pm(0.2\% \sim 0.3\%)$。

第三节 双频激电法的资料整理和解释

双频激发极化的野外观测结果以前是手工记录在野外记录本上,现代的智能仪器,例如SQ系列双频激电仪则可以将读数记录在可读存储器中。不论采用何种记录格式,野外观测结果都需在室内做进一步整理,编绘有关的图件,为进一步的成果解释做好准备。

双频激电和时间域激电观测结果的图件形式是相同的,图的编绘应按有关规范进行,事实上,双频激电测量的同时总是得到电阻率数据的,它们的图件是对应的。

双频激电测量中,可以编绘的图件有 F_s 测深曲线、F_s 剖面(包括平面剖面)曲线、F_s 拟剖面图、F_s 平面等值线图等。在任何情况下,都要和上述图件一起,提供一张测区布置图,以便标记测线和测点位置。这种测区布置图上还经常绘有地形、地质和矿产资料及已施工或设计的钻孔位置,如果将测得的地球物理成果的主要特征也绘制在该图上,实际上这是一张地质物探综合图件,许多单位已实现了编绘的计算机化。

各种图件的编绘许多读者很熟悉,下面只讨论几个应用中的问题,提醒使用者注意。

(1)中梯结果的基本图件应该是剖面图或平面剖面图,而不是平面等值线图。前面已讲到,中梯的异常形态与供电电极位置有关,在存在极化体时,不同测区的接头处存在脱节现象。此外,即使是在 AB 中部的球体,其等值线图上也表现为垂直于 AB 方向变长的形态,容易误认为长条状,而不是等轴状。对于有一定延伸方向的矿脉,其平面等值线上的异常形态则与 AB 线方向有关。在面积性工作时,测线方向及供电点位置与各地质体间的关系不可能很简单。这种种因素使得中梯的平面等值线图给出的异常并不简单直观，反而容易产生误导。因此，不应将其作为基本图件。要结合供电电极与极化体的相对位置等实际情况进行分析，而不能简单地对号入座。

绘制平面图或剖面图时，应同时将供电电极位置绘在上面，一线供电多线观测时，记录上应区分哪些数据属于哪对供电极。

(2)绘制电测深曲线时，一定要标明供电极移动的方向。

(3)偶极—偶极拟剖面图在前面已经讲过，这里介绍一下用多极距结果绘制平面图的方法。

如果用单一极距的结果绘制平面图，结果常常不满意，因为异常的极大值常常并不在极化体上方，这是电极效应造成的。因此，有人建议用加权平均的方法编绘平面图，经试用效果尚好，故予以介绍。

各种不同形态的拟剖面图有一个共同的特点，即异常的极值形态都呈八字形分布。这是因为随着极距加大，异常出现双峰，极距越大，双峰间距离也越大，因此提出进行加权平均，图 10-5(a)中给出了拟剖面的基本数据，中间的梯形窗口表示将框内的数据加权平均并记录为 81 点数据，图 10-5(b)数据表示各极距上平均后 81 号点的加权平均结果，例如：

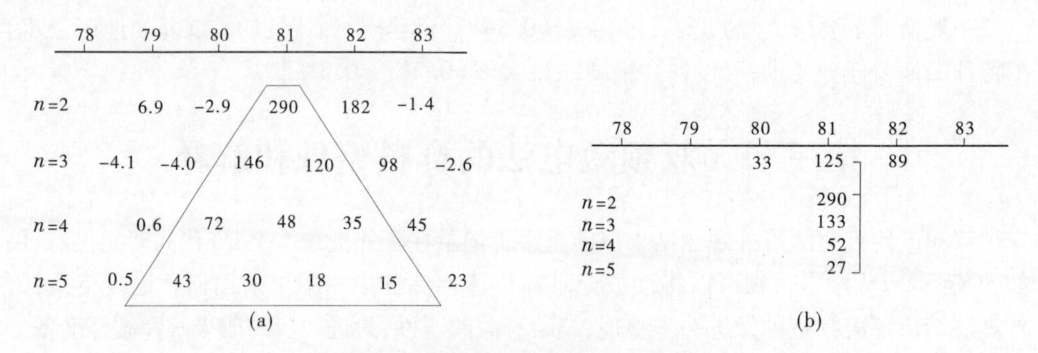

图 10-5　编拟剖面图的加权平均法示意

在第一层($n=2$)中，只有一个数据 290；

在第二层($n=3$)中，平均数为$\frac{146+120}{2}=133$；

在第三层($n=4$)中，平均数为$\frac{72+48+35}{3}=52$；

在第四层($n=5$)中，平均数为$\frac{43+30+18+15}{4}=27$；

因此，82 号点各层的总平均数为$\frac{290+133+52+27}{4}=126$。

用同样的办法，将相关梯形窗口对准 80 号点可得加权平均值为 33，这样依次下去，便可得出一条剖面上的加权平均值。

图 10-6 是一个例子，它是某测区的零号剖面。图 10-6(a)为拟剖面图，图 10-6(b)则为加权平均值的剖面图，可见其形态相对简单。

如果对整个测区都算出加权平均值，图 10-7 便是 F_s 加权平均平面等值线的例子，它

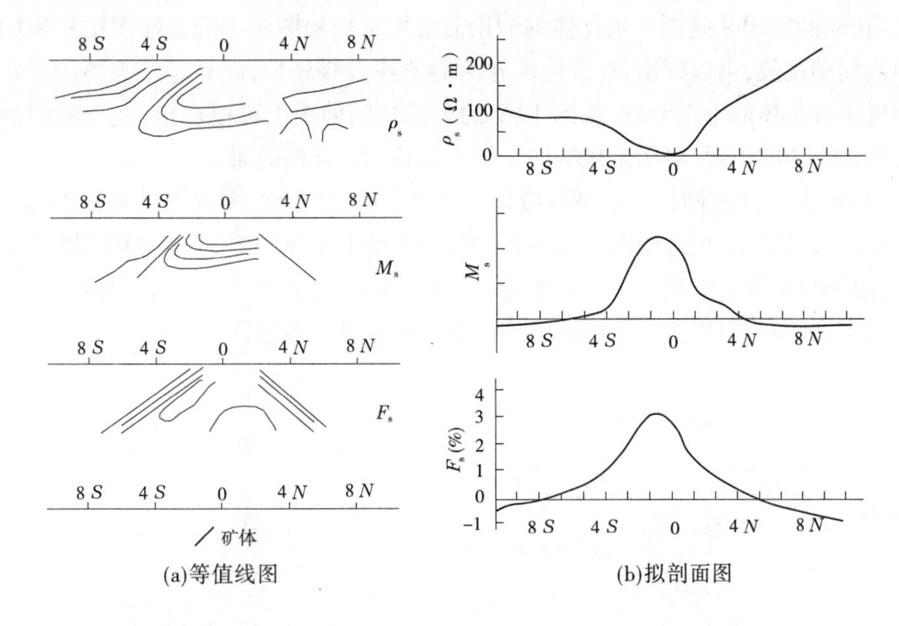

图 10-6　零号剖面加权平均法绘制 ρ_s、M_s、F_s 剖面图的例子

的零号剖面图便是图 10-6。

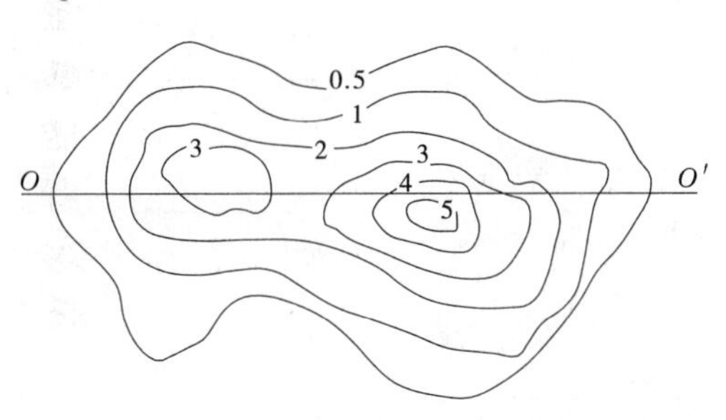

图 10-7　加权平均后视幅频率 F_s 平面等值线图

一般来说,这样加权平均后,所得曲线光滑,异常峰值与极化体在地表投影对应得比较好。

上面介绍的是加权平均法绘平面图,此方法简单,效果也不错,下面再介绍一种绘拟剖面图的简单的平均方法。

如图 10-8 所示,其上部图是用偶极剖面标绘拟剖面图的方法,a 和 b 值都记录在由偶极中心引出的 45°直线的交点上,现在的方法是,取 a 和 b 的代数平均值$(a+b)/2$,并将此值记录在中间的发射偶极的垂线上。因此,对于 n 层拟断面图的每个分层所需要的就是将 $n+1$ 间隔的每一对数据的平均值算出来,并把这些平均值标记在同一分层所选各对数据点的中点上。这种方法有人称为"混合绘图法",其实在电阻率法中早已使用过。

图 10-8 和图 10-9 是同一极化体的理论曲线用常规绘图法和混合绘图法绘制的剖面图和拟剖面图比较，可以看出，混合绘图并不能消除多峰异常，而只是将主要的异常部分很好地置于极化体的垂直上方，从图 10-9 的理论拟剖面图上可以看出，混合绘图能准确地确定出极化体的位置，而用常规绘图法就不能达到这样的效果。

图 10-10 是一向西倾斜的浸染状硫化物矿体上用常规绘图和混合绘图给出的拟剖面图的比较。可以看出，混合绘图给出硫化物体轮廓的形象比较清楚，矿化引起视电阻率减小，低电阻率异常等值线反映出矿化体向西倾斜，在 IP F_s 拟剖面图中，也很清楚地反映出矿化体轮廓和倾斜，但用常规绘图法的拟剖面图中是难以看出这一点的。

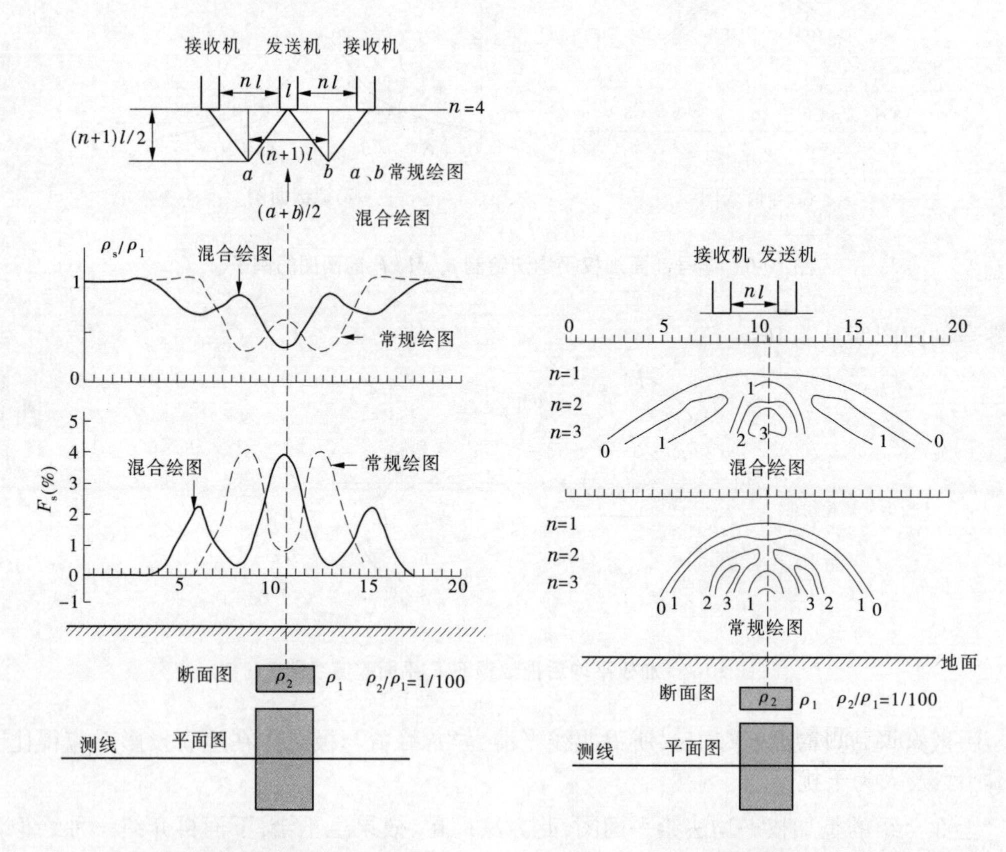

图 10-8　偶极剖面混合绘图的理论例子（剖面图）

图 10-9　常规绘图和混合绘图绘制的偶极剖面拟断面图的比较

由于加权平均法和混合绘图法都具有简单、迅速的特点，绘制的图件上又可较清楚地显示出极化体的形态位置，在野外可以尝试应用。但事物总是一分为二的，由于它们与极距的关系等问题，这样编制的图件中也会引起变形的异常现象，在应用中尚需结合原始图件，灵活运用，以提高解释水平。

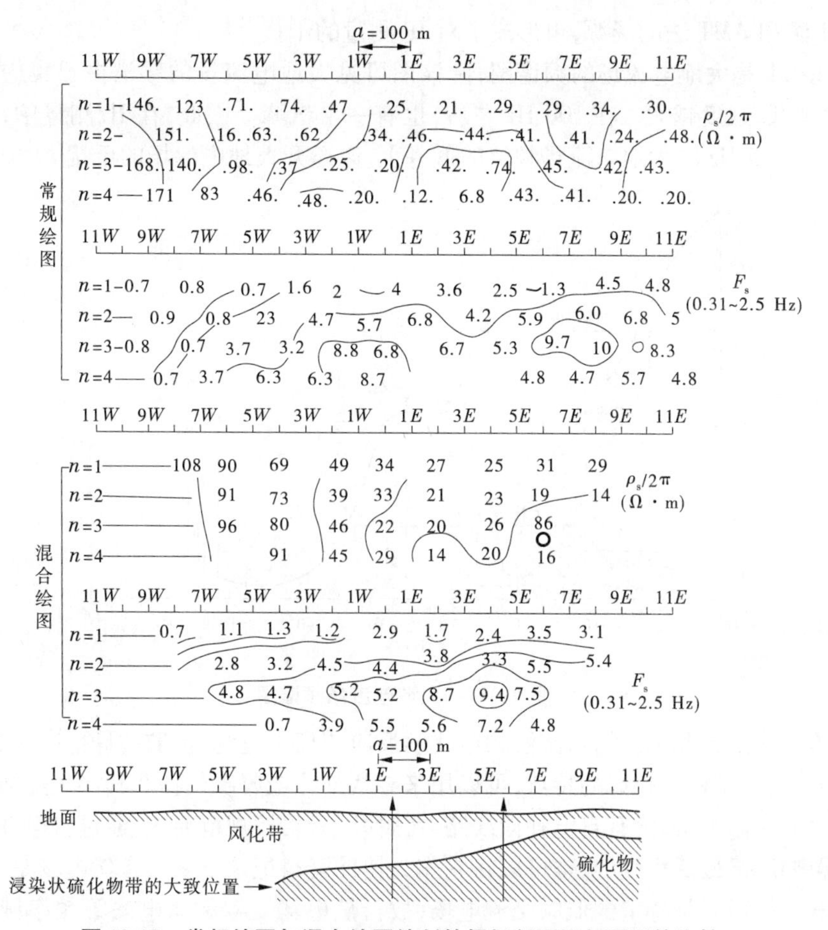

图 10-10　常规绘图与混合绘图绘制的偶极剖面拟剖面图的比较

第四节　双频激电法的干扰因素分析

在双频激电测量中，影响观测精度和解释的干扰可分为天然干扰、人文干扰、地质干扰和偶然及人为干扰。

一、天然干扰

天然的大地电流场和自然电场是激电测量中主要的天然干扰源。这里的大地电流场也就是所谓的大地噪声，它是地球上大范围分布的宽频带的电磁场。目前，已确认这种场是由地球外部原因产生的。如太阳风、磁暴、等离子层中的离子波动等都会产生低频电磁辐射，它们是以微脉动形式出现的电磁波，在电离层与地球表面之间来回传播，地表可以观测到这种微弱的电磁场。它在地层中也可感应出强度不大而分布范围很广的电流场。这种弱电流脉冲称为磁大地电流，在不同的大地构造单元内，这种大地电流场的分布是不同的，因而可以用它来作为研究大地构造的天然电磁场源。

在地表还可观测到具有较高频率的大地电磁场，它主要来源于赤道地区的雷电等，构成了 MT 法和 AMT 法的场源,也形成了对 IP 测量的干扰。

图 10-11 是大地电流场的频谱图,由该图可见大地电流场的频谱主要集中在低频部分,频率越低,强度越大。在 100 Hz 左右,也有一个谱峰。因此,在 IP 测量中,频率一般选择在 0.1 ~5 Hz 的大地电流场频谱的低谷上,以避开大地电流场的干扰。

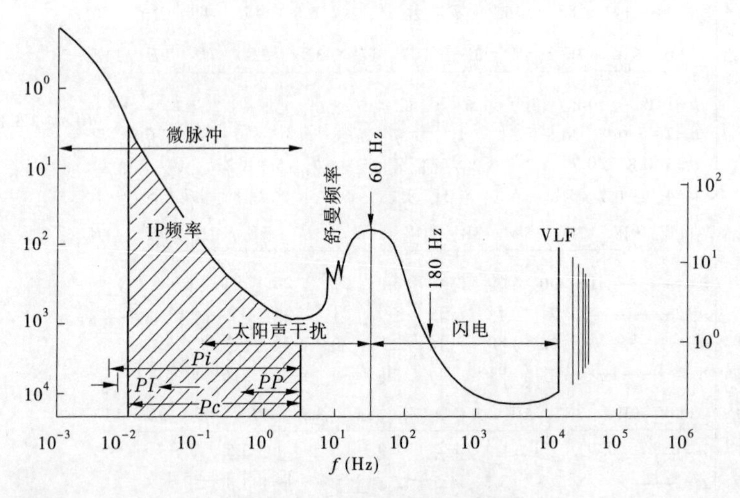

图 10-11　大地电流场频谱图

自然电场是起源于矿物与溶液的电化学反应或离子过滤、扩散的局部电化学场,它具有相对稳定、分布相对较窄的特点,可以用来寻找某些金属硫化物及其伴生金属矿床。在时间域激电仪器中,都设有自电补偿线路,在野外,只要按规范要求,通过自电补偿是可以将它的影响压至最低程度的,也可以将它作为辅助资料记录下来。自然电场是直流电场,双频激电法使用的是特定的低频交流电场,故自然电场对双频激电法等频率域激电法不构成干扰。

二、人文干扰

人文干扰包括各种地下管线、金属物体、铁轨、高压电线、电话线、50 Hz 工业游散电流等的干扰。

几乎位于地上或埋在地下的任何金属物体都能产生 IP 异常,显然它们对找矿是毫无意义的,但它们也可给 IP 测量开辟另一个现实的应用范围,如寻找地下管线、电缆等。

所幸的是,这些人工金属物体异常通常很容易识别。另外,也可通过事先的踏勘、和有关部门联系以及从当地居民中调查获得有关的信息,在布置测线时避开它们。无法避开时可以大致估计其影响,在解释中将它们识别。

对 50 Hz 的工业游散电流,在时间域激电中它们的影响是不可轻视的。工业游散电流和直流电动机车的影响常使时域 IP 法在工业及人口稠密区无法进行。在这方面已有很多实例,但在频率域中,由于选频滤波作用,这些电流的干扰可以压制到很小程度,特别是双频激电法,由于其特别强的抗工业干扰能力,可以在工业干扰较强的地区工作。在这种地区工作,为了提高信噪比,宜于将供电电流适当增大。

三、地质干扰

地质干扰既包括开采后的废弃矿井、无用的废矿石堆等对 IP 测量的影响,也包括地形地质条件对激电测量的干扰,如高极化的围岩等。

在 IP 测量中,地质干扰是一种非常不利的影响因素,由于它们常和有用的 IP 异常叠加混合在一起,而且难以区别,因此在解释中要特别小心。

碳质岩石和无用的黄铁矿化是常见的地质干扰源。它们常在 IP 异常平面图上形成大面积的不规则异常,对于这类异常的解释只能根据现场岩石物性结合地质特点小心进行。必要时可以进行频谱或非线性测量,以判断异常是由碳质岩石还是由硫化矿石引起的,在这方面,双频激电法也有其特别的优点。

和其他地球物理方法的结合也是消除多解性的一个途径。如使用 MT(magnetotellurics)法、CSAMT(controlled source auclio-frequency magnetotellurics)法等查明深部构造和电性,或利用测井方法了解地层电性差异等。另一种方法是用接触极化曲线法或非接触极化曲线法查明矿石种类等。

四、偶然及人为干扰

偶然及人为干扰包括跑极、布线、风吹动电线、电极极差噪声、读数中的偶然差错等。消除这类干扰需要野外工作人员有较强责任心,认真、细致,尽力减少这类差错。在实际测量中,遇到值得怀疑的读数,一定要认真检查各个环节并确认无误后才认可。

需要说明的是,在野外工作中,布线是工作前设计的重要环节,布线合理,可以减小电磁耦合效应。另外,应努力减小接地电阻,以使 IP 读数更准确、可靠。

第五节　双频激电法找水应用实例

一、寒武系张夏组石灰岩找水

山东省东平县某村地处石灰岩地区,长期缺水。覆盖层厚度十余米,隐伏基岩为中寒武统张夏组石灰岩,区域地下水位埋深约 30 m。

该区地势较为平坦,基岩埋藏较浅,岩性较好,地下水位不是很深,地电条件较好,确定采用联合剖面法进行测量。电极装置分别为 $AB/2=90$ m,$MN/2=10$ m,点距一般为 10 m,曲线平缓段适当放大,以提高测量效率。联合剖面法测量结果如图 10-12 所示,曲线在 6~7 号测点之间出现矿交点,从而确定了断层破碎带的位置。该井实打深度 190 m,出水量为 50 m^3/h,取得了良好的地质效果。

二、震旦系石灰岩寻找地下水

该区为震旦系灯影灰岩断续出露,而大面积第四系覆盖于其上的缺水地区。大致垂直于岩层走向布置剖面,双频激电以中梯、测深两种装置为主,做到较大范围地控制并了解此区的地电分布情况,目的是寻找含水构造。实地调查了地表出露的岩性认为没有找

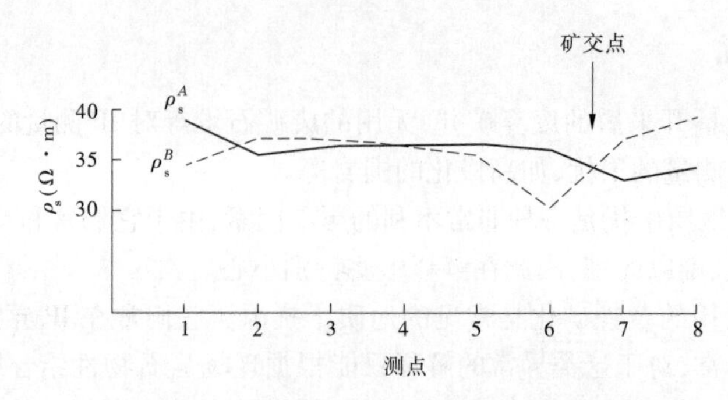

图 10-12　双频激电法联合剖面曲线图

水对象的干扰场。通过众多的剖面工作与筛选，选择了其中两条剖面作为工作的突破口。图 10-13 所示为其中一个井位的实测剖面，在剖面 52 号点有一个明显的低阻及较高幅频率异常。在此又做了对称四极测深（见图 10-14），取 F_s 及 ρ_s。根据计算结果推算出含水裂隙（或构造）的可能位置及深度。推断此井位 20 ~ 30 m 有一个含水构造；55 ~ 65 m 有一含水裂隙构造。结果打井队在 25 ~ 35 m 打到一个含水丰富的裂隙，在 50 ~ 65 m 又见到一个较大的含水裂隙，建议打到 100 m 终孔。结果抽水试验每天涌水量 1 000 m^3 以上，水位稳定。

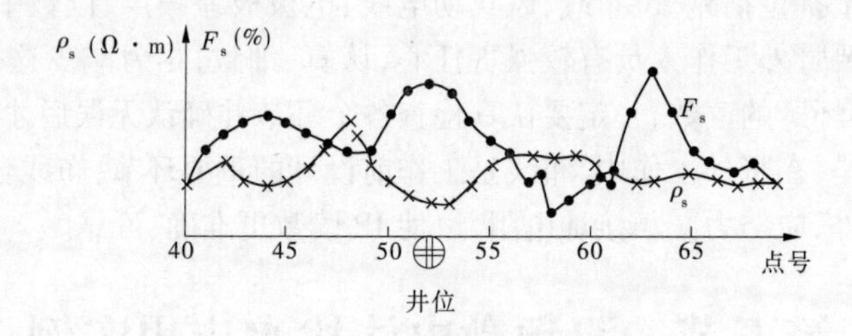

图 10-13　双频激电找水剖面图

三、第四系中寻找地下水

该处地表被第四系黏土层覆盖，要寻找的对象为第四系中砂砾层（含水层）。用双频激电仪在已知井旁做了对称四极测深，如图 10-15 所示，结果发现地表黏土或亚黏土电阻率一般小于 20 Ω · m，达到砂砾层顶板界面时电阻率高达数千欧姆 · 米，砂砾层一般在 40 ~ 50 Ω · m，达到底板（隔水层）时，电阻率又明显下降。根据此明显的电性特征用双频激电仪进行观测，选取 ρ_s 一个参数绘制曲线如图 10-14 所示。

在这之前，此区曾开展过电法找水工作，但因地处工业区，工业电网干扰极大，无法开展电法工作。用双频激电仪快速、准确地解决了此地区的找水问题。工作结果，推断 0 ~ 8 m 为黏土或亚黏土，18 ~ 30 m 为砂砾层，30 ~ 40 m 有一红砂岩夹层，40 m 以后又是一个含水砂砾层，隔水层底板在 270 m 以后。经打井验证，结果在 19 ~ 32 m 见到第一含水砂砾层，40 m 左右见到砂岩及铁锰结核薄层，45 m 以后又是砂砾层（推断第二层含水层）直到终孔。此井每天涌水 1 200 m^3 以上。

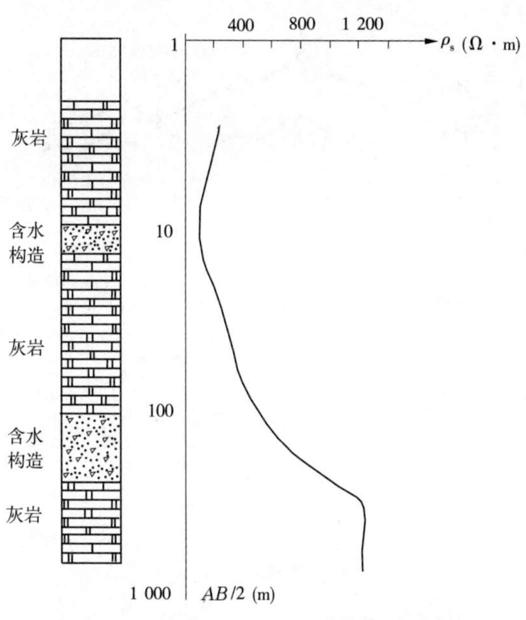

图 10-14　双频激电井旁测深及水井柱状图

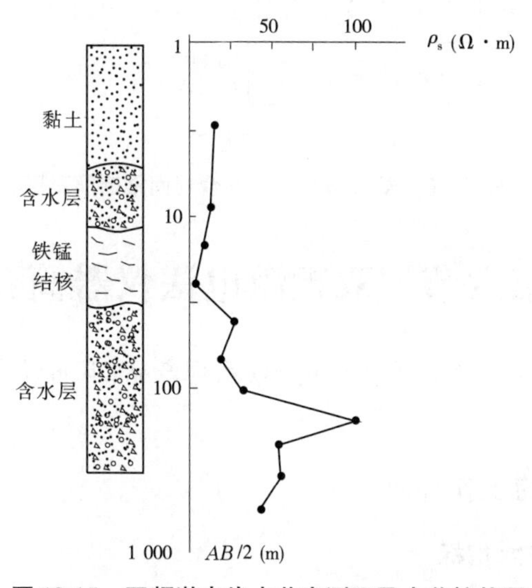

图 10-15　双频激电找水井旁测深及水井柱状图

四、石炭系石灰岩地区寻找地下水

在某地石炭系石灰岩地区寻找水源，共布置了 4 条剖面，采用联合剖面装置，用双频激电仪观测，根据 ρ_s^H（高频视电阻率）和 F_s 曲线，圈定了一个含水构造带。根据不同极距的联合剖面装置，确定了含水构造带的倾向，如图 10-16 所示。图 10-16 中示出了剖面 F_s 的联合剖面曲线，在剖面附近布置钻孔，结果在 64.68 m 处见水，承压水位距地表 12 m，稳定水位 13 m，水量 30 t/h，最大可达 200 t/h。

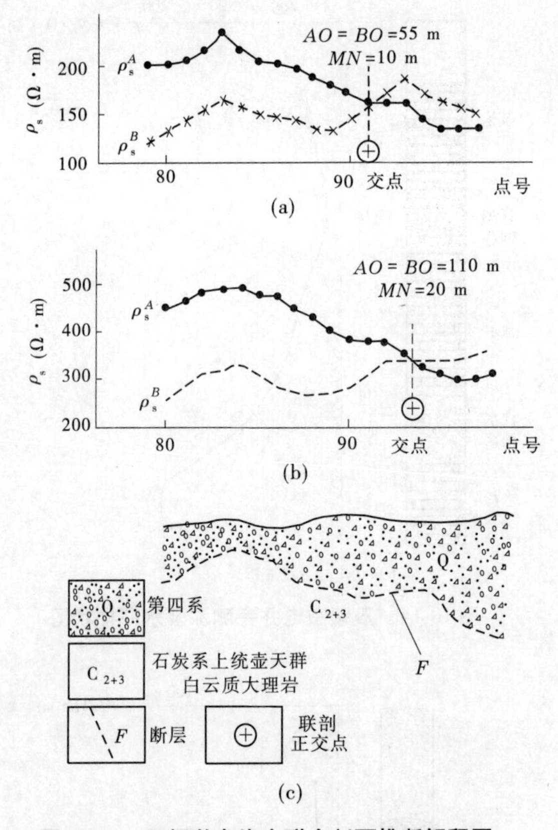

图 10-16　双频激电找水联合剖面推断解释图

第六节　双频激电法仪器简介

双频激电法仪器仅有一个厂家生产的 SQ 系列产品,下面以“SQ - 3C 双频道轻便型激电仪”为例进行介绍。

一、双频激电仪的工作原理

(一)仪器的主要技术指标

1. 发送机

(1)工作频率:8 Hz 及 8/13 Hz;4 Hz 及 4/13 Hz;2 Hz 及 2/13 Hz;1 Hz 及 1/13 Hz 四组中的任意一组。

(2)频率误差: <0. 01% 。

(3)输出电压范围:1. 5 ~800 V。

(4)输出电流范围:1 mA ~15 A。

(5)输出功率:P_{max} =1. 2 kW。

(6)电流显示误差: <1. 5% ±1 个字。

(7)过流保护:当输出电流大于 15 A 时,自动切断高压电源及机内电源。

(8)外尺寸(长×宽×高):0.245 m×0.125 m×0.220 m。

(9)质量(净重):3.5 kg。

2.接收机

(1)工作频率:8 Hz及8/13 Hz;4 Hz及4/13 Hz;2 Hz及2/13 Hz;1 Hz及1/13 Hz四组中的任意一组。

(2)电位差测量范围:0.1~1 999 MV。

(3)电位差测量误差:≤±1.5%±1个字。

(4)对50 Hz工频干扰压制:优于50dB。

(5)幅频率测量范围:-80%~+80%。

(6)幅频率测量误差:≤0.2%±1个字。

(7)输入阻抗:>10 MΩ(10 MΩ、50 MΩ可选)。

(8)尺寸(长×宽×高):0.245 m×0.125 m×0.220 m。

(9)质量(净重):3.5 kg。

3.其他

(1)工作温度:-10~+50 ℃(95% *RH*);

(2)存储温度:-20~+60 ℃;

(3)仪器电源:4 Ah/1.2 V×10镍氢可充电电池。

(二)SQ-3C双频激电仪发送机工作原理

SQ-3C双频道轻便型微机激电仪发送机由以下10个模块组成(见图10-17),由中央处理器(CPU)产生双频混合波,经驱动电路驱动逆变桥的功率开关,由*A*、*B*端向大地供双频复合电流。此双频供电电流在取样标准电阻上产生电压降,读取该电压降即可达到读取电流的目的。仪器设有供电主回路的过流保护、供电主回路的高压检测、仪器内部工作电压的欠压检测装置。

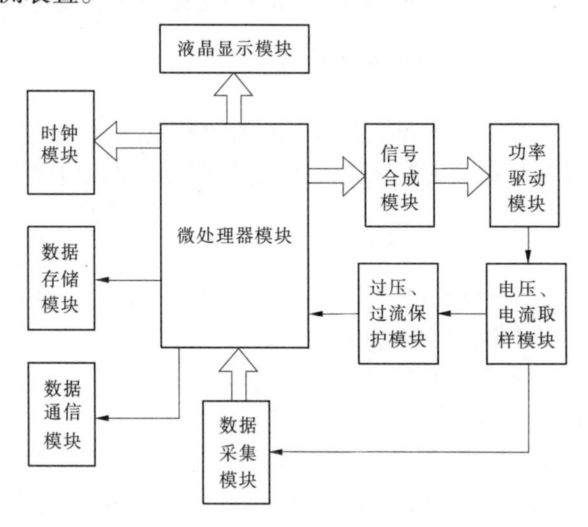

图10-17　发送机方框图

当供电主回路电压超过800 V或主回路电流超过15 A时,仪器自动切断高压电源,达到保护的目的。当机内仪器工作电源低于10 V时仪器自动关机。

(三)SQ－3C双频激电仪接收机工作原理

SQ－3C双频道轻便型激电仪接收机由以下14个模块组成,如图10-18所示。被测双频信号经阻抗均衡电路及阻抗变换电路后,进入工频陷波电路对50 Hz工频进行抑制,再经程控放大器进行前置放大,经低通、高通滤波器选频放大后进入主放大器进行程控放大,经主放大器放大后的双频信号分别进入低频通道和高频通道的带通滤波器选出高频及低频正弦波信号,再经过精密检波和积分电路分别输出低频、高频电位差。该低频、高频电位差经A/D转换电路转换成数字信号,经微处理器系统处理后,在液晶显示器上显示出高频电位差ΔV_H、低频电位差ΔV_L、视幅频率F_s值和视电阻率ρ_s。

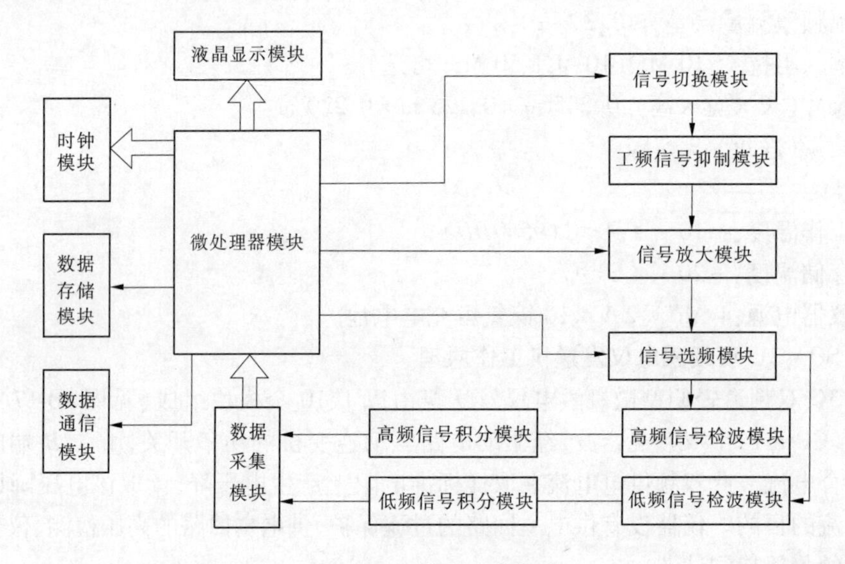

图10-18　接收机方框图

二、SQ－3C双频激电仪整体结构

该仪器由发送机、接收机两大部分组成。在观测时应配有:①外接直流电源(建议使用电池组);②供电电极A、B及供电导线;③测量导线及测量用电极M、N。所有操作均在面板上完成。

(一)发送机部分

发送机面板由下列部分组成:

(1)仪器开机键:按此键仪器内部电源接通。

(2)仪器关机键:按此键仪器内部电源关闭。

(3)复位键:按此键CPU复位(相当于重新开机)。

(4)电源指示灯:开机后指示灯亮表示机内电源工作,关机后该指示灯熄灭。

(5)、(6)驱动显示灯:工作时2个指示灯按频率交替闪烁,表示控制部分工作正常。

(7)频率指示灯:外接高压接通、供电回路工作时,指示灯按工作频率节拍交替闪烁。

(8)保险丝:供电主回路保险管(20 A/800 V)。

(9)“＋”接线柱:接至外接高压电源的正极。

(10)“-”接线柱:接至外接高压电源的负极。

(11)“A”接线柱:接至供电电极的“A 极”。

(12)“B”接线柱:接至供电电极的“B 极”。

(13)插座:接至充电机的输出,给仪器机内电源充电。

(14)节电位器:调节该电位器可调节校验电流的大小。

(15)RS232 接口:计算机串行接口。

(16)、(17)校验信号输出接线柱:校验时接至接收机信号输入端(M、N 端)。

(18)4×4 键盘:可用于各种操作和数据输入。

(19)显示屏:大屏幕点阵液晶显示器。

(二)接收机部分

接收机面板结构及组成如图 10-19 所示。

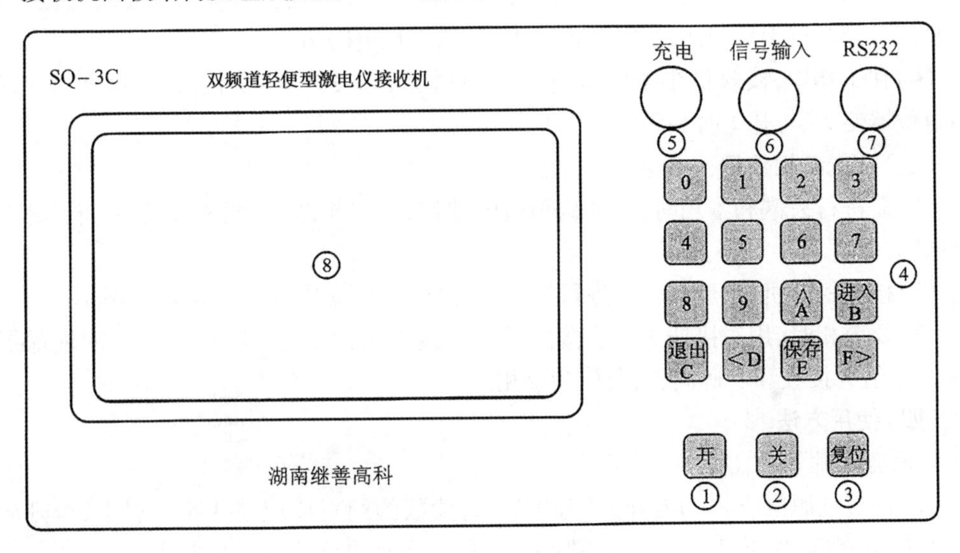

图 10-19　双频激电接收机面板

(三)充电机

本仪器备有与发送机、接收机配套使用的充电机,充电机电源输入市电 220 V 交流电源。

三、SQ-3C 双频激电仪的使用方法

(一)准备工作

(1)检查电源电压“功能开关”分别置 E_1^-、E_2^+、E_2,读数的绝对值分别在 15.00 V、15.00 V、5.90 V 以上,否则应更换机箱底部电池盒内的相应电池(只需要更换电压不足的电池),如果显示屏上出现“LOBAT”字样,则更换电池盒内 E_3 电池。

(2)调电零点,复位开关置复位,功能开关分别置 V_G、G_D,分别调置 J_G、J_D 电位器,至显示屏上显示“+0”和“-0”。

(3)校验:①用导线将发送机“校验”端与接收机“MN”端连接,发送机“功能”开关置“校验”,供电电源 45 V,调“校验”电压电位器使输出电流稳定在 100 mA。②接收机“量

程”开关置“200 mV”挡，“自校”置关，调 V_D、V_G 电位器，使 V_D、V_G 绝对值都为 20 mV，这时，$F_s=0.0\pm0.1\%$，旋上电位器保护帽。③去掉接收机与发送机的连接，打开“自校”记下 V_D、V_G、F_s 值（此时勿动 V_D、V_G 电位器），工作时如需自校，以此时的读数为基准检查仪器的性能。当接收机远离发送机，不能经常用发送机来进行“校验”，为检查接收机漂移等性能而设立自校。

（二）不抗耦鉴相使用

（1）电源通，接上 M、N 电极线（“自校”一定注意关），量程设置适当挡，指示表作双频摆动，开机 13 s 后仪器显示 V_D（或 V_G）、F_s 的读数，第二周期后记录 V_D（或 V_G）、F_s 的值。

（2）工作 10 min 记一次时间，发送机记一次电流（时间间隔可由使用者选定），以便于计算。

（3）如需测 MN 电极接地电阻，在发送机不供电时，“功能”开关置 R_{MN}，“复位”开关置“复位”，液晶屏上所显示的数字即为 MN 间的接地电阻值。

（4）在工作中，接收机半小时进行一次“自校”，如发现 F_s 变化较大，可调整 V_D（或 V_G）电位器使 F_s 与开工时一致。

（三）抗耦鉴相使用

（1）需进行去耦和鉴相时，卸掉机箱边的螺钉，取出机芯，将底板上的“抗耦”开关置“抗耦”。

（2）接收机开机，重新对仪器进行校验，其他操作步骤与不抗耦鉴相时相同。

（3）要鉴相时，用对接插头线连接发送机与接收机，“功能”开关置 V，这时液晶屏上若显示正值为接收和发送同相，负值为反相。

（四）使用方法

1. 准备工作

（1）检查电源电压，“功能开关”分别置 E，读数的绝对值应在 4.8 V 以上，否则应对电池组进行充电，如果显示屏上出现“→”字样，应更换电池盒内 9 V 电池。

（2）校验。用导线将发送机“校验”端与接收机“M、N”端连接，发送机“功能”开关置“校验”，供电电源为 22.5 V，调“校验”电压电位器使输出电流稳定在 100 mA。接收机“量程”开关置“20 mV”挡，“自校”关，调 V_D、V_H 电位器，使 V_D、V_H 绝对值都为 10 mV，这时，$F_s=0.0\pm0.1\%$。

去掉接收机与发送机的连接，打开“自校”记下 V_D、V_H、F_s 值（此时勿动 V_D、V_H 电位器），工作时如需自校，以此时的读数为基准检查仪器的性能。

2. 使用步骤

（1）打开电源，接上 M、N 电极线（“自校”开关一定要注意置“关”），量程设置适当挡，指示表作双频摆动，待仪器读数稳定后记录 V_H（或 V_D）、F_s 值。

（2）工作十分钟记一次时间和发送电流。

（3）如需测 MN 电极接地电阻，按下 R_{MN}按钮，指示表显示 MN 间的接地电阻值。

（4）工作进行中、接收机 1 ~ 2 h 进行一次“自校”，如发现 F_s 变化较大，可调整 V_H（或 V_D）电位器，使 F_s 与开工时一致。

四、双频激电法的其他勘探装备

(一)供电电池组

仪器配备的电池组是多个干电池串联而成,具有野外使用更换方便的特点,也可改用其他可充电电源。

(二)线盘(绕线架)

供电电线一般较长,可以采用军用线盘或绕线架;测量导线一般较短,可以用普通的木制线拐子。

(三)供电电极

供电电极的作用是将电流导入地下。在频率域中一般用钢杆或铜杆作供电电极,它的长度约60 cm。当需要多根电极并联来减小接地电阻时,可以3～6根为1组,各电极间距≥1 m,每根电极入土深度40～50 cm,并连成一个圆形或梅花形电极组。当地表干燥,接地电阻很大时,可采用多组电极并联或在电极周围浇盐水,以改善接地条件。

第十一章　放射性氡气法找水技术

第一节　放射性氡气法找水的原理

地质构造,特别是断裂构造,是水文地质结构系统中纵横交切的结合部位、连接部位、串通部位。有导水的,也有阻水的,常常是地下水的集中、汇流部位。既是地下水的良好通道,也是地下水赋存、富集的空间。这是基岩裂隙溶水多半有规律地富集于某些构造内或其附近一带,形成所谓蓄水富水构造的基本原理,即构造控水的机制所在。但是,并非所有的断裂构造和断裂构造的任何部位都富水。这是因为断裂构造及其不同部位的力学性质、几何形态、结构性状和构造岩、充填物、旁侧构造及其形成历史等均不完全相同,在整个水文地质系统中所占的位置、具备的功能和发挥的作用也不一样,亦即给地下水运移汇流、富集赋存所提供的条件也千差万别。所以,有的富水,有的则不富水,富水程度和富水部位均不完全相同。

综上所述,寻找基岩地下水的重点是寻找富水蓄水构造,特别是断裂富水蓄水构造。寻找断裂富水蓄水构造的关键是鉴定断裂构造的富水性。鉴定断裂构造富水性,不仅要解决理论问题,更重要更实际的是要解决方法问题。

在找水实践中,为了鉴定断裂构造的富水性,采用过地质、水文地质及地质力学的勘查分析方法,也采用电阻率、声电、激电、甚低频电磁法等多种物探方法,以及上述各种方法的综合运用等,这些方法都有较好的效果,但也存在着各自的局限性,^{218}Po 测量法可看作是这些方法的一个补充。它通过直接测定^{222}Rn 衰变的第一代子体——^{218}Po 的计数率,间接地了解平面上或某一方向的水平剖面上各点土壤中^{222}Rn 的瞬时浓度及其各点间的变异情况,在基岩裸露区鉴别断裂、岩脉、裂隙发育带、背斜和向斜轴部等构造的富水构造性和富水部位,在基岩隐伏区寻找各种富水构造和富水部位,从而可更加准确地确定出比较理想的井位来。

放射性氡气法有如下一些优点:一是仪器轻便,操作简单,性能稳定,灵敏度较高,精确度能满足找水要求。二是测量快速高效,省时省力,现场可直接获取测量成果,这种方法无需拉线,节省劳力,一般情况下,平均每测一个点只需数分钟即可完成,条件较好的找水区,只需几十分钟或几小时即可定出较好的井位来。三是适应性很强,在任何地层和地形地貌条件下都能适用,特别是用水单位所具备的找水区范围很小时,用其他方法都施展不开,用该法便可进行测量。四是干扰因素较少,水文地质效果好,方法不受地电、地磁和化学要素的影响,也不存在探测器污染和钍射气干扰等问题,测量数据准确可靠,与地下水关系密切,找水定井成功率高。

由于^{218}Po 测量法选用 RaA 测氡仪测量的直接对象是^{218}Po 的 α 计数率(cpm),但^{218}Po 是^{222}Rn 衰变的第一代子体,^{218}Po 的 α 计数率的大小除受仪器对^{218}Po 收集效率和探测率等因素影响外,主要是受土壤中^{222}Rn浓度和迁移富集规律的控制。一般来说,^{218}Po的α计数率与^{222}Rn的浓度成正比。所以,研究^{218}Po就必须了解^{222}Rn的一些特性和变化规律。反过来讲,测试研究^{218}Po又是认识^{222}Rn的重要途径和方法。^{222}Rn的浓度大小与^{218}Po的α计数率测值及其两者之变化有着同步对应性和同向平行性。因此,研究^{218}Po及其分布变化规律就能代替^{222}Rn的分布变化规律。了解了^{222}Rn,也就认识了^{218}Po,它们互为母子,互为因果,相辅相成。

^{222}Rn浓度在自然界的分布以矿体岩石最高,地下水次之,地表水和大气降水更次,大气中最低。然而,^{222}Rn在地壳岩石和第四系松散沉积物中的分布也很不均匀。平原地区很厚的第四系沉积物的表层土壤和山区基岩上覆的薄层土壤中,由于受含^{222}Rn很少的大气降水、地表水的渗透、溶解、溶滤和^{222}Rn自身的衰变、扩散、逸出等作用,一般来说,^{222}Rn的浓度是不高的。但在下伏基岩中存在富水断裂构造的情况下会出现高值异常。这是因为富水的断裂构造,岩石破碎,裂隙、裂缝、孔隙等微小构造发育,而且开启性好,连通性强,再加上充填物少,结构疏松等,不仅是地下水汇流运移的良好通道和赋存富集空间,也是^{222}Rn汇集运移的通道和富集场所。这样的断裂构造,一是由于岩石破碎,增大了岩石的表面积及岩石对^{222}Rn的母体^{226}Rn的吸附能力和吸附量,有的可能形成^{226}Rn的次生富集,甚至形成"射气聚集体",大大增加了岩石的射气系数。这样,不但提高了地下水中^{222}Rn的浓度,而且也会有大量的^{222}Rn气体随着水、空气在浓度差、压力差、温度差的影响下,或以氧气和二氧化碳等气体作为载体,在对流作用、抽吸作用和扩散作用等综合作用的驱使下,扩散运移到地表,被表部土层颗粒吸附或贮存在土颗粒之间的孔隙中,形成^{222}Rn的高值异常带。二是由于这样的地下水量丰富,延伸远,流径长,地下水汇流体大,即能汇流到富水断裂的水文地质体也大,随着水而运移汇集到富水断裂的^{222}Rn及其母体^{226}Rn的量也大,甚至有可能将远处铀镭矿体、富含镭的岩石及其附近富含铀、镭和^{222}Rn的地下水和其他成因类型富^{222}Rn的"氡水"混流过来,增大了地下水的^{222}Rn浓度及^{222}Rn上移的来源和扩散能力,也增大了表部土层中^{222}Rn的浓度,同样形成或增大^{222}Rn的高值异常。三是由于汇集到断裂构造中的地下水不是静止不变的,总是处在不断地补给、径流、排泄的交替过程中。同样,^{222}Rn也随着水的运动而不断汇集、补给、更新,不会因其衰变、扩散、逸出而逐渐降低浓度。表层土壤中的^{222}Rn异常也会随时间而减少或消失。这些富水断裂构造,有的是断裂破碎带本身,有的是一盘或两盘影响带富水,有的是破碎带和两盘影响带都富水。反映到表层土壤中^{222}Rn的浓度上来,则是哪一部位富水,就在那一部位的上方土层中出现^{222}Rn的高值异常,^{218}Po的α计数率就突出的大;而哪一部位不富水,则那一部位的上方土层中就不可能出现^{222}Rn的高值异常,^{218}Po的α计数率就必然偏小。四是不富水或富水性很差的断裂构造,都缺乏富水断裂的那些特点。不论断裂构造本身还是两侧附近,裂隙、裂缝、岩溶、孔隙均不发育,开启性和连通性更加不好,并常被挤压密实的断层泥、糜棱岩、脉岩等充填,既不存在地下水的运移通道,也不具备地下水的赋存蓄集空间,当然就缺乏^{222}Rn的运移通道和赋存场所,缺乏富水构造富集^{222}Rn的一切条件。这些断裂构造形成初期,也曾因岩石破碎,表面积突然增大,射气系数和扩散能力急剧增加,地表土壤中的^{222}Rn也可能出现过高值异常带。但因后期挤压紧密或充填密实,不但对^{222}Rn的吸附能力和射气系数不能增加,而且由于没有地下水的汇集运动,远处

富含^{222}Rn的地下水也引不过来。同时，断裂深部的^{222}Rn也无法运移到表部土层来，断裂中的水和^{222}Rn则来源枯竭，补给、交替、更新很慢或几乎停止。加上断裂表部和上层长期遭受大气降水、地表水的渗透、溶解、溶滤、冲蚀和^{222}Rn的衰变、扩散、逸出等作用，表层土壤中的^{222}Rn不但不会出现高值异常，甚至还会出现低值异常。所以，凡上覆土层表部不存在^{222}Rn的高值异常，甚至出现低值异常的断裂构造，都是不富水或富水性很差的断裂。上述四条，便是富氡富水，^{222}Rn大水大，氡小水贫及其同步对应，成因相通，部位一致的基本原理。

根据上述原理，只要我们在断裂构造覆盖层的表部土层、垂直断裂或斜交断裂中，测出一条土壤中^{222}Rn浓度的剖面曲线来，实际上就是测出一条^{218}Po的α计数率的剖面曲线，根据其曲线形态类型进行分析便可鉴别出断裂构造是否富水和富水性的好坏。同时，对断裂构造的富水部位，也能作出客观而正确的评价，为确定具体井位提供可靠依据。

第二节　野外测试工作方法

一、仪器与操作方法

一般使用FD－3017RaA型测氡仪。这种仪器是一种新型的瞬时测氡仪，主要由操作台和抽气泵两部分组成。抽气泵除完成抽取地下土壤中的气体外，还能起到贮存收集^{222}Rn子体^{218}Po的功能，当含^{222}Rn的气体由取样器经橡皮胶管、干燥器被抽入抽筒内后，随即开始衰变，并产生新的子体^{218}Po。^{218}Po初始形成的瞬间是带正电的粒子，本仪器就是利用它的这一带电特征，使^{218}Po粒子在电场作用下，被浓集在带负高压的金属收集片上。再经过一定时间(一般为2 min)的加电收集后，取出金属收集片放到操作台上的测量盒内，便可测算出^{218}Po的α计数率。α计数率与^{222}Rn的浓度成正比，按式(11-1)可计算出^{222}Rn的浓度：

$$C_{Rn} = JN\alpha^{218}Po \tag{11-1}$$

式中：C_{Rn}为^{222}Rn的浓度(Bq/L)；$N\alpha^{218}Po$为^{218}Po的α计数率(cpm)；J为换算系数(Bq/(L·cpm))。各仪器J值不同，由标定确定。

我们认为^{218}Po测量属于剖面法范畴。为了研究测量剖面内不同点基岩裂隙岩溶发育情况，达到鉴定断裂构造富水性以至选定井位的目的，只需要了解一个测量剖面上各测点^{222}Rn浓度的绝对值。又因为同一部测氡仪的J为常数，^{222}Rn的浓度C_{Rn}与^{218}Po的α计数率成正比，一个剖面上各测点C_{Rn}的相对大小比率与$N\alpha^{218}Po$的相对大小比率一样，亦即两者在同一剖面上不同点间的相对大小变化是同步的、平行的、对应的。故而，利用$N\alpha^{218}Po$的数值在剖面上不同点的大小变化规律，鉴定断裂构造富水性，与用C_{Rn}的分析结果是一致的。由此，在利用^{218}Po测量法鉴定构造富水性和找水定井时，只用$N\alpha^{218}Po$，而不用C_{Rn}，省略了计算过程，测量效率高，效果也很好。

FD－3017RaA测氡仪的操作方法，有逐点测量法和连续测量法两种。逐点测量法容易掌握，但效率较低，需4～5 min完成一个测点，使用这种仪器的初期可以采用。连续测量法掌握起来有一定难度，初学者容易出错，但工作效率较高，只需2 min多即可完成一个测点，其效率比逐点测量法高40%～50%。该仪器的具体结构和操作步骤，仪器出厂时所带的说明书，均有详细说明，按其施行即可。

二、测量剖面的选择和点距的确定

合理地选择测量剖面和测点点距，是有效地鉴定构造富水性，确定断裂构造的富水部位和选取最优井位的重要环节。不同的地质和水文地质条件，测量剖面位置的选择方法不尽相同。但前提都要做好工作区及其周围的地质与水文地质调查，大量收集前人资料。

(1)基岩裸露区，不仅地形地貌一目了然，地层岩性和地质构造也能比较清楚地看得出来。在这种条件下，首先要根据地质和水文地质踏勘所得资料进行综合分析，选择有富水可能和成井条件的地方布设剖面和测点。一是优先选择张性、张扭性和扭性的断层，两盘为脆性、可溶性地层的新构造或形成较晚的断裂构造作为测量对象。二是有些压性、压扭性断裂，旁侧构造发育，有张性、张扭性小构造和裂隙发育密集带等，选择剖面时也不容忽视。三是因断裂上的不同地段、力学性质和两盘岩性不同，即所谓张中有压、压中有张，脆中有柔、柔中有脆。所以，对同一条断裂也要择其有利地段布设剖面和测点。四是有的背斜、向斜轴部和岩脉、接触带等也有富水的可能，也可作为测量剖面的选择对象。总之，要把测量剖面选定在各种类型的富水蓄水构造的富水部位上，并且要加以比较，优中选优，取其最好者作为测量对象。基于此，应要求测量剖面必须通过构造线及两盘影响带，并一直延长到正常地层中一定距离，剖面方向尽量与构造线走向垂直。

点距的确定，实际上是测点的选择，坚持点距服从点位的原则。应从实际条件和测量目的出发，灵活机动，不能苟同。其原则是在断裂的不同构造岩性带；断裂破碎带两侧与两盘岩石的接触带；背斜、向斜的轴部；岩脉中间及两侧接触带；脆性、可溶性沉积岩与岩浆岩、变质岩的接触带等都应尽量选布测点，且点距要小些。如点距为3～5 m或1～2 m。断裂构造的影响带和正常地层中，也应选布测点，但点距可相对大些，如点距为5～10 m或更大些。总之，应使测量剖面上各点的^{218}Po的α计数率测值，构成一条较为完整的曲线，将构造上不同部位的富水性较为全面地反映出来。

(2)基岩隐伏区，尽管地形地貌看得清楚，但由于第四系地层的覆盖，下伏基岩的地层岩性和地质构造都不可能直接观察得到，这给剖面选择和点距确定造成了一定困难。在这种条件下，首先是寻找断裂构造，然后才是鉴定其富水性。为此，应首先调查前人在工作区及其周围的地质、水文地质的研究历史和研究深度，尽量收集有关钻探、物探、化探及其他勘探资料和井泉调查、长期观测资料，对区域地质和工作区的地层岩性和地质构造有所了解。特别要重点研究工作区内构造线的走向和大体展布位置。

如果工作区面积较大，前人资料丰富，研究程度较深，经分析认为地层适宜，又有构造线通过时，可结合用户要求，使测量剖面尽量布设在隐伏构造线的展布位置上，并使测量剖面方向与构造线走向垂直。若测得的第一条剖面资料能反映出构造线的地面位置及富水特征，可在构造线的走向上布设1～2个剖面，进一步查清隐伏构造位置和富水部位。在这种情况下，点距可稍大些，如10～20 m。但应注意，在测量剖面曲线上出现高值异常时，即峰值点的两侧，可采用插补法加密测点，如点距可为3～5 m或1～2 m，使峰值出全，峰形完整，较准确地反映构造富水部位和富水特征。

如果前人对工作区的地质、水文地质所做工作较少，研究不深，缺乏资料，则要根据区域地质概况作以简要分析，起码对隐伏基岩的地层岩性和形成时期有个大体估计和评价，尽量减少测量工作的盲目性。在这种情况下，常常根据工作区形状和用户要求，将测线、测点布成 U 字形，如图 11-1(a)所示。并使测线、测点位于工作区边界内又接近边界，以工作区的长边作为 U 字形的底(见图 11-1(a)中 *BC*)，两短边作为 U 字形的两边(见图 11-1(a)中 *AB* 和 *CD*)。

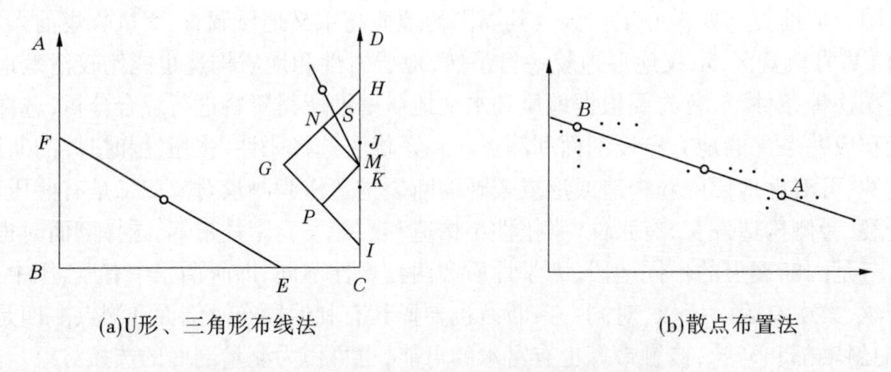

图 11-1　基岩隐伏区测线与测点布置示意图

有时，在整个 U 形测线上只出现一个峰，为了查明构造线的走向，可在出峰点附近选布 2 条辅助测线(见图 11-1(a)中 *HG* 和 *IG*)，使其与原测线大体上构成等腰直角三角形(见图 11-1(a)中 Rt△*HGI*)，原测线为三角形的边(*HI*)，两辅助线之夹角等于 90°(见图 11-1(a)中∠*HGI*)，两辅助线与最大峰值点的垂直距离(见图 11-1(a)中 *MN* 和 *MP*)，为原测线出峰宽度(见图 11-1(a)中 *JK*)的 3 倍，这样，辅助线上出现峰值的点 *S* 与原测线上的峰值点的连线(*MS*)便是构造线的大体位置和走向。为验证其正确性，可在 *MS* 连线及延长线上选布几个测点，看其测值大小是否符合规律。有时在工作区只布测一条测线，就出现了^{218}Po 的峰值点，也可用上述三角形布线法确定构造线位置与走向。

有的工作区面积很小，并受很多障碍物影响，无法选布测线，只能将测点无规律地布置在有测量条件的地方，使测区的测点成散点状，如图 11-1(b)所示。这种情况下，也应将各点测值作以比较，突出大者作为峰值，两个峰值点连线方向即为可能的构造线走向(见图 11-1(b)中 *AB*)。有时为了验证峰值点的可靠性和代表性，在出峰点周围近处选测若干点，其测值可供分析参考。

至于点距的确定方法与资料较全的工作区一样，工作区面积大者，点距可以大些；工作区很少，点距可以小些。一般测点点距，可以相对大些，如 5 ~ 10 m；在峰值点附近也要采取插补法，加密测点，点距可以小些，如 1 ~ 2 m。

第三节　资料整理与分析方法

将每条测量剖面上各点测得^{218}Po 的 α 计数率 $N\alpha^{218}$Po (cpm)，按照一定比例绘制在垂直坐标系内(可用方格米厘纸)，纵坐标表示^{218}Po 的 α 计数率 $N\alpha^{218}$Po(在此用 $N\alpha$ 代替)；横坐标表示测线长度和点距(在此用 L(m)代替)，每个测量剖面可作一条曲线。各个不同剖面的曲线，都有各自的具体形态。但从总体上可以归纳为三大类型，即高值异常峰顶型、低值异常凹斗型和无异常平缓型,如图 11-2 所示。

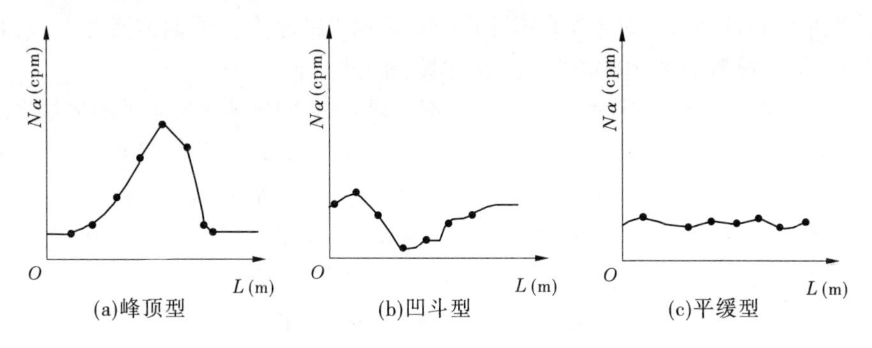

图 11-2　^{218}Po 测量剖面区线类型

高值异常峰顶型曲线,按出峰个数又可分为单峰型(一条剖面曲线上只出现一个峰)、双峰型(一条剖面曲线上出现两个峰)、多峰型(一条剖面曲线上出现三个或更多个峰)。每个单峰按峰顶形态还可分为尖顶峰、平顶峰、斜顶峰、弧顶峰和凹顶峰(峰顶两侧高,中间低)等,如图 11-3 所示。按峰顶在断裂上出现的部位,也可分为上盘峰(峰顶出现在断裂的上盘)、下盘峰(峰顶出现在断裂的下盘)、断面峰(峰顶出现在断裂破碎带内)。断裂破碎带宽大时,按峰顶出现在断裂破碎带的不同位置,断面峰又可分为断中峰(峰顶出现在断裂破碎带的中部)、上侧峰(峰顶出现在断裂破碎带靠上盘的一侧)、下侧峰(峰顶出现在断裂破碎带靠下盘的一侧)。

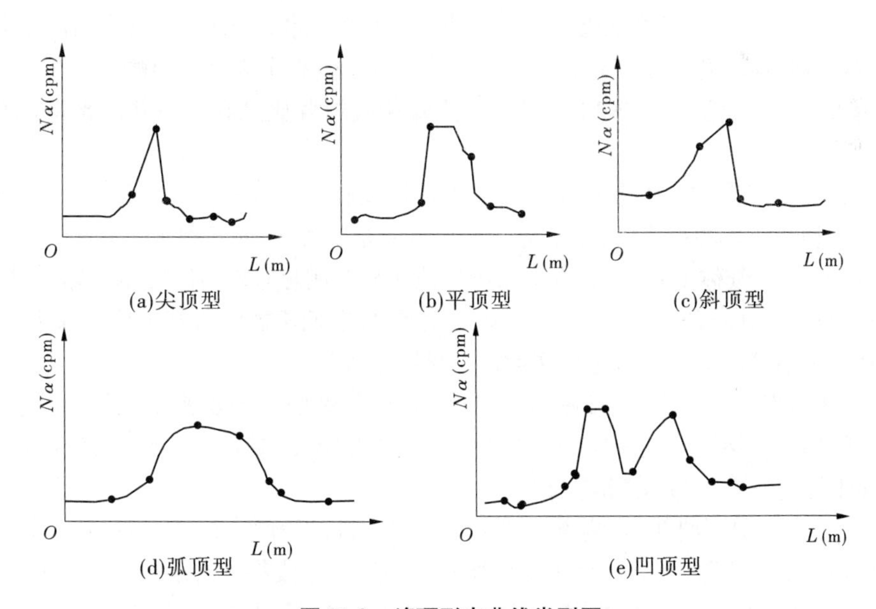

图 11-3　峰顶形态曲线类型图

低值异常凹斗型曲线是因断裂破碎带为断层泥、糜棱岩等挤压胶结密实的物质充填,^{218}Po 的 α 计数率测值较小,甚至低于两盘正常地层的测值(背景值),在曲线形态上构成凹斗状低值异常凹斗型曲线是因断裂破碎带为断层泥、糜棱岩等挤压胶结密实的物质充填,按斗底形态也可分为尖底斗、平底斗、斜底斗、弧底斗、凸底斗等。低值异常凹斗型曲线,斗底两侧有时也可能出现高值异常峰顶型曲线段,即上盘峰或下盘峰。

无异常平缓型曲线,就是断裂破碎带及两盘影响带的整个剖面曲线形态平缓,其上各点测值变化不大,既没有突出的高峰,也没有明显的凹斗。

上述各种类型的曲线,在找水定井实践中都会遇到,它们反映了特定的地质构造环境及水文地质条件。利用^{218}Po测量法鉴定断裂富水性,以达到找水定井的目的,很重要的一环就是通过对^{218}Po的α计数率实测曲线形态类型的分析,认识所测剖面所在的地质构造特征和水文地质条件。在此,简要介绍一下分析曲线和确定井位的几个基本原则和基本方法。

根据已知成井的井旁剖面和利用^{218}Po测量定井成井的剖面曲线形态、出峰个数、峰顶极值、峰背比大小等与单井出水量的相关分析,发现它们之间均有密切关系。曲线形态对断裂的富水部位和富水强度都有明显反映,而且反映的比较准确,对应性很强。

(1)凡是在剖面曲线上出现高值异常峰顶形的部位,都是断裂相应富水的部位。无论是整个断裂破碎带,或是断裂破碎带的中部及靠近上盘的一侧和靠近下盘的一侧;也不论是断裂的上盘或下盘,只要曲线明显出峰,就一定富水。也就是说,前面所提到的断面峰、断中峰,上侧峰、下侧峰,上盘峰、下盘峰,都是相应部位富水的反映和标志。

(2)峰顶极值越大,峰形越突出,峰顶、峰腰、峰底的平均宽度越宽,富水性越强,单井出水量越大。

(3)断裂的出峰部位越多,各峰顶极值之和越大,各峰形平均宽度(峰顶、峰腰、峰底之平均值)之和越宽,断裂构造总体富水性越强;水井穿过断裂的出峰部位越多,相应的峰顶极值之和越大,峰形平均宽度之和越大,单井出水量越大。

(4)一个峰的峰背比(峰顶极值与背景值之比)越大,相应部位富水性越强;水井穿过各出峰部位的相应峰背比之和越大,单井出水量就越大;整个断裂各出峰部位相应的峰背比之和越大,整个断裂的总体富水性越强。峰背比或峰背比之和与单井出水量之间近乎成正比关系。

(5)在第四系覆盖层中,有结构非常密实而厚度较大的重黏土大面积分布,或断裂上部被黏泥等物质充填的很密实,而下部没有充填或充填很少,或断裂带及其两侧岩溶非常发育时,由于^{222}Rn气体上移受阻,在表土中形成的异常明显减弱,使曲线的峰形、峰宽、峰顶极值和峰背比与断裂富水性失去一一对应关系,即它们不能将其富水性全部反映出来,根据异常分析估算出单井出水量比实际出水量明显减少。

(6)低值异常凹斗型曲线,斗底部位常为断层泥、糜棱岩或紧密挤压的构造岩带,是很不富水的部位。穿过斗底相应部位的井,出水量很少,甚或是“干井”。但斗底两侧的曲线明显出峰时,往往也是富水的反映。

(7)无异常平缓型曲线,各测点测值很小(等于或接近背景值)时,不仅整个断裂带的所有部位均不富水,而且整条曲线平缓段所对应的所有地段都不富水。打在这上面的井,即使不是“干井”,出水量也非常小。但若为平缓型曲线,各点测值普遍很大或实际上曲线出峰点多而密集,峰值均很大,一般是剖面线大体与富水断裂走向平行,而又非常靠近富水断裂的反映,或者是剖面通过了相距很近的富水断裂带的表现。

上述几点,便是所谓的富氡富水、氡小水贫和同步对应、部位一致的基本规律。

第十二章　直流电法勘探的仪器装备

直流电阻率法和激电法的仪器型号、产品种类和生产厂家繁多，本章主要以山东省水利科学研究院与山东聊城创通电子信息技术有限公司联合研制的 CTE 型智能直流电法系统为主，对直流电法勘探的仪器与装备进行介绍。

第一节　直流电阻率法仪器

CTE－1 型智能直流电法仪，采用了当前最新微电子、计算机、自动测量和控制等技术，实现了电路的集成化、数字化、智能化，具有高精度的自动补偿功能，可直接显示所测得的参数值，如自然电位值、视电阻率 ρ_s、供电电流 I 和电位 ΔV 等。该仪器可广泛用于寻找地下水源、工程物探、环境地质及金属与非金属矿产资源勘探。

一、CTE－1 型仪器的工作原理

CTE－1 型是智能精密测量仪器，核心器件是最新超大规模集成电路 24 位模数转换器（ADC）。该芯片是高集成度的 ΔΣ 模数转换器（ADC），它通过采用电荷平衡技术达到 24 位的性能。本模数转换器（ADC）有四个独立的信号输入通道，内部集成有一个低输入电流、斩波稳定仪表放大器和一个可编程增益放大器（PGA），提供了多个可选的信号输入范围。此外，芯片内还有一个四阶 ΔΣ 调制器，其后跟随一个数字滤波器，该滤波器有多个可选的输出字速率，单转换周期内就能达到满精度输出，当输出字速率低于 30 Hz 时，它可同时抑制 50 Hz 和 60 Hz 的干扰。零漂移小于 20 nV/℃，线性度误差小于0.001 5%FS，输入偏置电流最大为 100 pA，翻转误差小于 1 个字，因此它具有高集成度、高精度、高输入阻抗等特性。该单电源供电的模数转换器是过程控制中隔离或非隔离的低电平信号的理想产品。该仪器就是以它为核心，再配置前置信号调理器，并用单片机控制，组成了智能电位差及供电电流测量电路，提高了测量精度，降低了干扰，仪器工作原理如图 12-1 所示。

（一）电位差的测量

本仪器利用 24 位模数转换器（ADC）和高精密仪表用放大器组成电位差测量电路。所选高精密仪表用放大器，输入阻抗高，其响应时间、线性度、漂移等指标均很理想。未供电前，M、N 两端的极化电位差 V_1 滤波后，由模数转换器（ADC）数字化后输入单片机加以存储。当供电时，M、N 两端的电压 V_2（包括极化电位 V_1 和供电所引起的电位 V_0）经滤波后，由模数转换器（ADC）数字化后输入单片机。这时供电所引起的电位差 $V_0=V_2-V_1$，由单片机控制，在液晶显示屏上自动显示出来。

在野外测量中，经常遇工频和地电等干扰，为减少这种干扰，在模数转换器（ADC）之前加有多级滤波器，并对模数转换器（ADC）的数字滤波器进行适当的频率设置，降低了

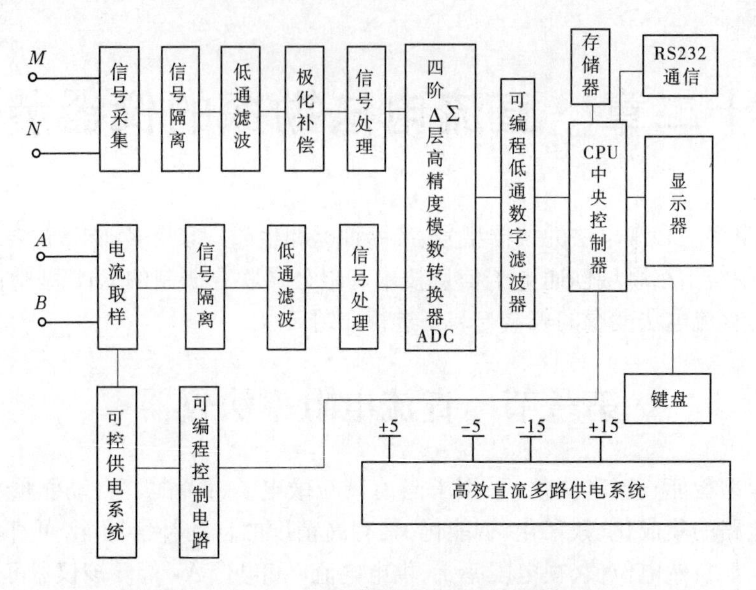

图 12-1　CTE－1 型智能直流电法仪工作原理

干扰。

（二）供电电路及供电电流的测量

本仪器采用的是无触点可控制式电子开关，在单片机的控制下实现对大地的双向供电。当给大地供电时，电流信号由取样电阻转换成电压信号，首先通过信号处理，再通过模数转换器（ADC）转换为数字信号，输入单片机并通过液晶显示器自动显示出来。

由于电流不能直接由模数转换器（ADC）转换，因此必须将其转换成电压信号，然后才能转换。所以，电流/电压转换电路在该测试系统中占有很重要的地位。常用的电流测量方法是在被测电流的电路中串入精密电阻，通过直接采集电阻两端的电压来获得电流。这种方法的优点是测量简单。但当被测的电流较大时，电阻的压降将影响电路的带载能力；当被测电流很小时，从电阻上直接取得的电压值有可能很小，影响测量精度。因而，这种直接测量的方法很难选择合适的阻值，以适应被测电流范围变化较大的情况。而且，由于没有采用隔离技术，很容易对后级电路产生干扰。

鉴于此，该仪器依据当前国内外最新电流检测技术，选择了具有隔离和放大能力的电流/电压转换器，输入阻抗高，响应时间、线性度、漂移等指标均很理想，且能适应大范围大电流的测量，经过实际的实验验证和测试，很好地满足了测试系统的要求。

（三）智能化

根据硬件电路和仪器的功能要求，设计了系统软件。该系统软件采用模块化结构，软件编制简洁。在系统软件的监控下实现了控制、输入、计算、存储、显示与通信等功能。

控制部分主要实现向大地双向供电，利用振荡技术和隔离技术，在单片机控制下由逻辑信号来控制供电电路的开启、关闭以及倒相，实现控制和被控制对象的隔离。输入部分实现了布极方式、布极参数、时间参数的设定。存储部分采用数据掉电保护芯片，能够存储测量数据。显示部分采用了液晶显示器件，自动显示测量值和计算结果以及仪器的状态。通信部分采用了标准 RS232 通信协议，可很好地实现信号的采集与分析。

（四）系统电源

由于本仪器母电源为干电池，所以要求电源系统空耗低，电源转换效率高，采用了全新宽范围 DC—DC 转换芯片，适应电压范围宽，电源空耗低（空耗电流小于 3 mA），对各组输出电源（+5 V、-5 V、+15 V）使用了多种电源滤波技术，提高了电源的稳定性。

二、主要特点和功能

主要特点和功能如下：

(1) 发射、接收一体化。

(2) 全部采用 CMOS 大规模集成电路，整机体积小、耗电低、功能多。

(3) 采用多级滤波及信号增强技术和数字滤波，抗干扰能力强、测量精度高。

(4) 自动进行自然电位、漂移及电极极化补偿。

(5) 接收部分有瞬间过压输入保护能力，发射部分有过压、过流及 *AB* 开路保护功能。

(6) 触摸面板，采用一键功能，操作极为方便，避免下拉菜单的烦琐操作。

(7) 可任意设定供电时间，多种野外常用工作方式选择。

(8) 测量参数存储回调、掉电保护功能，能存储 1 000 个数据。

(9) 技术性能稳定可靠，具有抗震、防潮、防尘，寿命长等特点。

三、主要技术指标

（一）接收部分

电压测量范围：±2 000 mV；

电压测量精度：±0.1%；

电流测量范围：±2 000 mA；

电流测量精度：±0.1%；

输入阻抗：>30 MΩ；

对 50 Hz 工频干扰压制优于 110 dB。

（二）发射部分

最大供电电压：700 V；

最大供电电流：2 A；

供电脉冲宽度：自由设定。

（三）其他技术指标

仪器电源：9 V 直流电源（-40% ~ +20%，1# 干电池 6 节）；

工作温度：-10 ~ +40 ℃；

储存温度：-20 ~ +50 ℃；

相对湿度：不大于 80%；

整机静态电流：小于 50 mA；

仪器的外形尺寸：270 mm × 200 mm × 190 mm；

整机质量：约 3.5 kg。

第二节 CTE－1 型智能直流电法仪的使用方法

一、面板布局图

CTE－1 型智能直流电法仪见图 12-2。

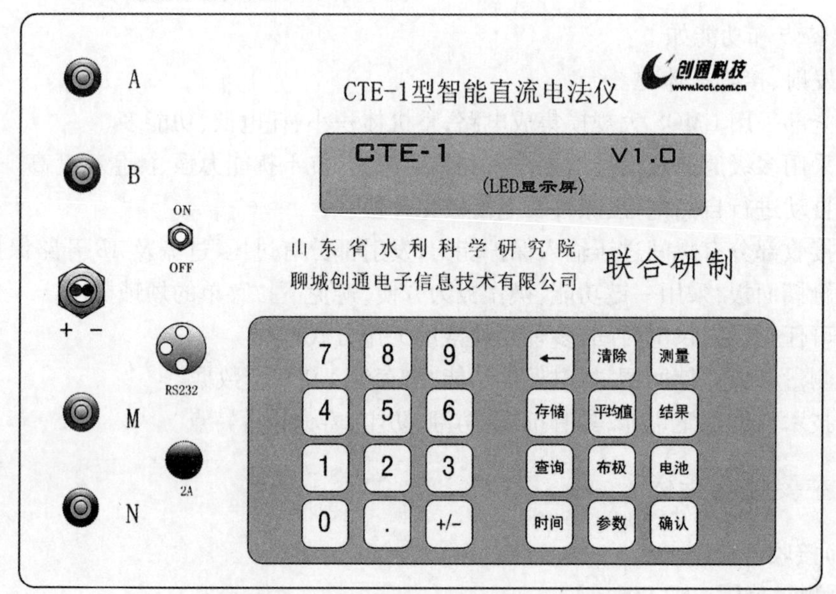

图 12-2 CTE－1 型智能直流电法仪面板布局

二、操作面板配置说明

(1) ON OFF 仪器供电开关。

(2) + − 供电电源接线夹(红线＋、黑线－)。

(3) RS232 RS232 通信接口。

(4) 2A 保险丝座(2 A)。

(5) A、B 接线柱。

(6) M、N 接线柱。

三、功能键说明

(1) [0] ~ [9] [.] [+/-] 为数字功能键。

(2) [←] 删除键,用于删除已输入的数字。

(3) [清除] 清除键,用于清除存储空间已存数据。

(4)测量 测量键,用于仪器进行自动测量。

(5)存储 存储键,用于每次测量所得数据的存储。

(6)平均值 平均值键,用于观察测量数据电压、电流的显示。

(7)结果 结果键,用于观察自然电位、视电阻率的显示。

(8)查询 查询键,用于已存储数据的回调查询。

(9)布极 布极键,用于常用布极方式的选择。

(10)电池 电池键,用于仪器自身所用电池电量的检测。

(11)时间 时间键,用于供电脉冲宽度的设定。

(12)参数 参数键,用于布极参数的选择。

(13)确认 确认键,用于已选参数或已输数据的确认。

四、基本操作步骤

(1)将测线按顺序依次接好,如图 12-3 所示。把仪器开关打开在“ON”的位置,显示屏显示“CTE - 1”,然后再进行参数预置设定和测量。

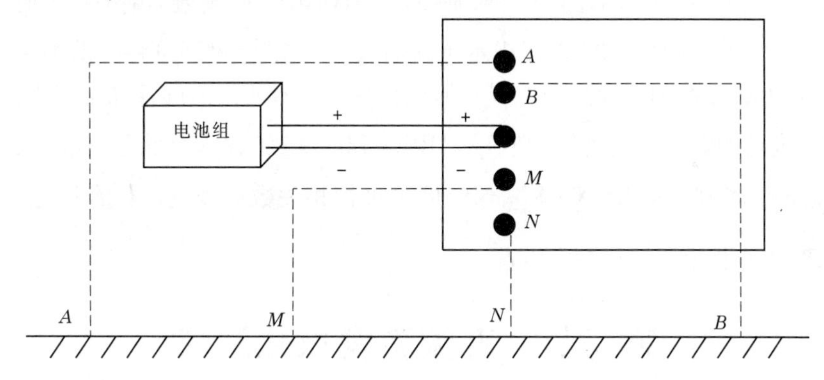

图 12-3　野外测量接线示意

(2)进行供电脉冲宽度时间设定:首先按时间键,若显示供电时间“TIME = 200”,可用数字键键入设定数并按确认键,确认后,若显示一次场测量时间“V - DLY = 100”,同样可用数字键键入,若显示停电时间“DLY = 60”,用数字键键入设定数,完成时间设置(注意:TIEM≥200、V - DLY≥100、DLY≥60,否则仍然显示默认值)。

(3)按布极键选择电极排列方式(见表 12-1),按确认键选择所需布极方式后,再按参数键设定布极参数,若显示“AB/2 = XX 、MN/2 = XX”均用数字键键入所需参数,并按确认键进行确认。然后进行测号的选择,输入“PROFIL = ?”用数字键键入并按确认键。设置完成即可测量。

表 12-1 仪器预置常用电极排列参数

电极排列	No.	电极排列参数			
四极垂向电测深(4P – VES)	1	AB/2	MN/2	PROFIL	
三极垂向电测深(3P – VES)	2	OB	MN/2	PROFIL	
WENNER 垂向电测深(W – VES)	3	AB/2	PROFIL	X	
四极动源剖面(4P – PRFL)	4	AB/2	MN/2	X	PROFIL
三极动源剖面(3P – PRFL)	5	OB	MN/2	X	PROFIL
WENNER 动源剖面(W – PRFL)	6	AB/2	X	PROFIL	
K	7	K 值输入法			

(4)按[测量]键,仪器即开始自动跟踪测量。

(5)几秒钟后即显示所测得数据:"V = 67.50 mV, I = 394.34 mA"。

(6)按[结果]键即可读取自然电位及视电阻率:"SP = 11.98 mV, ρ_s = 22.65 Ω · m"。

(7)如需要存储所测结果,按[存储]键,则显示"STORE = X"请输入存储号(输入的存储号不能大于 1 000,否则显示"MAX"提示重新输入),再按[确认]键即可将当前测量结果数据及测量线号、电极参数和电极排列方式等值保存在存储号所指向的存储空间中。

如需查询已测数据,按[查询]键,则显示"RECALL X"请输入存储号,在输入存储号后再按[确认]键即显示"RECALL X OK",这时即可进行相关数据查询。如查询电压、电流值时按[平均值]键,查询视电阻率则按[结果]键。

第三节 直流激发极化法仪

直流激电法仪器有多种类型,本节主要以 CTE 系列的 CTE – 2 型智能激发极化法仪为例加以介绍。该仪器适用于直流电阻率法、自然电位法和激发极化法的测量,工作原理与 CTE – 1 仪器类似,组成部分只是增加了二次场测量部分,可以用来寻找地下水源、堤坝隐患探测和工程物探等领域。

一、仪器特点

(1)体积小、质量轻、功耗小,该仪器将发射、接收一体化,全部采用大规模集成电路集成在同一箱体内。

(2)接收部分有瞬间过压输入保护能力,发射部分有过压、过流及 AB 开路保护能力。

(3)自动进行自然电位、漂移及电极极化补偿。

(4)采用多级滤波及信号增强技术和数字滤波,抗干扰能力强。

(5)数字液晶显示直观,避免了人为读数误差,提高了测量精度。

(6)全汉字触摸面板12个数字键、12个功能键,采用一键一功能操作,使用极为方便,避免下拉菜单的烦琐操作。

(7)多参数测量:有6种常用布极方式及其常数的存储选择,同时可进行常数设置、输入与计算功能;可测量并存储自然电位、一次场电位和电流、视电阻率、二次场电位、视极化率、衰减度等。

(8)掉电保护:具有掉电数据不掉功能,能存储500个数据。

(9)测速快、精度高:本仪器采用了高精密24位模数转换器(ADC),采用一挡测量,即可达到各测量范围的精度要求,从而消除了换挡所引起的误差;供电电流与电位差同时测量与显示,供电一次即可测得两个参数,避免了两次供电测量造成的误差。

(10)本仪器采用的模数转换器(ADC)及运放都具有自稳零和自动补偿功能,因此操作简单方便,开机后,不必调零补零,测量时只需按测量键,电流、电位差即可显示出来。

(11)标准RS232通信接口,实现通信功能。

(12)电源部分采用了全新宽范围DC—DC转换芯片,适应电压范围宽,电源有效率高。

(13)全密封结构,具有防震、防尘、寿命长等优点。

二、主要技术指标

(一)接收部分

电压测量范围:±2 000 mV;

电压测量精度:±0.1%;

电流测量范围:±2 000 mA;

电流测量精度:±0.1%;

输入阻抗:>30 MΩ;

对50 Hz工频干扰压制优于110 dB。

(二)发射部分

最大供电电压:700 V;

最大供电电流:2 A;

供电脉冲宽度:自由设定。

(三)其他技术指标:

仪器电源:9 V直流电源(1$^{\#}$干电池6节,-40%~+20%);

工作温度:-10~+40 ℃;

储存温度:-20~+50 ℃;

相对湿度:不大于80%;

整机静态电流:<50 mA;

仪器的外形尺寸:270 mm×200 mm×190 mm;

整机质量:约3.5 kg。

第四节　CTE－2 型智能激发极化仪的使用方法

一、面板布局图

CTE－2 型智能激发极化仪见图 12-4。

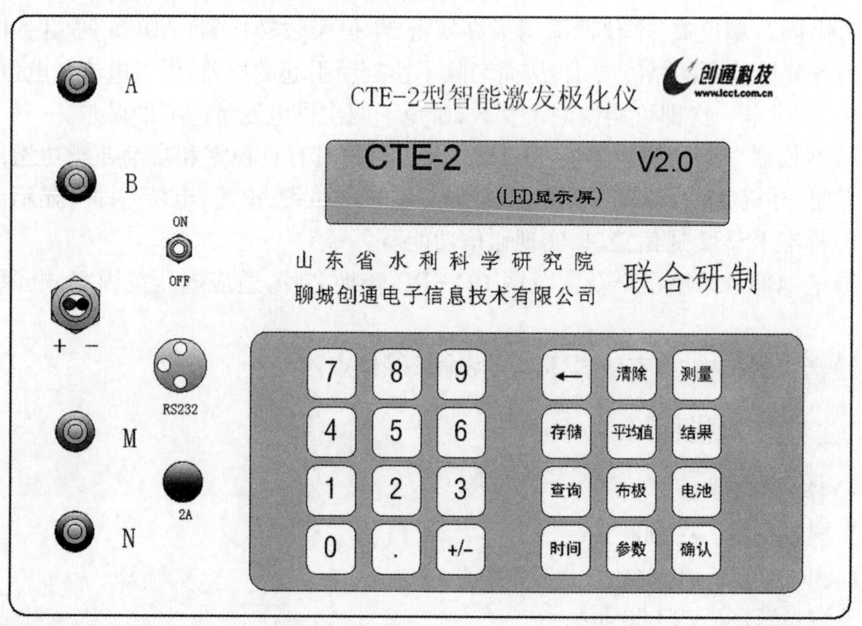

图 12-4　CTE－2 型智能激发极化仪面板布局

二、操作面板配置说明

(1) ON OFF 仪器供电开关。

(2) + - 供电电源接线夹(红线＋、黑线－)。

(3) RS232 RS232 通信接口。

(4) 2A 保险丝座(2 A)。

(5) A、B 供电接线柱。

(6) M、N 测量电位接线柱。

三、功能键说明

(1) [0] ~ [9] [.] [+/-] 为数字功能键。

(2) [←] 删除键,用于删除已输入的数字。

(3) [清除] 清除键,用于清除存储空间已存数据。

(4)测量 测量键,用于仪器进行自动测量。

(5)存储 存储键,用于每次测量所得数据的存储。

(6)平均值 平均值键,与确认键结合用于观察测量数据:电压 ΔV_1、电流 I、二次场电压的显示,其中二次场电压分别为停电后 T_0(任意设定)s 的电压 ΔV_{21}、$T_0+2.5$ s 的电压 ΔV_{22}。

(7)结果 结果键,与确认键结合用于观察自然电位 SP、视电阻率 ρ_s、极化率 η、衰减度 D,半衰时 $S_{0.5}$的显示。

(8)查询 查询键,用于已存储数据的回调查询。

(9)布极 布极键,用于常用布极方式的调用。布极方式后显示一个"＊"时,表示同时测量一次场和二次场,否则只测量一次场,转换方法为在选择布极方式时按 +/- 键。如果只需一次场参数,最好设置为只测量一次场的方式。

(10)电池 电池键,用于仪器自身所用电池电量的检测。

(11)时间 时间键,用于供电脉冲宽度的设定。

(12)参数 参数键,用于布极参数的设定。

(13)确认 确认键,用于已选参数或已输数据的确认。

第五节　电法勘探的其他装备

一、导线

电法勘探所用的导线要具备绝缘性好、抗张力大、电阻小、轻便、柔软等性能。电阻率法一般用被复线(即军用电话线)。激发极化法最好用电阻较小的探矿线,测量导线可用一般导线代替,导向的长短视勘探深度而定。

二、电源

目前多用可充式直流供电电源,如 SBC 型一体化可充式供电电源,单机供电电压最大 120 V,轻便美观,可反复使用。电压一般视勘探深度和地电条件而定,电阻率法一般从 45 ~450 V,激发极化法最大可达 1 000 V。

三、线盘(绕线架)

供电导线可以用军用线盘,测量导线可以用普通木制线拐子。

四、电极

供电电极一般用铁电极,直径 16 ~20 mm 为宜,长 40 ~50 cm,数量 3 ~6 根。测量电极,电阻率法最好用紫铜棒,直径 16 ~20 mm,长 50 cm,数量一般为 4 根;激发极化法和自然电场法测量电极须用特制的不极化电极。

五、可调恒流源

主要用于电测井或激发极化法测量。

第十三章　综合物探找水的工作方法

第一节　物探找水的水文地质基础

一、地层的岩性条件

地层岩性是寻找地下水的基础，对找水范围内出露的地层岩性、厚度、裂隙（或岩溶）发育程度、含水层与隔水层等情况，要做认真调查分析。

（一）第四系地层的富水性

第四系含水层的岩性，主要为各类砾石层、砂层、粉砂层，黏土因其不透水性，则形成各类含水层的隔水层或阻水层。一般而言，颗粒越粗，分选性越好，含水性越强。

这类含水层广泛存在于山间河谷、山前平原、河流冲积平原等第四系松散层之中，埋深变化幅度大，从几米到几百米，甚至上千米不等。由于受水流变化影响，中上游颗粒一般较粗，多为砾、粗砂，下游则多为细砂、粉细砂。砂、砾层与黏土多呈互层结构，从而形成不同的地下水类型，如潜水、微承压水或承压水。第四系地层名称及透水性见表 13-1。

表 13-1　第四系地层分类及透水性

地层名称		粒径分级(mm)	渗透系数参考值(m/d)	透水性
砾石层	巨砾	>1 000	>20	极强透水
	粗砾	100~1 000	>20	极强透水
	中砾	10~100	>20	极强透水
	细砾	2~10	>20	极强透水
砂层	粗砂	0.5~2	>20	强透水
	中砂	0.25~0.5	>10	强透水
	细砂	0.05~0.25	5~10	中等透水
粉砂层	粗粉砂	0.03~0.05	1.0~5.0	透水
	细粉砂	0.005~0.03	0.01~1.0	弱透水
黏土层	亚黏土	<0.005	0.001~0.01	微透水
	黏土	<0.001	<0.001	不透水

（二）岩浆岩的富水性

岩浆岩的水文地质特征主要取决于其形成环境、岩石成分、风化程度，以及地质构造情况。一般来说,这类岩石不具有层理,也没有可溶蚀性,但易于风化,从而形成风化层带,厚度一般在数十米之间,赋存的地下水类型以风化裂隙水和断层构造裂隙水为主。由于成因、构造、结构上的不同,喷出岩相较于侵入岩,其富水性要好。相较于沉积岩和变质岩,岩浆岩的透水性差,出水量小,但水质较优,口感更好。

1. 侵入岩的富水性

侵入岩致密坚硬、不具层理、没有溶蚀性、整体完整,一般不具透水性。但因所含矿物的原因,侵入岩又易于风化,在风化带中富含一定的风化裂隙水,厚度一般为数十米。在采用机井开采方式下,一般日出水量不会大于 100 m^3。在存在大型断裂构造的条件下,虽然这种地质条件较为少见,但其日出水量也会达数千立方米。

济南市西郊北部属山前冲洪积与黄泛冲积地层交叉区域,第四系地层厚度约 160 m,岩性多为黏性土、粉砂土互层;第三系地层厚度约 36 m,岩性为黏土岩、泥岩、粉砂岩;下伏基岩为济南岩浆岩体,岩性为辉长岩、闪长岩。区域地下水较浅,长年为数米。该区曾打深度 700 余 m 深井一眼,在该开采井以西 1 000 多 m 有煤系地层,应为济南岩浆岩体与围岩的接触带。该井上部岩石完整,深度 604 ~ 606 m 岩石破碎,并产生了自流,流量达 20 m^3/h,终止深度 707 m。经抽水试验,在降深 50 m 时,该井出水量达 120 m^3/h 时,在深成时侵入岩地层,这么大的出水量亦属少见,估计是受西部附近较大型断层构造带的影响所致。

脉岩类侵入岩一般岩体较小,常穿插于不同的围岩之中,易于蚀变风化,因而透水性会有所增大。在很多情况下,这类脉岩还往往能切割围岩,形成阻水墙体,有利于抬高上游地下水水位,从而又构成一蓄水构造。

2. 喷出岩的富水性

喷出岩由于结构和构造多样,岩性不均一,产状不规则,厚度小、变化大,所以岩石的透水性也相差很大。喷出岩常具有气孔、杏仁、流纹构造,原生裂隙发育,故透水性较大。一般而言,喷出岩地层的出水量要远大于侵入岩地层。

青岛地区某供水井井深 85 m,地层为燕山期安山岩,深 21 ~ 32 m、46 ~ 52 m 岩芯破碎,70 m 以下裂隙更为发育,从钻井岩芯分析存在一张性断裂构造。该井涌水量每小时达数十立方米,充分表明在断裂构造条件较好的情况下,喷出岩类中的安山岩亦有很可观的出水量。

火山碎屑岩包括凝灰岩、火山角砾岩、火山集块岩等,这类喷出岩成分变化大、孔隙度高、结构疏松、透水性亦较强。

(三)沉积岩的富水性

1. 碎屑岩的富水性

碎屑岩中的富水岩石,主要包括砾岩、砂岩、粉砂岩等,其透水性与胶结物成分和胶结类型有很大关系,如硅质胶结的岩石要比泥质胶结的岩石孔隙率小、透水性低,而抗风化能力强。

碎屑岩中的不透水或弱富水岩石,主要包括页岩、黏土岩等,由于主要由黏土矿物组成,所以易于风化,浸水后易软化和泥化,常常形成隔水层或阻水墙,一般不具有富水性。但对于钙质胶结的脆性页岩类,在需水量很小、又具有一定的构造条件下,仍有成井可能,可提供缺水山区的生活用水。

2. 碳酸盐岩的富水性

碳酸盐岩中的富水岩石，主要是指各类石灰岩石，在中国各地有着广泛分布。石灰岩可被水溶蚀、透水性强、岩溶裂隙发育，是各类水源地的主要供水含水层，尤其是奥陶系石灰岩地层，往往是重要的大型水源地。

3. 泥质岩类的富水性

泥质岩类包括黏土岩、泥岩、页岩等，矿物成分主要由各类黏土矿物组成，易软化和泥化，一般不具有透水性，常常形成强隔水层或阻水层。

（四）变质岩的富水性

变质岩在山丘地区分布很广泛，主要出露的岩石为各种片麻岩、片岩、混合岩、石英岩、大理岩、变粒岩等。古老的变质岩地区，大都经历了多次地壳构造变动作用，产生了各种地质构造及密集的裂隙带，相比之下蓄存有多类较丰富的地下水。

风化裂隙水蓄存在变质岩的风化壳内，水量多少主要取决于风化裂隙密度，风化壳的厚度，补给区及所在地区地形地貌条件。这种水一般来水量不大，其原因是变质岩中含有云母、长石等矿物成分，这种矿物极易风化成黏土，使得靠近地表的裂隙被充填，减弱了透水性。而只有在半风化带内，黏土充填相对较少，富水性相对比较好。其次，风化深度一般不大，如山东泰山一带风化壳厚度一般在 15 ~ 25 m，胶东半岛地区也不超过 40 m。因此，含水空间有限，水量不大。新鲜的片麻岩类岩石，如果没有断层或岩脉侵入，其透水性很微弱，一般作为隔水层。风化带接受降雨补给的地下水，也不易向深处渗漏，而是沿着风化带内的裂隙向附近的低洼沟谷汇集和排泄。泉水露头很普遍，但水量不大。风化裂隙潜水面往往与地形一致，具有“山多高，水多高”的特点。泰山顶上的泉水就是一个典型的代表，但主要还是集中在汇水地形的低洼处。

在变质岩地区，火成岩脉很多，岩脉可起汇水、导水、阻水作用。如果岩脉比围岩裂隙发育，则岩脉起汇水和导水作用；如果围岩比岩脉裂隙发育，则岩脉起阻水作用；如果岩脉与围岩裂隙均不发育，则不具备含水条件。一般情况下，由于岩脉与围岩的接触带裂隙比较发育，同时，风化营力作用，又可沿着这个接触面侵入，向地下深处发展，使原来的各种裂隙加深、加宽，延长沟通，透水性能变好。利用岩脉阻导作用选井，出水量大，效果好。

变质岩地区断层较多，一般大断层形成时期较早，多被充填固结，甚至愈合，但也有些断层尚未固结。断裂带富水性大小，主要取决于断层规模，断裂带内的成分，结构构造、胶结情况、裂隙发育程度、两侧断盘岩性和后期构造运动及风化改造程度等。因此，变质岩地区的断层，不一定都含水，找水时要对断层的含水性进行全面分析研究。如果断裂带已经完全硬结愈合，这样的断层就不含水；而含水的断层一般是尚未完全充填胶结的老断层破碎带，时代较新的断层破碎带、复活断层破碎带，受风化改造后而又重新破碎的老断层破碎带等，有泉水出露的断层破碎带，具有方解石脉或碳酸盐岩块的断层破碎带等，这类断层地下水都较为丰富。

大理岩是由石灰岩变质而成，因此岩溶比较发育，透水性很强。在变质岩地层分布区常有大理岩夹层，并常与其他不透水的变质岩层组合成单斜蓄水构造，成为较有开采价值的富水构造。

二、地层构造条件

在综合物探技术运用之中,要充分结合实际水文地质情况进行工作,在探测工作中注意查明与找水定井工作相关的重点地质要素。因而,在确定井位时一般遵循以下原则。

(一)倾斜脉状蓄水构造

倾斜脉状蓄水构造是指断层、岩脉、接触带、透水夹层等脉状地质体,或因阻水作用而形成的脉状阻水型构造。在这一类蓄水构造上确定井位时,应考虑以下几个问题。

(1)首先要认真查明强含水的透水裂隙主要分布在构造界面的哪一侧、哪一面上。对脉状阻水蓄水构造,在其地下水流的上游一侧蓄水富水;脉状透水蓄水构造、透水汇水的脉体本身裂隙宽度大、空隙度高,是地下水最能富集之处;对断层或岩脉而言,常在低序次、低级别构造(断裂、褶曲、裂隙)发育的地方;在若干断层交汇、斜接、反接和截接关系的交接部位;在干构造的突然转折、尖灭、收敛的部位;裂隙或岩溶发育带等部位,都是地下水富集蓄存的空间场所,这是确定井位时,首先要考虑的地方。

(2)脉状蓄水构造及其强含水裂隙发育带的产状,一般都是倾斜的,对其走向、倾向、倾角的测量与判断非常重要,常常直接关系着井孔的成败,要根据富水脉体的形态和产状具体确定井位。

(3)对于开采厚度不大的含水层(带)或脉体,要求把井位定在含水层(带)脉体倾斜方向,即上盘上,距下隔水边界(底板)一定距离的地方。当其厚度越小、倾斜角越缓,则要求井位与含水层(带)底板间的距离越大,但距离过大并不好,这是由于含水层(带)埋藏过深,裂隙发育程度减弱,深部岩石的富水性也随之减弱。所定井位应在岩石、可溶岩、裂隙发育带、岩溶发育带等富水地层穿过蓄水构造。

对于厚度较大或产状陡斜的含水层(带),除少数直立的可在其中间布井外,一般均应靠近顶板(倾向方向)一侧布井。此外,对某些高度的逆冲压性断裂,布井时应尽量争取使井孔穿过倾斜较缓的相对张应力作用区,其富水性较好。

(4)在扭性、张扭性或压扭性断层拐弯的地方顶进时,要顾虑断层相互扭动的方向,寻找张性区定井,张应力作用区范围内,是相对富水地方,成井条件好。

(5)在弱透水地层中的岩脉、断裂和透水夹层等形成脉状透水、汇水、蓄水构造上定井时,应尽量找比较大的、比较宽的、由宽变窄或有其他构造横切或斜切的地方,自行尖灭和地形低洼处定井。如果透水脉体不太宽,可切穿脉体。

(6)在地堑、地垒蓄水构造中定井时,主要考虑两条断层的距离,其次是断层的岩性。若组成蓄水构造的两条断层相距较远,可与单一地层分析方法相同,一般都在断层附近选井;而地堑、地垒构造的中部一般不富水,不宜定井。若构成地堑的两条断层相距很近,使两条断层的影响带重合或部分重合,这些地方可以布井。

(7)如果工作区分布有若干条规模不同的断裂或岩脉,在地层岩性、地形地貌、补给条件相似情况下,在透水地层中,构造规模大、富水条件比较好,可把井位选在大构造的富水部位上,而在弱透水地层中,要特别注意构造之间的组合与补给条件的关系,分析是切割缩小补给面积,还是扩大补给面积。在这种情况下,井位宜选在补给条件好的构造迎水面一侧。但有时也因地层岩性、地形地貌、补给条件及各个构造力学性质和展布方向不同,而出现小构造比大构造成井条件好。

在一般情况下,需要根据某一蓄水构造的已知条件(如井孔穿过较多、较厚、较好的含水层的合理预计深度作为已知条件),经计算,才能确定选定的井位距某一蓄水构造的平面位置。

三、地下水补给条件

如果找到了蓄水构造后,还要调查补给来源。为了查明补给来源,必须了解水文地质单元的范围和边界条件,补给区、径流区、排泄区的位置、补给来源和补给途径方式等。特别是对蓄水构造的补给条件要做详细的调查研究。在弱透水岩层分布区,要注意了解控水地形;在强透水岩层分布地区,要注意了解控水构造。根据控水地形和控水构造来认识基岩地下水的来龙去脉。找水时,如果忽视补给来源,有时就会得不到预期的效果,如某地在透水性较强的中寒武统张夏组灰岩中打井,井位选在断层上盘,为张夏组上部,穿透张夏灰岩后,打入徐庄组终孔。井深300多m,岩芯破碎、岩溶发育,钻进时漏水严重,有良好的蓄水空间条件,但成井抽水时,水位下降很快,长期不能回水,出水量很少,后查明原因是在井位上游方向分布有泰山群的片麻岩、混合岩、花岗岩等弱透水岩层,补给来源很差,该井效果不好。所以,在找水定井时,还要仔细研究供水井的补给条件。

(一)大气降水对地下水的补给

降水特征、蒸发强度、包气带的岩性与厚度、地形、植被等都影响大气降水对含水层的补给。显而易见,年降水量是影响降水补给地下水的决定因素之一,降水量的相当一部分要用于补充旱季包气带蒸发造成的水分亏缺。因此,年降水量小于某一数值时,对地下水实际上无补给作用;年降水量较大,则入渗补给含水层的比值也愈大。

降水强度过大而超过地面入渗速率时,将产生地表径流。一次降雨量较小且各次降雨时间间隔较长,则每次降雨量仅足以湿润表层,雨后蒸发消耗。上述两种情况均不利于地下水获得补给。绵绵细雨对地下水补给很有利。

包气带渗透性好,有利于吸收降水。包气带厚度(潜水埋藏深度)愈大,滞留的水量便愈多,不利于补给地下水。但是如果潜水埋深过浅,毛细饱和带离地表很近,会使降水的入渗速率降低而大量转为地表径流,也不利于补给地下水。

在降水强度过大产生地表径流时,地形会影响降水对地下水的补给。地形坡度大则地面坡流迅速流走,而平缓的地形与局部洼地则滞积坡流,增加降水入渗的份额。

森林可滞蓄降水而减少地表径流。林下土壤有机质多,根系发育,树冠及落叶可保护表土结构,从而有利于降水下渗。森林还可增加局部地区的降水量而利于地下水获得更多的补给。

上述各种影响因素是相互制约,互为条件的,不能独立地加以分析。例如,强烈岩溶化岩层分布于山区,虽然地形陡峻,地下水位埋深达数百米,但由于岩层渗透性很好,使得连续暴雨也能被完全吸收,降水补给地下水的份额可高达70%~90%。

(二)地表水对地下水的补给

河流与地下水的补给关系沿着河流纵断面而有所变化。一般来说,山区洞谷深切,河水位常年低于地下水位,起排泄地下水的作用。山前,由于河流的堆积作用,河床处于高位，河水常年补给地下水。冲积平原与盆地的某些部位，河水位与地下水位的关系，随季节而变化。而在某些冲积平原中，河床因强烈的堆积作用而形成所谓“地上河”，河水经常补给地下水。

干旱地区的山间盆地降水稀少，它对地下水的补给微不足道。发源于山区，依靠高山冰雪融水或降水供给水量的河流，往往成为地下水主要的，甚至唯一的补给来源。例如，河西走廊中段，降水只占地下水补给量的4%，其余均属河水补给。

就其水源而言，地表水是由大气降水转化而来的，即使对于干旱山间盆地，作为地下水主要补给来源的河水，仍然来源于山区降水，或以冰雪形式积累起来的高山降水。因此，从总体上说，降水量的多少决定着一个地区地下水的丰富程度。那种认为降水稀少的干旱地区也可能存在相当丰富的地下水资源的说法，是缺乏根据的。

潜水和承压水含水层接受降水及地表水补给的条件不同。潜水在整个含水层分布面积上都能直接接受补给，而承压水仅在含水层出露于地表，或与地表连通处方能获得补给。因此，地质构造与地形的配合关系，对承压含水层的补给影响极大。含水层出露于地形高处，充其量只能得到出露范围（补给区）大气降水的补给；出露于低处，则整个汇水范围内的降水都有可能汇集补充。切穿承压含水层隔水顶板的导水断层，在有利的地形条件下，也能将大范围内的降水引入含水层，汇水区的大小也影响潜水含水层的补给。

（三）大气降水及河水补给地下水水量的确定

确定地下水补给量有多种计算方法，但就找水定井而言，一般有个大概的估计就可满足工作需求，在此仅介绍某些常用的方法。

1.平原区大气降水入渗补给量的确定

大气降水入渗补给地下水的水量通常可按式(13-1)确定：

$$Q = 1\,000 X \alpha F \tag{13-1}$$

式中：Q 为大气降水入渗补给地下水量，m^3/a；X 为年降水量，mm；α 为入渗系数；F 为补给区面积，km^2。

入渗系数 α 是年降水入渗量（q_x）与年降水量（X）的比值，由于 q_x 与 X 均用水柱高度毫米数表示，故 α 值是无名小数。

2.山区大气降水及河水入渗量的确定

基岩山区大气降水、地表水与地下水相互转换较为复杂，单独求算大气降水入渗补给量也很困难。由于山区地下水属于渗入－径流型循环，地下水蒸发排泄量微小，可以忽略。因此，山区大气降水与河水对地下水的补给量跟地下水排泄量相当，可通过测定排泄量反求补给量。山区地下水以集中的大泉或泉群形式排泄时，可通过定期测定泉流量求得全年排泄量；排泄分散时，则可通过分割河水流量过程线求取全年排泄量。若山区地下水有一部分以地下径流形式排入邻接的平原或盆地，利用排泄量反推补给量就比较困难了。

通常山区的入渗系数，是全年降水及河水入渗补给地下水总量与年降水量的比值：

$$\alpha = \frac{Q}{1\,000 F X} \tag{13-2}$$

式中：Q 为年大气降水及河水入渗补给量，相当于全年泉水涌出量或（及）地下水流量；F

为汇水区面积，km²；X 为年降水量，mm。

为了减小计算工作量，可选择典型地段，测得相应的 Q、F、X 值，利用式(3-2)求 α 值，然后再用此 α 值推求大区域的 Q 值。表 13-2 给出了入渗系数 α 的经验数值，可在实际工作中作为参考。

表 13-2　入渗系数 α 的经验数值

岩石名称	α 值	岩石名称	α 值	岩石名称	α 值
亚黏土	0.01～0.02	坚硬岩石（裂隙极少）	0.01～0.10	裂隙岩石（裂隙极深）	0.02～0.25
轻亚黏土	0.02～0.05				
粉砂	0.05～0.08	半坚硬岩石（裂隙较少）	0.10～0.15	岩溶化极弱岩石	0.01～0.10
细砂	0.08～0.12			岩溶化较弱岩石	0.10～0.15
中砂	0.12～0.18	裂隙岩石（裂隙中等）	0.15～0.18	岩溶化中等岩石	0.15～0.20
粗砂	0.18～0.24			岩溶化较强岩石	0.20～0.30
砾砂	0.24～0.30	裂隙岩石（裂隙较大）	0.18～0.20	岩溶化极强岩石	0.30～0.35
卵石	0.30～0.35				

（四）含水层之间的补给

两个含水层之间存在水头差且有联系的通路，则水头较高的含水层便补给水头较低的含水层。隔水层分布不稳定时，在其缺失部位的相邻的含水层便通过“天窗”发生水力联系。松散沉积物及基岩都有可能存在透水的“天窗”，但通常基岩中隔水层分布比较稳定，因此切穿隔水层的导水断层往往成为基岩含水层之间的联系通路。穿越数个含水层的钻孔或止水不良的分层钻孔，都将人为地构成水由高水头含水层流入低水头含水层的通道。

含水层之间另一种联系方式是越流，松散物含水层之间的黏性土层，并不完全隔水而具微弱透水性。具有一定水头差的相邻含水层，通过此类半隔水层发生的渗透，称为越流。根据达西定律可知，相邻含水层之间水头差愈大，半隔水层厚度（渗透路径）愈小而垂向渗透性愈好，单位面积上的越流量便愈大。尽管半隔水层的垂向渗透系数相当小，单位面积越流量通过不大，但是，由于越流是在隔水层分布的整个范围内发生的，过水断面非常大，因此总的越流补给（排泄）量往往很可观。

（五）地下水的其他补给来源

建设水库，修建灌溉工程以及排放工业与生活废水等人类活动，都会使地下水获得新的补给。近年来，为了补充地下水资源，广泛采用地面、河渠、坑池蓄水渗补及井孔灌注等方式，专门进行地下水人工补给。

利用地表水灌溉时，灌溉渠道及田面渗漏常使浅层地下水获得大量补给。渠道对地下水的补给与地表水补给相似，只是灌渠密度大，且有时采用半挖半填的地上渠形式，故渗漏量相当大。田面渗漏与大气降水补给的特点相近，但其对地下水补给的多少在很大程度上取决于灌水方式与灌水定额（每次每亩灌水若干立方米）。喷灌亩次用水不到 20 m³，灌溉水几乎全部保留于耕作层而不下渗补给地下水。在不平整的田面上进行淹灌，灌水定额最高可接近100 m^3，下渗补给地下水的有时可达20% ~30%。习惯上将渗漏补给地下水的那部分灌溉水称作灌溉回归水。

四、地下水水位条件

工作实践证明，许多定井工作的失败，往往是由于未能正确了解、推断工作区的地下水位埋藏深度所致，应在找水定井工作中引起充分重视。因而，正确判断地下水位是做好找水定井工作的前提。当前，在GPS手持定位技术应用已很方便的情况下，井位高程值可很方便地取得，给确定水位带来了方便。

（一）上层滞水水位确定

上层滞水水位，一般稍高于隔水层顶板。其高出数值大小，主要取决于含水层排泄基准面的高程、隔水层产状、含水层厚度和分布面积大小等。

（1）若隔水层产状水平，含水层较厚且分布面积较大，则上层滞水水位中间高而向四周渐低，中间部分水力坡度较缓，水位高出隔水层顶板数值大些；而靠近四周水力坡度变陡，水位高出隔水层顶板的数值小些。

（2）若隔水层倾斜，但倾角不大，则上层滞水上游水位比较平缓，下游水位较陡。上层滞水从高处向低处流动排泄，遇到干旱季节时上游渐渐被疏干，上游水位边界逐渐向下游退缩。

（3）若隔水层为盆形或向斜构造，则盆底或向斜轴部的上层滞水水位高出隔水层顶板数值大些，而盆四周或向斜部水位高出数值小些。

这三种隔水层产状不同，则上层滞水不同部位的水位埋深也不相同。因此，布井时要以隔水层顶板计算比较可靠。一般情况下，井深要打穿含水层，再打入隔水层中一定深度终止（可考虑1 ~5 m 范围），但不能打穿隔水层，否则会使井水漏失。

（二）区域水位确定方法

1. 区域水位的概念

在一个较厚的含水层且分布面积较大，或一个独立的水文地质单元中，地下水有一个大体连续统一的水面，这个水面不受微地形地貌影响，主要受地质构造控制，这个水面称为区域水位。

区域水位有两个含义：其一是独立性，即指一个区域的水文地质单元内的地下水位与相邻区域的水文地质单元的水位不一致、不连续、不统一，一般都有隔水边界限制；其二是统一性，即指一个区域的水文地质单元内的水位是连续的、统一的、无隔水边界限制。

区域水位还要有含水层概念。一个区域内，可以埋藏一个含水层，也可埋藏几个含水层，其间有隔水层分开。不同含水层的补给范围、补给区高度与排泄区高度都不一样，所以它们的水位一般也不一致。这可以从深井钻进、穿过不同深度、不同含水层时，水位有明显的升降得到证实。因此，区域水位必须说明是哪一个含水层的区域水位，一般在强透水岩层中表现得比较明显。

2. 区域水位确定方法

1) 根据已有井水位推算

在地下水较为丰富的石灰岩地区，一般已建井数量较多，可在工作中作为推算地下水位的参考井。尤其在地下水径流排泄区，位于强透水岩层中的已有机井水位，一般能代表较大范围的区域水位。

在岩浆岩地区，一般没有大范围的区域水位，各井之间的水位相关性较差，或基本没有相关性。

在平原地区，水位一般变化较小，依据已知井确定区域水位的方法更为简单可靠，可方便地由已知井确定出区域地下水位。

2) 利用泉水或河流推算

泉是地下水的天然露头，可以利用泉推算同一个水文地质区，同一含水层的水位埋深。一般按强透水岩层流出的常年有水的泉推算时比较可靠；但须注意上升泉作为区域水位时一般偏低，而下降泉偏高，应适当修正。

若区域内河流与含水层有水力联系可利用其推算区域水位，以流经透水岩层常年不干的河流代表区域水位比较可靠。

3) 石灰岩单斜构造区

在强透水岩层之上覆有页岩、泥灰岩时可利用强透水岩层与页岩、泥灰岩的接触面的最低标高，减去风化破碎带厚度就是该区的区域水位。推算水位时，首先要查明含水层与隔水层界面的最低点标高，这个最低标高与打井地点标高之差，就是该井的地下水埋深。如果在石灰岩含水层与隔水层接触带上有泉出露，应以泉水面为推算标准。

4) 利用阻水断层、岩脉、侵入体等推算小区域内水位

利用阻水断层、岩脉、侵入体等阻水体的最低点标高，减去风化破碎带的厚度，可代表阻水体上游小区域的地下水位。

5) 根据季节性井泉动态资料推算区域水位

根据季节性泉水出露标高(H_0)和区域地下水位年变幅值(ΔH)，推算预定井位的年最枯水位置高程(H)。按经验公式计算：

$$H = H_0 - \Delta H \tag{13-3}$$

在我国的北方岩溶分布区，若无地下水动态观测资料，ΔH 可采用下列经验数值：区域地下径流的补给区 $\Delta H = 20 \sim 60$ m；径流区(或补给径流区) $\Delta H = 10 \sim 20$ m；排泄区附近或山前地区 $\Delta H = 2 \sim 10$ m，若季节性泉水断流时间较短，ΔH 采用较小值；若断流时间较长，ΔH 采用较大值。

6) 根据已知点地下水位推算预定井的水位

在找水地区内，对所有的地下水点进行全面调查后，大致推算出预测井的水位，可以分为下列几种情况。

(1) 当找水区内有许多地下水露头，在那些出露位置较低，多年来未干涸的水点，如较大的泉水、多年使用的民井、较深钻孔水位等，一般可以代表区域性地下水位的海拔高程。把上述水点的高程联系起来，可作为区域地下水位大致高程面。然后根据找水地点的地形高程与上述地下水位高程之差，就可以推算出当地地下水位埋深。

(2)当找水区位于山区与大河流之间,区内天然露头水点较少,可把少量的泉或深井水位同大河流枯水季节的水面高程联系起来,作为区域地下水面的大致高程。再根据找水地点地形高程,推算出当地地下水位埋深。

(3)当找水区位于大河拐弯处或两条河之间的河间地块上,区内没有天然地下水点出露,这时可以把两条大河枯水期水位面中间略微向上凸起的曲线联系起来,作为区域地下水面的大致高程,再根据找水地点地形高程,推算出当地地下水位埋深。

(4)当找水区内已有两个以上水位高程,可用内插法直接推算出找水点的地下水位。

(5)当找水区的外围有一个地下水点,可用式(13-4)计算:

$$H = H_0 + LJ\cos\alpha \tag{13-4}$$

式中:H 为预定井水位,m;H_0为已知水点(泉)水位,m;J 为预定井附近的区域地下水力坡度(当预定井位于已知水点上游时 J 为正,位于已知水点下游时 J 为负);L 为预定井位与已知水点的水平距离;α 为计算剖面和区域地下水流向之间的夹角。

在无水力坡度值时,北方岩溶水分布区的 J 值可采用下列经验数值。地下径流良好的山前排泄区附近,$J=0.5‰\sim1.0‰$;径流条件中等的丘陵山区,$J=1‰\sim5‰$;径流条件较差的补给区以及某些下降泉附近,$J=5‰\sim10‰$。

在推算区域地下水位时应注意以下几点:

第一,对于不同的水文地质单元,地下水位会相差很大,相互之间不能互相推算。

第二,在同一水文地质单元内不同的含水层,可能有不同的地下水位,不能互推水位。

第三,阻水断层、岩脉等脉状阻水体的上下游水位相差很大,不能互推水位,更不能把上层滞水的水位误认为区域水位。

第二节 地下水的地质-地球物理分类

一、第四系孔隙水的地质-地球物理分类

从岩性成因来讲,第四系松散地层可认为是未固结的松散岩石,应归于沉积岩类,但其与固结的沉积岩类在岩性上又有着较大的不同,所以常常被作为特别的对象来加以区分与研究。第四系地层的岩性较为复杂,根据岩石的成分可分为碎屑沉积物、化学或生物化学沉积物、火山喷出物、人工堆积物等种类。碎屑沉积物是陆地上分布最广,最为常见的沉积物。通常意义上所讲的第四系地层,一般是指第四系松散地层,亦是指第四系碎屑沉积物所构成的地层,其所含地下水称为松散类地层孔隙水。

二、基岩裂隙水的地质-地球物理分类

由于基岩裂隙水的埋藏和分布非常不均匀,含水带的形态也是多种多样,受地质构造和地貌条件的控制。为了有效地发挥地球物理方法在基岩裂隙水调查中的作用,必须明确物探方法的探测目标及其任务。为此,根据基岩裂隙水的地质-地球物理特征合理地进行分类,对解决上述问题具有重要意义。

根据综合物探方法研究的具体地质对象及其特征,可对基岩裂隙水按照地质-地球

物理方法分为断裂带裂隙水、接触带裂隙水、岩脉裂隙水、岩溶裂隙水和风化裂隙水等。

（一）断裂带裂隙水

断裂或断裂带是地层中广泛发育的一种构造形迹，为地壳构造作用的结果。当断裂发生时，岩层或岩体沿着破裂面产生较大的错动，同时产生断裂破碎带及其有关的裂隙发育带，从而形成了蓄水空间。而其两盘岩石则形成相对隔水边界，在适宜补给条件下，断裂就可以蓄集地下水，形成蓄水构造。因此，研究断裂构造的分布和空间形态及其破碎程度对于寻找基岩裂隙水具有非常重要的意义。

花岗岩及其他侵入体的断裂带一般是含水的。其富水性的大小取决于断裂带的破碎程度、规模大小以及力学性质等因素。

古老变质岩经历过多次构造变动，断裂发育，有的已重新胶结愈合，有的尚未充填胶结，凡是规模较大尚未胶结的断裂破碎带在具备补给条件时，都是含水的，尤其是经过风化作用改造后，含水就更为丰富。

火山岩中的断裂破碎带也和其他岩石中的断裂破碎带一样，如果是脆性岩石的破碎带、张性断裂破碎带、没有充填胶结的活断层破碎带通常都是含水的。

红层中的断裂破碎带，常因含泥质太多而不易富水。但当红层中有含泥质较少的、脆性较强的厚层砂砾岩和砂岩时，其断裂破碎带孔隙、裂隙发育，裂隙与孔隙相沟通可以富集地下水。

由此可见，了解断裂构造的分布、空间形态及其破碎程度，对于寻找断层基岩裂隙水具有非常重要的意义。

（二）接触带裂隙水

各种不同岩层的接触带，特别是侵入体与其他岩层接触带是一种普遍的地质现象，侵入体由于在侵入时造成了围岩变形，产生裂隙或使原有裂隙空间加大，这种裂隙虽经多次岩浆活动，也还有部分没有被充填，当侵入岩浆逐渐冷却时，体积收缩造成与围岩之间的裂隙。这就是接触带裂隙或接触破碎带。它们具有富集地下水的空间，经常成为地下水的良好通道，形成接触型蓄水构造。

在大理岩与岩浆岩的接触带附近，构造裂隙发育，易形成溶洞，通常含水丰富。在花岗岩体边缘地带通常形成侵入接触带蓄水构造或岩体阻水型蓄水构造。许多侵入体与围岩接触带的岩石裂隙并不发育，从而形不成蓄水构造。

不同岩层接触带在物性上通常具有明显的差异，这对于用物探方法探测接触带裂隙水是一个有利条件。

（三）岩脉裂隙水

岩脉在水文地质方面具有重要意义，分含水和不含水两类。含水的岩脉形成岩脉蓄水构造，有的岩脉虽然不含水，但它在透水岩层之间起阻水作用，从而形成阻水型蓄水构造。

岩脉在侵入冷凝过程中以及受后期地质构造运动的影响，使本身及其两侧的围岩产生了大量的原生和次生裂隙，这种岩脉及脉侧裂隙的存在为地下水的赋存提供了有利条件。

通常把与岩脉有关的裂隙水类型分为岩脉裂隙水、脉侧裂隙水、脉阻断层水。也有人把岩脉裂隙水归结到接触带裂隙水中，考虑到它的“窄带”特征，在此单独列为一类。

（四）岩溶裂隙水

岩溶裂隙水主要分布于碳酸盐岩地区，如石灰岩、白云岩、大理岩等，也是我国分布比较广泛的一类地层。由于碳酸盐岩地层，特别是石灰岩在水中具有很高的可溶性，同时石灰岩同热水溶液能发生强烈的相互作用，使这类岩石的原生裂隙和构造裂隙逐渐加大，形成各种岩溶构造，如岩溶裂隙发育带、溶洞、地下暗河等。这种岩溶构造使石灰岩的透水性和富集性增大，决定了它的特殊含水条件；由于石灰岩岩溶密集发育的特点，使它可以聚积大量地下水资源，虽然这类岩溶裂隙水往往也和断裂带、接触带等地质构造有关，但由于它储藏地下水的特殊形式以及特殊的岩溶地貌景观，世界各国都把它作为一种特殊类型的地下水资源进行研究。

（五）风化裂隙水

岩石在风化时失去它们原来的完整结构，岩石里出现裂隙网，同时产生矿物颗粒破坏和胶结物变松的现象。岩石风化裂隙多半是沿着岩石的原生裂隙和构造裂隙发育，发育程度与地形、气候、覆盖层厚度、疏松层和基岩性质等因素有关。实践证明，风化带的富水性以半风化带最大，全风化带由于黏性物质多，裂隙被充填堵塞，透水性变弱。

风化裂隙水储量的大小取决于岩体风化裂隙带的厚度。风化裂隙带的厚度大则裂隙水的储量大且稳定。风化裂隙水多存在于岩浆岩、变质岩这类岩性地区，水量一般不大，埋深较浅，易于开采，且水质较好，往往是生产优质矿泉水的地层。因此，它在缺水地区仍然是值得重视的一种地下水资源。

第三节　地下水的地质－地球物理特征

一、松散地层孔隙水的地质－地球物理特征

第四系含水层的岩性，主要为各类砾石层、砂层、粉砂层，通常呈现高阻反应，且含水层颗粒越粗，厚度愈大，含水性越强，电阻率越高；黏土层作为隔水层，大都呈较明显的低阻反应。含水层呈高阻，隔水层呈低阻，这种地电特征非常有利于采用通常的直流电法来研究此类含水层的性质。

二、基岩裂隙水的地质－地球物理特征

（一）含水断裂带的地球物理特征

1. 低阻特征

众所周知，岩石地层的电阻率主要取决于裂隙水的电阻率和富水性，以及黏土矿物的含量。断层破碎带的裂隙增大，使其成为地下水的良好通路，从而含水量增加。断层黏土充填物又很多，致使破碎带比周围岩石电阻率低，从而导致断层破碎带具有低阻特征，这种低电阻特征有利于采用各类电法来研究断裂破碎带。

2. 高氡气异常的特征

大量实践表明，自然状态氡浓度异常的形成与新构造断裂带的关系极为密切，这种断

裂带以张性裂隙为主,具有垂直切割性,因而具有很好的连通性、透水性和透气性。它不仅是地下水排泄和气体运移的良好通道,而且也是放射性元素聚集的有利场所。

土壤中自然状态氡的浓度,取决于土壤中镭、铀的含量,通常把它称为正常氡浓度或背景浓度。如果土层下面存在隐伏的断裂构造,则土壤中的氡气包括两个部分:一个是正常浓度,另一个则是来自断裂带的增量浓度,后者是新构造断裂带中的镭经过 α 衰变后放出大量氡气所致。这些氡气在浓度梯度、压力以及大气的抽吸等综合因素作用下,由断裂带向地表运移而形成高浓度氡气异常。

3. 低传播速度特征

致密岩石的破碎及其所含饱和水使地震波速度明显降低,对于均质岩石来说,纵波速度 v_p 和横波速度 v_s 较高,其比值 $v_s/v_p \approx 0.5 \sim 0.6$。在裂隙岩石中 v_s 和 v_p 在绝对值上显著降低。这时在非饱和水的裂隙岩石中比值 v_s/v_p 接近于均值岩石的比值。在充满裂隙水的情况下横波速度急剧下降(与均质岩石不相比),因此比值 v_s/v_p 变低。孔隙空间充满细粒碎屑材料时,使 v_p 和 v_s 及其比值介于均质岩石和含水岩石之间。

4. 低磁性特征

在断裂破碎带中的岩浆岩,由于后期构造运动的作用,磁性降低。在这种情况下用高精度磁测可以发现这类断裂破碎带。

(二)接触带的地球物理特征

不同岩层的接触带、侵入体与其他岩层的接触带,两侧岩石物性通常具有非常明显的差异,尤其当伴随接触带有破碎带出现或在接触带中伴有磁性矿物或导电性的硫化物时。因此,在接触带上方会出现物性的阶跃变化、极大值或极小值异常。例如,在电性上反映为电阻率阶跃变化或电阻率低异常;在磁性和密度上可能反映为它们的阶跃变化或高值异常;在接触带裂隙发育或伴有破碎带时还会有氡量增高的异常出现。

(三)岩脉的地球物理特征

根据岩脉的地质 - 地球物理特征,可以将其分为高阻岩脉、低阻岩脉、磁性岩脉及放射性岩脉。

(1)高阻岩脉:属于这一类的有石英脉、伟晶脉、石英正长斑岩脉、花岗斑岩脉等,它们的共同特点是具有较高的电阻率。

(2)低阻岩脉:上述岩脉如果由于后期构造运动,使岩脉本身破碎强烈或裂隙发育则具有低阻特征。

(3)磁性岩脉:具有磁性的基性岩脉及含有磁黄铁矿、磁铁矿等磁性矿物属于这一类岩脉。

(4)放射性岩脉:富含放射性元素的岩脉,如石英正长斑岩脉或岩脉本身受构造作用发生破碎,有利于氡气运移也会形成高氡气异常。

(四)岩溶裂隙的地球物理特征

含水岩溶裂隙、岩溶破碎带等,通常具有低阻特征。对于没有充水或部分充水的溶洞,通常为高阻特征。此外,由于水的密度远小于岩石的密度,所以又具有重力小的特征,可由此来判断岩溶的发育程度。

对于地下河来说有时为高阻反应,有时又可能为低阻反应。当地下河规模较大而水量又不太大时呈高阻反应,而当地下河充满水或水量较大时则为低阻反应。理论计算表明,岩溶洞穴或地下河中充水量的多少对电阻率异常具有影响。当溶洞或地下河中含水比例为0.54~0.58时视电阻率异常消失。

(五)风化裂隙的地球物理特征

对基岩风化裂隙物理性质的分析表明,具有风化裂隙的岩石多呈低电阻率反应,波速和密度显著降低且具有垂直分带的特征。

由于风化裂隙带的发育通常与覆盖层厚度有关,因此确定覆盖层的厚度对于查明风化裂隙发育带具有重要意义。

第四节　综合物探找水的合理工作程序

一、综合物探找水的合理工作程序

松散地层孔隙水含水层多呈水平分层,形态较为规则、固定,电性差异较为明显,探测技术单一,一般多采用直流电法勘探。所以,综合物探找水合理程序的确定,对寻找基岩裂隙水更为必要。

基岩裂隙含水带是复杂不规则的,没有固定的模式,其含水带受各种裂隙发育程度的控制,物探方法的使用一般是寻找与基岩裂隙水有关的断裂破碎带、岩溶裂隙发育带、接触带等构造或地质体,多属于间接的找水物探方法。同时,在一定的地质条件下,能否有效地利用物探手段来寻找地下水源,并非单受地电条件的限制,还取决于是否正确地运用这种方法。因而,应用综合物探方法找水,依据基岩裂隙水的地质-地球物理特征和实际地电条件,选取适当的物探工作方法,制定合理的工作程序,对于提高其勘测基岩裂隙水的地质经济效果,是非常必要的。经过长期的找水实践和技术研究,我们认为合理的工作程序主要包括以下几个方面。

首先,在测试工作部署前,应充分地进行水文地质踏勘工作。通过地质踏勘,对测区地质地貌、地层岩性、构造和补给条件等有一个全面的了解,初步推断出区域地下水位埋深等。

其次,初步确定拟采用的供水含水层和布井范围,为部署下一步的物探工作打好基础,做到心中有数。

最后,选取适宜的物探方法和工作部署。在基层找水工作中,直流电阻率法应用最为广泛,其技术方法种类也较多,在山区找水中应合理的选取,这种合理性的要求是既能取得地质效果,又要符合经济原则。根据找水实践及探测效果来看,电测深和联合剖面这两种方法对于寻找基岩裂隙水最为有效,可以将这两种方法确定为山区找水探测手段。在具体的工作部署中,它们二者又包含以下几种不同的运用方法。

(1)在地层岩性好、岩溶裂隙发育的地区,如中奥陶灰岩地层,一般单纯选用电测深法即可确定井位。

(2)当基岩埋深较浅、露头多,构造明显分布的地区,亦可直接选用电测深法布孔。

(3)在浅覆盖层地区,岩性条件尚好,如上寒武统地层,水位埋深又不太大时,用联合剖面法也可直接定井。

(4)在覆盖层地区,地质条件又较为复杂时,应两种方法综合采用。首先采用联合剖面法圈定出构造裂隙发育带的具体位置、走向及范围。然后,再采用电测深法了解地层不同深度的裂隙发育富水状况,两种方法相互验证,提高布孔成井率。

最后,对测试资料进行解释分析和计算,确定出地层岩石富水异常反映。与此同时,还应结合踏勘情况分析是否受到不良地电条件的影响和干扰,评价异常的可靠程度。最终,依据取得的物探成果,结合当地含水层和区域水位埋深,确定定井位置和打井深度,提出具体的布孔建议。

另外,在联剖和测深两种方法的综合运用中,会出现曲线反映不一致的情况,如常会遇到联剖曲线上呈现异常反映,而电测深曲线则并不存在异常反映。这种情况下,一般应以联剖结果作为主要定井依据。出现此种情况的原因是电阻率法虽然是一种体积勘探,但在寻找隐伏构造破碎带方面,从两种方法的测试原理和工作机制上分析,联剖曲线受体积效应的影响要比测深曲线小得多。因此,在破碎带规模较小时,测深曲线就可能反映不出来地质体的实际状况。

二、不同基岩裂隙水探测方法的选取

依据基岩裂隙水的分布地区、水文地质类型及地球物理特征,所采用的综合物探方法见表13-3。

表13-3　各类基岩裂隙水探测方法选取

基岩裂隙水类型	分布地区	水文地质特征	地球物理特征	探测方法
断裂破碎带	碎屑沉积岩、火山岩、花岗岩、变质岩地区	富水、导水、阻水、储水、无水	电阻率低 波速低 磁性低 氡高	选频法、放射性α卡法、电测深、联合剖面法、磁法、浅层地震
岩溶裂隙	碳酸盐岩地区	蓄水、导水、无水	低阻率低空洞则为高阻	选频法、联合剖面法、电测深法
岩脉裂隙	碎屑沉积岩、花岗岩、变质岩地区	阻水、导水、蓄水、汇水、无水	电阻率高,若破碎则为电阻率低、磁性高、氡高	选频法、电剖面法、α卡法、磁法
岩层接触带	侵入岩边界碎屑沉积岩地区	阻水、蓄水、导水、无水	电阻率低 电阻率变化磁性高或氡高	选频法、电剖面法、α卡法、磁法
风化裂隙	花岗岩、变质岩、火山岩、碎屑沉积岩	蓄水、汇水、无水	电性、波速在垂直方向变化或局部变化	电测深法、选频法、浅层地震

物探找水技术方法较多,应根据地质情况、地电条件、探测需求及自身的装备条件,以能满足测量需求为目的,在工作中合理选用。在基岩地区,一般选用直流电阻率电测深法和联合剖面法即可满足工作需求;在条件复杂的地区,也可选用瞬变电磁法、双频激电法配合电阻率法开展工作;激电法观测信号小,易受各种地电信号干扰,一般适用于找水困难、较为疑难的地层。在平原地区找水定井,一般地层较为简单,多选用直流电阻率电测

深法,即可满足工作需求。

一些被动式的电磁法,如甚低频法、声频大地电磁法等,由于易受各种地电干扰,观测信号重复性很差,只有当地电条件较好时,才有一定的使用价值。

第五节　提高成井率的综合措施

找水定井工作是一项综合性非常强的工程,一眼井的有水或无水,水大或水小,不应单从找水定井一个方面进行考虑,也就是说,成井率的高低并不是由单一的物探测量所决定,而是取决于多种因素,如定井技术、成井工艺、施工质量及成井后的洗井增水处理方法等,应在工作中引起高度重视,把它作为一个系统工程来对待,做好每一道工作,才能充分提高成井率。

提高成井率的措施,主要包括三个方面的因素:一是找水定井要先行,依据地质、水文地质条件,确定合理的物探方法和工作程序;二是优化成井结构和工艺,提高成井质量;三是加强成井后的洗井增水处理工作。认真做好这三个方面的工作,对于提高成井率,具有重要意义。

(1)从成井结构上,应考虑井孔在揭穿地下水位后的适当深度内,保持一定的井径,井径不应过小。

(2)从成井工艺上,对于一些弱含水地层,应注意钻进时的浆液浓度控制,尽量避免岩粉堵塞基岩裂隙。

(3)应根据施工时打入地层的变化情况,进行井孔的井径、井深的及时变更,如适当加大设计深度等。

(4)成井后应视抽水试验结果、地层情况等,确定是否进行井孔的处理工作,以及选取何种井孔处理措施,如采用化学洗井、拉活塞和爆破等进行井孔处理,尽可能的提高出水量,避免造成经济损失。对于石灰岩地层的井孔,一般采用化学盐酸洗井的方法,效果较为显著。

参 考 文 献

[1] 刘春华．综合物探基岩找水技术研究[J]．山东水利,2003(Z1):88-90.
[2] 刘春华．基岩山区地质找水技术的研究[J]．山东水利,2007(9).
[3] 刘春华,李其光．水文地质与电测找水技术[M]．郑州:黄河水利出版社,2008.
[4] 刘春华．基础防渗工程质量检测技术的研究[J]．水利水电技术,1993(7):33-36.
[5] 刘春华．多层模型理论视电阻率计算的 BASIC 程序[Z]．全国工程物探技术交流会,1985.
[6] 刘春华．袖珍机在激电法数据处理中的应用[J]．地下水,1987(1).
[7] 刘春华．山东小清河弥散度的现场测定及对潜水的污染预测[Z]．水利电力物探情报网第六次学术交流会,1991.
[8] 闻致中,刘春华．美国亚利桑那州地下水管理法简介[J]．山东水利科技,1986(2).
[9] 刘春华．亚利桑那州的水策——增加引水和限制使用[J]．水利科技译文集,1984.
[10]刘春华．ES－1225 地震仪与计算机的 BASIC 语言通讯技术[Z]．全国工程物探应用与开发技术交流会,1989.
[11] 方文藻,李予国．瞬变电磁测深法原理[M]．西安:西北工业大学出版社,1993.
[12] 牛之琏．时间域电磁法原理[M]．长沙:中南大学出版社,2007.
[13] 山东省水利科学研究所．电测找水[M]．济南:山东人民出版社,1974.
[14] 米萨克 N,纳比吉安．勘查地球物理电磁法[M]．赵经祥,等译．北京:地质出版社,1992.
[15] 王大纯,张人权．水文地质学基础[M]．北京:地质出版社,1985.
[16] 彭真万,韩运宴．综合地质[M]．北京:中国建筑工业出版社,2002.
[17] M. C. 日丹诺夫．电法勘探[M]．张昌达,译．北京:中国地质大学出版社,1990.
[18] 张保祥,刘春华．瞬变电磁法在地下水勘查中的应用研究综述[J]．地球物理学进展,2004,19(3):537-542.
[19] 张保祥,刘春华,等．瞬变电磁法在海(咸)水入侵动态监测中的应用研究[J]．自然灾害学报,2001,10(4).
[20] S. H. 沃德．地球物理用电磁理论[M]．北京:地质出版社,1978.
[21] F. 海特曼．地质家应用地球物理学[M]．北京:石油工业出版社,1984.
[22] 何继善,等译．电法勘探中的电化学研究译文集[M]．长沙:中南工业大学出版社,1987.
[23] 张守信．中国地层名称[M]．北京:科学出版社,2001.
[24] 钟新淮,陈居和．找水新法——激发极化法[M]．北京:水利电力出版社,1987.
[25] 牛之琏．时间域电磁法原理[M]．长沙:中南大学出版社,2007.
[26] 薛禹群,朱学愚．地下水动力学[M]．北京:地质出版社,1978.
[27] 李惠恩,贾月明,凌宗军．^{218}Po 测量法鉴定断裂构造富水性研究[J],1993.
[28] 段清明．JLMRS－1 型地面核磁共振找水仪的原理及应用[M]．长春:吉林大学出版社,2010.
[29] 长春地质学院《矿产地质基础》编写组．矿产地质基础[M]．北京:地质出版社,1978.
[30] 傅良魁．电法勘探文集[M]．北京:地质出版社,1986.
[31] 陈昌礼,芮仲清,等译．工程物探译文集[M]．北京:地质出版社,1987.
[32] 丁次乾．矿场地球物理[M]．东营:石油大学出版社,2002.
[33] 刘存富,王恒纯．环境同位素水文地质学基础[M]．武汉地质学院水文地质教研室,1984.
[34] 蔡柏林,黄智辉．井中激发极化法[M]．北京:地质出版社,1983.

[35] 陈南祥. 工程地质及水文地质[M]. 北京:中国水利水电出版社,2012.
[36] 山东省地矿局. 济南泉水(成因 > 演化 > 保护)[M]. 济南:黄河出版社,2003.
[37] 常士骠,张苏民. 工程地质手册[M]. 4 版. 北京:中国建筑工业出版社,2007.
[38] 中国地质调查局. 水文地质手册[M]. 2 版. 北京:地质出版社,2012.
[39] 叶树林. 一种简便快速的放射性测量找水新技术[J]. 东华理工学院学报,2005,28(1):68-70.
[40] 陶果,多雪峰. 我国地球物理测井技术的发展与战略初探[J]. 地球物理学进展,2001,16(3):98-101.
[41] 史保连. 基岩裂隙水的地质-地球物理分类及调查方法[Z]. 第二届全国水文物探学术交流会,1991.